C#函数式编程

编写更优质的 C#代码

[美]恩里科·博南诺(Enrico Buonanno) 著

张久修 译

清华大学出版社

北 京

Enrico Buonanno
Functional Programming in C#, How to Write Better C# Code
EISBN: 978-1-61729-395-5
Original English language edition published by Manning Publications, 178 South Hill Drive,
Westampton, NJ 08060 USA. Copyright © 2017 by Manning Publications. Simplified
Chinese-language edition copyright © 2018 by Tsinghua University Press. All rights reserved.

本书中文简体字版由 Manning 出版公司授权清华大学出版社独家出版。未经出版者书面许可，不得以任何方式复制或抄袭本书内容。

北京市版权局著作权合同登记号　图字：01-2017-8973

本书封面贴有清华大学出版社防伪标签，无标签者不得销售。
版权所有，侵权必究。　举报：010-62782989，beiqinquan@tup.tsinghua.edu.cn。

图书在版编目(CIP)数据

C#函数式编程 编写更优质的 C#代码 /(美)恩里科・博南诺(Enrico Buonanno) 著；张久修
译. —北京：清华大学出版社，2019（2021.6重印）
书名原文：Functional Programming in C#, How to Write Better C# Code
ISBN 978-7-302-51055-0

Ⅰ. ①C… Ⅱ. ①恩… ②张… Ⅲ. ①C 语言—程序设计 Ⅳ. ①TP312.8

中国版本图书馆 CIP 数据核字(2018)第 192028 号

责任编辑：王　军　韩宏志
封面设计：周晓亮
版式设计：思创景点
责任校对：牛艳敏
责任印制：丛怀宇

出版发行：清华大学出版社
　　　　　网　　　址：http://www.tup.com.cn, http://www.wqbook.com
　　　　　地　　　址：北京清华大学学研大厦 A 座　　　邮　　　编：100084
　　　　　社 总 机：010-62770175　　　　　　　　　　邮　　　购：010-62786544
　　　　　投稿与读者服务：010-62776969, c-service@tup.tsinghua.edu.cn
　　　　　质 量 反 馈：010-62772015, zhiliang@tup.tsinghua.edu.cn
印 装 者：涿州市京南印刷厂
经　　销：全国新华书店
开　　本：170mm×240mm　　　印　　张：24　　　字　　数：484 千字
版　　次：2019 年 1 月第 1 版　　　印　　次：2021 年 6 月第 3 次印刷
定　　价：128.00 元

产品编号：078166-02

译 者 序

历经数月，终于完成了本书的翻译工作。没有过多的轻松和兴奋之情，反而更多的是一份疼惜，一份不舍。从事技术书籍的翻译工作，既是一个付出的过程，也是一个收获的过程，更是对自己技术的一种沉淀。每当一本书的翻译工作结束后，我便会无所适从，仿佛少了些什么似的。每天都要花费几个小时的翻译工作，可让我的内心真正沉静下来，只专注于字里行间。那种状态、那种感觉真的很好，也正是如此，内心便充满依依不舍之情。

生活中充满了未知以及不确定性，谁也不能保证你的内心每时每刻都是清静的。在翻译本书的这段时间内，我也经历了或多或少会影响心境的一些琐事。可见，想要专心地做一件需要长期坚持且耗费精力的事情是多么艰难。因此，虽未曾写过书，但即使是翻译一本书，也能深深体会到作者付出的心血，可以想象到写书人夜以继日工作的情景。同时，对于能成为本书的译者，我感到特别荣幸。

正所谓"工欲善其事，必先利其器"。函数式编程作为主流编程的重要组成部分，必将是高级程序员手中的一大利器。而想要掌握并使用这件利器，首先需要了解和培养函数式思维，以不同的视角来看待代码。我们首先需要从宏观上了解函数式编程，了解它是什么，及其定义、特性、优点分别是什么，甚至其所存在的缺点或顾虑又有哪些。

顾名思义，函数式编程是一种特定的编程方式，将计算机运算视为函数的计算。简单来说它是一种"编程范式"，也就是如何编写程序的方法论。同时，它又属于"结构化编程"的一种，主要思想是将运算过程尽量写成一系列嵌套的函数调用。与指令式编程相比，函数式编程强调函数的计算比指令的执行重要；与过程化编程相比，函数式编程里函数的计算可随时调用。而函数编程语言最重要的基础是 λ 演算(lambda calculus)，而且 λ 演算的函数可接受函数当作输入(参数)和输出(返回值)。

函数式编程具有三个特性：闭包和高阶函数，惰性计算，以及递归。并有五个鲜明特点：函数是"一等公民"(first class)、只用"表达式"而非"语句"、没有"副作用"(side effect)、不修改状态、具有引用透明性。函数式编程的优点为：代码简洁且开发快速、接近自然语言而且易于理解、方便了代码管理、易于"并发编程"，且利于代码的热升级。

凡事有利必有弊。在良好的特性和优点的背后，必然也存在顾虑。函数式编程常被认为严重耗费 CPU 和存储器资源，主因有二：其一是，早期的函数式编程语言实现时并未考虑过效率问题；第二点是，有些非函数式编程语言为提升速度，不提供自动边界检查或自动垃圾回收等功能。同时，惰性求值亦为语言(如 Haskell)增加了额外的管理工作。

以上只是对函数式编程的一个宏观介绍；而通过本书，你可以更加系统、详细地了解并掌握函数式编程。本书由浅入深地讲解函数式编程的基本原理和技术，并通过现实中的各种示例场景带领你完成非函数式编程代码到函数式编程代码的不断重构，以逐渐让你树立函数式编程的思想，引领你从一个全新的视角看待代码。本书必将让你受益匪浅。

作为本书的译者，我本着"诚惶诚恐"的态度投入工作，为避免误导读者，文中的一词一句皆反复斟酌。但是鉴于译者水平有限，错误和失误在所难免，如有任何意见和建议，请不吝指正，感激不尽！

关于本书

如今，函数式编程(Functional Programming，FP)已成为主流编程的一个重要且令人兴奋的组成部分。近十年来创建的大多数语言和框架都是函数式的，这导致人们纷纷预测编程的未来也将是函数式的。与此同时，诸如 C#和 Java 的面向对象主流语言，在其每个新版本中都会引入更多函数式特性，从而实现多范式编程风格。

然而，C#社区关于函数式编程的推行却十分缓慢。为何会这样呢？我认为，其中一个原因是缺乏优秀的文献：

- 大多数 FP 文献都是用函数式语言(尤其是 Haskell)编写的。而对于具有 OOP(Oriented Object Programming，面向对象编程)背景的开发人员来说，要学习其概念就必须跨越编程语言的障碍。尽管许多概念适用于诸如 C#的多范式语言，但同时学习一种新范式和新语言是一项艰巨的任务。

- 更重要的是，文献中的大部分书籍倾向于用数学或计算机科学领域的例子来阐明函数式编程的技术和概念。对于大部分终日从事业务(LOB)应用开发的程序员来说，这会产生一个领域差异，并使得他们难以知悉这些技术与实际应用间的相关性。

这些缺陷是我学习 FP 的主要绊脚石。有些书籍试图解释什么是"柯里化"，通过利用数字 3，来创建一个可将 3 添加到任意数字的函数，以展示 add 函数是如何被柯里化的(在你能想到的所有应用中，它有一点点实际用处吗？)。放弃此类书籍后，我决定追寻一条属于自己的研究之路。这包括学习 6 种函数式语言(最优秀的几种语言)，并探究 FP 中的哪些概念可在 C#中有效地应用，以及研究由大量开发人员有偿撰写的该类型的应用，并且最终撰写了本书。

本书展示如何利用 C#语言的函数式技术来弥补 C#开发人员的语言差异。还展示如何将这些技术应用于典型的业务场景来弥补领域差异。我采取了一种务实的方法，并且涵盖了函数式技术，使其在典型的 LOB 应用场景中非常有用，并省略了 FP 背后的大部分理论。

最终，你应该关注 FP，因其赋予了以下优势：

- **高效率**——这意味着可用更少的代码完成更多工作。FP 提高了抽象层级，使你可编写高级代码，同时将你从那些只是增加复杂性，却没有任何价值的低级技术层面解放出来。

- **安全性**——在处理并发性时尤其如此。一个用命令风格编写的程序可能在单线程实现中运行良好，但当并发发生时会导致各种错误。函数式代码在并发场景中提供了更好的保障，因此，在多核处理器时代，我们很自然会看到开发人员对 FP 的兴趣激增。

- **清晰性**——相对于编写新代码，我们会花费更多时间来维护和使用现有的代码，所以让我们的代码清晰明了并且意义明确是非常重要的。当你转向函数式思维时，达到这种清晰性将水到渠成。

如果你已经用面向对象的风格进行了一段时间的编程，在本书的概念实现之前，可能需要做出一些努力和意愿去尝试。为确保学习 FP 是一个愉快而有益的过程，我有两个建议：

- **耐心**——你可能需要多次重复阅读一些章节。你可能会把这本书放下几个星期，当你再次拿起这本书时，突然间发现有些模糊的东西开始变得有意义了。

- **用代码进行实验**——实践出真知。本书提供了许多示例和练习，许多代码片段可在 REPL 中进行测试。

你的同事可能比你更不愿意去探索新东西。预料到他们可能会抗议你采用这种新风格，并对你的代码感到困惑，然后发问"为什么不只是做 x？"(其中 x 是枯燥的、过时的，并且通常是有害的)。不必过多地讨论。坐下来，看着他们最终转身，并用你的技术来解决他们屡次遇到的问题。

致　　谢

感谢 Paul Louth，他不但通过自己编写的 LanguageExt 库赋予我灵感(我从中借鉴了很多很棒的想法)，而且亲力亲为地在各个阶段对本书进行了审阅。

Manning 出版社的详尽编辑过程确保了本书的质量。为此，我要感谢与本书合作的团队，包括 Mike Stephens、开发编辑 Marina Michaels、技术编辑 Joel Kotarski 技术校对员 Jürgen Hoetzel，以及版权编辑 Andy Carroll。

特别感谢 Daniel Marbach 和 Tamir Dresher 所给予的技术见解，以及所有参与同行评审的人，包括 Alex Basile、Aurélien Gounot、Blair Leduc、Chris Frank、Daniel Marbach、Devon Burriss、Gonzalo Barba López、Guy Smith、Kofi Sarfo、Pauli Sutelainen、Russell Day、Tate Antrim 和 Wayne Mather。

感谢 Scott Wlaschin 在 http://fsharpforfunandprofit.com 上分享的文章，感谢所有通过文章、博客和开源代码分享自己的知识和热情的其他 FP 社区成员。

前　言

本书旨在展示如何利用 C#中的函数式技术编写简洁、优雅、健壮和可维护的代码。

本书读者对象

本书是为那些具有雄心壮志的开发人员所编写的。你需要了解 C#语言和.NET 框架。你需要具备开发实际应用的经验，熟悉 OOP 的概念、模式和最佳实践。并且，你正在寻求通过学习函数式技术来扩展编程技能，以便可以充分利用 C#的多范式语言特性。如果你正在尝试或正在计划学习一门函数式语言，那么本书也将是非常有价值的，因为你将学习如何在一门你所熟悉的语言上进行函数式思考。改变自己的思考方式是很难的；而一旦做到，那么学习任何特定语言的语法将变得相对容易。

本书的组织结构

全书共 15 章，分为 3 个部分：
- 第 I 部分介绍函数式编程的基本技术和原理。我们将初窥函数式编程是什么，以及 C#是如何支持函数式编程风格的。然后，将研究高阶函数的功能、纯函数及其与可测性的关系、类型和函数签名的设计，以及如何将简单的函数组合到复杂的程序中。在第 I 部分的最后，你将很好地感受到一个用函数式风格所编写的程序是什么样的，以及这种风格所带来的好处。
- 第 II 部分将加快速度，转向更广泛的关注点，例如函数式的错误处理、模块化和组合应用，以及理解状态和表示变化的函数式方法。到第 II 部分结束时，你将掌握一系列工具的用法，将能利用函数式方法来有效地完成许多编程任务。
- 第 III 部分将讨论更高级的主题，包括惰性求值、有状态计算、异步、数据流和并发性。第 III 部分的每章都介绍一些重要技术，它们可能彻底改变你编写软件的方式和思考方式。

你会在每章中找到更详细的主题分类，并在阅读任何特定章节之前，都能从本书的内封了解到需要预先阅读哪些章节。

为实际应用编码

本书旨在让实际场景保持真实。为此，很多例子都涉及实际任务，例如读取配置、连接数据库、验证 HTTP 请求；对于这些事情，你可能已经知道如何做了，但你将用函数式思维的新视角来重新看待它们。

在本书中，我使用了一个长期运行的例子来说明在编写 LOB 应用时，FP 是如何提供帮助的。为此，我选择了一个在线银行应用，它是虚拟的 Codeland 银行(BOC)——我知道这或许有些生搬硬套了，但至少它有了必需的三个字母的缩写。由于大多数人都可访问在线银行设施，因此很容易想象其所需的功能，并且清楚地看到所讨论的问题是如何与实际应用关联的。

我也使用了场景来说明如何解决函数式风格中典型的编程问题。在实际的例子和 FP 概念之间的不断反复，将帮助我们弥合理论与实践之间的差异。

利用函数式库

诸如 C#的语言具有函数式特性，但为了充分利用这些特性，你将经常使用便于实现常见任务的库。Microsoft 已经提供了几个库，以便进行函数式风格的编程，包括：

- **System.Linq**——这是一个功能库。我假定你是熟悉它的，因为它是.NET 的一个重要组成部分。
- **System.Collections.Immutable**——这是一个不可变集合的库，第 9 章将开始使用它。
- **System.Reactive**——这是.NET 的 Reactive Extensions 的实现，允许你使用数据流，第 14 章将讨论这些数据流。

当然还有其他许多重要的类型和功能未列举，这些都是 FP 的主要部分。因此，一些独立的开发人员已经编写了一些开源的代码库来填补这些空白。到目前为止，其中最完整的是 LanguageExt，这是由 Paul Louth 编写的一个库，用于在进行函数式编码时改进 C#开发人员的体验。[1]

本书并没有直接使用 LanguageExt；相反，将向你展示如何开发自己的函数式实用工具库，且将其命名为 LaYumba.Functional，尽管它与 LanguageExt 在很大程

1　LanguageExt 是开源的，可在 GitHub 和 NuGet 上找到：https://github.com/louthy/language-ext。

度上是重叠的，但这在教学方面会更有用，原因有如下几点：

- 在本书出版后，将保持代码的稳定。
- 你可以透过现象看本质，将看到看似简单实则强大的函数式构造。
- 你可以专注于基本要素：我将以最纯粹的形式向你展示这些构造，这样你就不会被一个完整的库所处理的细节和边缘情况分散注意力。

代码约定和下载

代码示例使用了 C# 7，大部分与 C# 6 兼容。C# 7 中专门介绍的语言特性仅用于第 10 章及之后章节(另外，1.2 节的几个示例中明确地展示了 C# 7)。可在 REPL 中执行许多较短的代码片段，从而获得动手练习的实时反馈。更多的扩展示例可通过 https://github.com/la-yumba/functional-csharp-code 下载，其中还配有练习的设置和解决方案。

本书中的代码清单重点讨论了正在讨论的主题，因此可能会省略命名空间 (namespace)、using 语句、简单的构造函数，或先前代码清单中出现的并保持不变的代码段。如果你想查看代码清单的完整编译版本，可在代码存储库中找到它：https://github.com/la-yumba/functional-csharp-code。

另外，读者也可扫描封底的二维码下载相关资料。

图书论坛

购买本书后，可免费访问由 Manning 出版社运行的私人网络论坛，你可在这里提交有关本书的评论，询问技术问题，并获得作者和其他用户的帮助。可通过 https://forums.manning.com/forums/functional-programming-in-c-sharp 访问该论坛。你也可通过 https://forums.manning.com/forums/about 了解更多关于 Manning 论坛及论坛行为准则的信息。

Manning 出版社为读者提供一个场所，在这里，读者之间以及读者和作者之间可以进行有意义的对话。但不承诺作者的任何具体参与度，作者对论坛的贡献是自愿的(并且是无偿的)。我们建议你尝试向作者提出一些具有挑战性的问题，以免他的兴趣流失！只要本书还在市场上销售，论坛和之前所讨论的内容存档将可从出版商的网站上直接访问。

目　　录

第 I 部分

核心概念

在这一部分，我们将介绍函数式编程的基本技术和原理。

第 1 章首先了解函数式编程是什么，以及 C#如何支持函数式风格编程。然后深入研究 FP 的基本技术——高阶函数。

第 2 章解释纯函数是什么，为什么纯洁性对函数的可测试性有重要影响，以及为什么纯函数适用于并行化和其他优化。

第 3 章涉及设计类型和函数签名的原则——这些内容你原本就了解，但从函数式角度看，却是新的内容。

第 4 章介绍 FP 的一些核心函数：Map、Bind、ForEach 和 Where (过滤器)。这些函数提供了在 FP 中与最常见的数据结构交互的基本工具。

第 5 章介绍如何将函数链接到捕捉程序工作流的管道中。然后，将扩大作用域并以函数式风格开发整个用例。

第 I 部分结束时，你会对用函数式风格所编写的程序拥有良好的感觉，并会理解这种风格所带来的好处。

第 1 章

介绍函数式编程

本章涵盖的主要内容：
- 函数式编程的优点和原理
- C#语言的函数式特性
- C#中的函数表示
- 高阶函数

函数式编程是一种编程范式，是指对于程序的一种不同思考方式，而不是你可能习惯的主流命令式范式。出于这个原因，函数式思维的学习是具有挑战性的，但也是丰富多彩的。我的愿望是，在阅读本书后，你永远不会再用以前那样的视角来看待代码！

学习本书可能是一段颠簸的旅程。你可能会因某些概念而感到挫败，这些概念似乎晦涩或无用，而当你茅塞顿开时却又不亦乐乎，并且你能够用几行优雅的函数式代码代替命令式代码。

本章将介绍你在开始这段旅程时可能遇到的一些问题：函数式编程究竟是什么？我为什么要在乎它？我可在 C#中进行函数式编码吗？这值得努力吗？

我们将首先概述函数式编程(FP)是什么以及 C#语言如何以函数式风格支持编程。然后讨论函数以及其在 C#中的表示方式。最后，将介绍高阶函数，并用一个实例对其进行说明。

1.1　什么是函数式编程

函数式编程究竟是什么？在一个非常高的层面上，这是一种强调函数的同时避免状态突变的编程风格。这个定义是双重的，因为其包含两个基本概念：

- 函数作为第一类值
- 避免状态突变

下面介绍这些概念的含义。

1.1.1　函数作为第一类值

在函数是第一类值的语言中，可将它们用作其他函数的输入或输出，可将它们赋值给变量，也可将它们存储在集合中。换句话说，可使用函数完成你可对任何其他类型的值进行的所有操作。

例如，在 REPL 中输入以下内容：[1]

```
Func<int, int> triple = x => x * 3;
var range = Enumerable.Range(1, 3);
var triples = range.Select(triple);

triples // => [3, 6, 9]
```

在这个例子中，首先声明了一个函数，该函数返回给定整数乘以 3 的结果，并将其赋给变量 triple。然后使用 Range 创建一个 IEnumerable<int>，其值为[1, 2, 3]。接着调用 Select(IEnumerable 上的一个扩展方法)，将 range 和 triple 函数作为其参数；这将创建一个新的 IEnumerable，它包含通过将 triple 函数应用于输入的 range 中的每个元素而获得的元素。

这个简短的代码片段演示了 C#中的函数确实是第一类值，因为你可将乘以 3 的函数赋给变量 triple，并将其作为参数提供给 Select。在整本书中你会看到，将函数当作值处理可让你编写一些非常强大和简洁的代码。

1.1.2　避免状态突变

如果我们要遵循函数式范式，就应该完全避免状态突变：一旦创建一个对象，便永远不会改变，且变量永远不会被重新赋值。术语"突变(mutation)"表示某个值就地更改——更新存储器中某处存储的值。例如，下面的代码创建并填充一个

---

[1]　REPL 是一个命令行界面，允许你通过输入语句并获得即时反馈来测试该语言。如果你使用的是 Visual Studio，则可通过 View> Other Windows> C# Interactive 来启动 REPL。在 Mono 上，你可使用 csharp 命令。还有其他几个实用工具可让你以交互方式运行 C#代码片段，有些甚至可在浏览器中运行。

数组，然后更新了数组中的一个值：

```
int[] nums = { 1, 2, 3 };
nums[0] = 7;

nums // => [7, 2, 3]
```

这种更新也称为破坏性更新，因为更新前所存储的值遭到破坏。在函数式编码时应始终避免这些(纯粹的函数式语言根本不允许就地更新)。

遵循这一原则，对列表进行排序或过滤时不应该修改列表，而应该新建一个列表，在不影响原列表的情况下适宜地过滤或排序列表。在 REPL 中输入以下内容以查看使用 LINQ 的 Where 和 OrderBy 函数对列表进行排序或过滤时会发生什么。

代码清单1.1　函数式方法：Where和OrderBy不影响原始列表

```
                    Func<int, bool> isOdd = x => x % 2 == 1;
                    int[] original = { 7, 6, 1 };

原始列表            var sorted = original.OrderBy(x => x);
没有受到            var filtered = original.Where(isOdd);
影响
                    original // => [7, 6, 1]
                    sorted   // => [1, 6, 7]          排序和过滤产
                    filtered // => [7, 1]             生了新的列表
```

如你所见，原始列表不受排序或过滤操作的影响，而会产生新的 IEnumerable。

下面分析一个反例。如果你有一个 List<T>，可通过调用其 Sort 方法对其进行就地排序。

代码清单1.2　非函数式方法：List<T>.Sort对列表进行就地排序

```
var original = new List<int> { 5, 7, 1 };
original.Sort();

original // => [1, 5, 7]
```

在本示例中，排序后，原始排序遭到破坏。你马上就会明白为什么这是有问题的。

注意：你在该框架中同时看到函数式和非函数式方法，这是有历史原因的：List<T>.Sort 在日期上早于 LINQ，而这标志着在函数式方向上的决定性转向。

1.1.3　编写具有强力保证的程序

在刚才讨论的两个概念中，作为第一类值的函数最初显得更令人兴奋，本

章后半部分将集中讨论它。但在继续之前，我想简要说明为什么避免状态突变也是非常有益的，因为它消除了由可变状态引起的许多复杂性。

下面来看一个例子(后面将更详细地介绍这些主题，所以即使你目前尚未清楚理解所有事项，也不要担心)。将以下代码输入 REPL 中。

代码清单1.3   来自并发进程的状态突变会产生不可预知的结果

```
using static System.Linq.Enumerable;          │ 这允许你在没有完全限定的情
using static System.Console;                   │ 况下调用 Range 和 WriteLine

var nums = Range(-10000, 20001).Reverse().ToList();
// => [10000, 9999, ... , -9999, -10000]

Action task1 = () => WriteLine(nums.Sum());
Action task2 = () => { nums.Sort(); WriteLine(nums.Sum()); };

Parallel.Invoke(task1, task2);  ◄─────────┐ 并行执行这两项任务
// prints: 92332970
//         0
```

这里将 nums 定义为 10 000 到-10 000 之间的所有整数的列表；它们的总和显然应该为 0。然后创建两个任务：task1 计算并打印出总和；task2 首先对列表进行排序，然后计算并打印总和。如果独立运行，每项任务都将正确计算总和。然而，当你同时运行两个任务时，task1 会产生一个不正确且不可预知的结果。

很容易看出原因：当 task1 读取列表中的数字以计算总和时，task2 将重新排序该列表。这有点像试图在其他人翻页的同时阅读一本书：你会阅读一些残缺不全的句子！图 1.1 描述了这种情形。

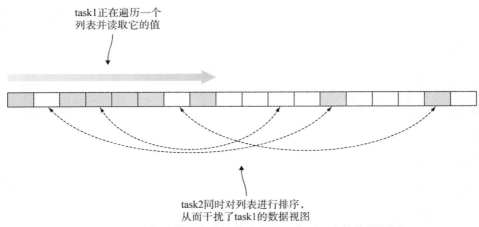

task1正在遍历一个
列表并读取它的值

task2同时对列表进行排序，
从而干扰了task1的数据视图

图 1.1   就地修改数据会带给并发线程一个不正确的数据视图

如果我们使用 LINQ 的 OrderBy 方法，而不是就地排序列表呢？

```
Action task3 = () => WriteLine(nums.OrderBy(x => x).Sum());

Parallel.Invoke(task1, task3);
// prints: 0
//         0
```

如你所见，即使你并行执行任务，使用 LINQ 的函数式实现依然能提供可预测的结果。这是因为 task3 没有修改原始列表，而是创建了一个全新的数据视图，这是已排序的——task1 和 task3 同时从原始列表中读取，但并发读取不会导致任何不一致，如图 1.2 所示。

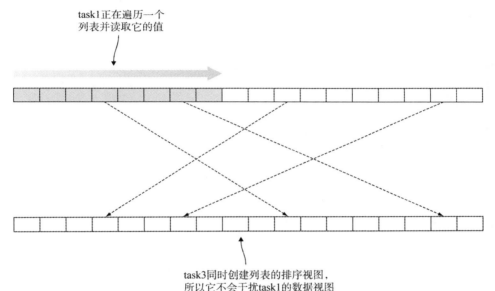

task1正在遍历一个
列表并读取它的值

task3同时创建列表的排序视图，
所以它不会干扰task1的数据视图

图 1.2　函数式方法：创建原始结构的新修改版本

这个简单示例说明了一个更广泛的事实：当开发人员用命令式风格编写应用程序(显式地使程序状态突变)并在后来引入并发(由于新的需求或需要提高性能)时，不可避免地会面临大量的工作和一些潜在的棘手 bug。从一开始就以函数式风格编写程序，通常可自由添加并发机制，或耗费更少的工作量。第 2 章和第 9 章将更详细地讨论状态突变和并发性。现在，让我们回到对 FP 的概述。

虽然大多数人会认同将函数视为第一类值并避免状态突变是 FP 的基本原则，但它们的应用催生了一系列实践和技术，所以在这样一本书中考虑哪些技术应该被认为是必要且可被收录的是值得商榷的。

我鼓励你对这个问题采取务实的态度，并尝试将 FP 理解为一组工具，以使用它来解决编程任务。当学习这些技术时，你将开始从不同的视角来看待问题：将开启函数式思维。

现在我们已经有了 FP 的工作定义，下面分析 C#语言本身，以及它对 FP 技术的支持。

> **"函数式"与"面向对象"**
>
> 我经常被要求将FP与面向对象编程(OOP)进行比较。这并不简单，主要是因为对于OOP应该是什么样的，有许多不正确的臆测。
>
> 从理论上讲，OOP(封装、数据抽象等)的基本原理与FP的原理是正交的，所以没理由将这两种范式组合在一起。
>
> 然而，在实践中，大多数面向对象(OO)开发人员在其方法实现中严重依赖于命令式风格，使状态就地突变并使用显式控制流：他们在大规模的命令式编程中使用了OO设计。所以真正的问题是命令式与函数式编程，本章最后将总结FP的益处。
>
> 经常出现的另一个问题是，FP如何在构建一个大型、复杂的应用程序方面与OOP有所不同。构建一个复杂应用程序的难点在于需要遵循以下几个原则：
>
> - 模块化(将软件划分为可复用组件)
> - 关注分离(每个组件只应做一件事)
> - 分层(高层组件可依赖于低层组件，但反之则不然)
> - 松耦合(对组件的更改不应影响依赖它的组件)
>
> 这些原则是通用的，无论所讨论的组件是函数、类还是应用程序。
>
> 它们并非特定于OOP，因此可用相同的原则来构造用函数式风格所编写的应用程序——不同之处在于组件是什么，以及其所暴露的API。
>
> 在实践中，函数式所强调的纯函数(将在第2章中讨论)和可组合性(将在第5章中讨论)使得实现某些设计目标更加容易。[2]

1.2　C#的函数式语言

在前面的代码清单中，函数确实是 C#中的第一类值。实际上，从语言的最早版本到 Delegate 类型，C#都支持函数作为第一类值，随后的 lambda 表达式的引入使语法支持变得更好了——下一节将回顾这些语言特性。

有一些怪癖和限制，例如类型推断；我们将在第 8 章讨论这些内容。但总的来说，对函数作为第一类值的支持是相当不错的。

至于支持避免就地更新的编程模型，这方面的基本要求是语言具有垃圾回收功能。由于你创建了修改的版本，而不是就地更新现有值，因此你希望根据需要

---

[2]　关于为什么命令式风格的 OOP 使程序更复杂的更全面讨论，请参阅由 Ben Moseley 和 Peter Marks 撰写的 *Out of the Tar Pit*，2006(https://github.com/papers-we-love/papers-we-love/raw/master/design/out-of- the-tar-pit.pdf)。

对旧版本进行垃圾回收。同样，C#满足这个要求。

理想情况下，该语言还应该阻止就地更新。这是 C#最大的缺点：默认情况下一切都是可变的，程序员必须投入大量精力才能实现不可变。字段和变量必须显式地被标记为 readonly 以防止突变(将其与 F#进行比较，默认情况下 F#的变量是不可变的，并且必须显式地被标记为 mutable 以允许突变)。

关于类型呢？在框架中有几个不可变的类型，比如 string 和 DateTime，但对于用户所定义的不可变类型的语言支持却很差(不过，在 C# 6 中有所改进，并可能进一步改进未来版本，如下所述)。最后，框架中的集合是可变的，但一个可靠的不变集合库是可用的。

总之，C#很好地支持某些函数式技术，但对其他函数式技术的支持则不是很好。在迭代过程中，已有所改善，并将继续改进对函数式技术的支持。在本书中，你将了解哪些特性可被利用，以及如何消除其缺点。

接下来将回顾与 FP 相关的 C#的过去、现在和未来版本中的一些语言特性。

1.2.1 LINQ 的函数式性质

当 C# 3 与.NET Framework 3.5 版本一起发布时，包含许多受函数式语言所启发的特性，包括 LINQ 库(System.Linq)和一些新的语言特性，这些特性使你能增强用 LINQ 所做的事情，如扩展方法和表达式树。

LINQ 确实是一个函数式库——我之前使用 LINQ 来说明 FP 的两个原则——随着你进一步阅读本书，LINQ 的函数式性质将变得更明显。

LINQ 为列表上的许多常见操作提供了实现(或更笼统地讲，在"序列"中，作为 IEnumerable 的实例)，其中最常见的操作是映射、排序和过滤(请参见补充段落"对于序列的常见操作")。这是一个结合所有三个例子的示例：

```
Enumerable.Range(1, 100).
  Where(i => i % 20 == 0).
  OrderBy(i => -i).
  Select(i => $"{i}%")
// => ["100%", "80%", "60%", "40%", "20%"]
```

注意 Where、OrderBy 和 Select 都接受函数作为参数，并且不会使给定的 IEnumerable 突变，而是返回一个新的 IEnumerable。这体现了前面介绍的两个 FP 原则。

LINQ 不仅可查询内存中的对象(LINQ 到 Objects)，还可查询其他各种数据源，如 SQL 表和 XML 数据。C#程序员已将 LINQ 作为处理列表和关系数据的标准工具集(与此相关的典型代码库数量众多)。另一方面，这意味着你已对函数式库的 API 有了基本印象。

另一方面，当使用其他类型时，C#程序员通常坚持使用流控制语句的命令式风格来表达程序的预期行为。因此，我见过的大多数 C#代码库都是函数式风格(使用 IEnumerables 和 IQueryables 时)和命令式风格(其他所有内容)的拼合物。

这意味着虽然 C#程序员已经意识到使用诸如 LINQ 之类的函数式库的好处，但还不能完全揭示 LINQ 背后的设计原则，以便在设计中利用这些技术。这是本书旨在解决的问题。

对于序列的常见操作

LINQ库包含许多用于对序列执行常见操作的方法，如下所示：

- **映射**——给定一个序列和一个函数，映射生成一个新序列，其元素是通过将给定函数应用于给定序列中的每个元素(在 LINQ 中，这是通过 Select 方法完成的)而获得的。

```
Enumerable.Range(1, 3).Select(i => i * 3) // => [3, 6, 9]
```

- **过滤**——给定一个序列和一个谓词，过滤生成一个新序列，它由给定序列中传递谓词(在 LINQ 中为 Where)的元素组成。

```
Enumerable.Range(1, 10).Where(i => i % 3 == 0)  // => [3, 6, 9]
```

- **排序**——给定一个序列和一个键选择器函数，排序生成一个按键(在 LINQ 中，为 OrderBy 和 OrderByDescending)排序的新序列。

```
Enumerable.Range(1, 5).OrderBy(i => -i)  // => [5, 4, 3, 2, 1]
```

1.2.2   C# 6 和 C# 7 中的函数式特性

C# 6 和 C# 7 没有 C# 3 那么具有革命性，但它们包含许多更小的语言特性，这些特性共同提供了更好的体验和用于函数式编码的更符合习惯的语法。

注意: C# 6 和 C# 7 中引入的大多数特性都提供了更好的语法，而不是新功能。如果你使用的是旧版本的 C#，则仍可应用本书中展示的所有技术(只需要额外输入一些代码)。但这些新特性显著提高了可读性，使函数式风格的编程更具吸引力。

你可在代码清单 1.4 中看到这些特性。

代码清单1.4   与FP相关的C# 6和C# 7特性

```
using static System.Math;                 ◄─── using static 可对 System.Math 的
                                               静态成员(如 PI 和 Pow)进行非
public class Circle                            限制访问
```

```
{
    public Circle(double radius)
      => Radius = radius;

    public double Radius { get; }

    public double Circumference
       => PI * 2 * Radius;

    public double Area
    {
        get
        {
            double Square(double d) => Pow(d, 2);
            return PI * Square(Radius);
        }
    }

    public (double Circumference, double Area) Stats
       => (Circumference, Area);
}
```

一个只读的自动属性只能
在构造函数中设置

一个具有表达式体式
的属性

局部函数是在另
一个方法中所声
明的方法

具有命名元素的
C# 7 元组语法

使用 using static 导入静态成员

C# 6 中的 using static 语句允许你导入类的静态成员(在本例中为 System.Math 类)。因此，在本例中，你可调用 Math 的 PI 和 Pow 成员，而不需要进一步限定条件：

```
using static System.Math;

public double Circumference
   => PI * 2 * Radius;
```

为什么这很重要？在 FP 中，我们更喜欢行为仅依赖于输入参数的函数，因为我们可独立推理和测试这些函数(与实例方法相比，其实现通常会与实例变量进行交互)。这些函数在 C#中用静态方法实现，因此 C#中的函数式库主要由静态方法组成。

using static 使你可更轻松地使用这些库，尽管过度使用可能导致命名空间污染，但合理使用会产生干净可读的代码。

具有只读的自动属性的更简易不可变类型

当声明一个只读的自动属性，如 Radius 时，编译器会隐式声明一个 readonly 支持字段。因此，这些属性只能在构造函数或内联中被赋值：

```
public class Circle
{
    public Circle(double radius)
       => Radius = radius;

    public double Radius { get; }
}
```

只读的自动属性有助于定义不可变类型，第 9 章将进行详细介绍。Circle 类表明：它只有一个字段(Radius 的支持字段)，且是只读的，所以一旦创建，Circle 将永远不会改变。

具有表达式体式成员的更简洁函数

Circumference 属性是用带有 => 的表达式体所声明的，而不是使用{}的寻常语句体：

```
public double Circumference
    => PI * 2 * Radius;
```

注意，与 Area 属性相比，这更简洁明了！

在 FP 中，我们倾向于编写大量简单的函数，其中许多是单行的，然后将它们组合成更复杂的工作流程。表达式体式方法允许你用最小的语法噪音做到这一点。

当想要编写返回一个函数的函数时，这一点尤其明显——在本书中你会做很多事情。

表达式体式语法是在 C# 6 中为方法和属性引入的，在 C# 7 中被广泛应用于构造函数、析构函数、getter 和 setter 中。

局部函数

编写大量简单函数意味着许多函数只能从一个位置被调用。C# 7 允许你通过在方法作用域内声明方法来明确这一点；例如，在 Area 的 getter 的作用域内声明 Square 方法：

```
get
{
    double Square(double d) => Pow(d, 2);
    return PI * Square(Radius);
}
```

更佳的元组语法

更佳的元组语法是 C# 7 中最重要的特性。允许你轻松创建和使用元组，并为其元素指定有意义的名称。例如，Stats 属性返回一个类型为 (double, double)的元组，并指定可访问其元素的有意义名称：

```
public (double Circumference, double Area) Stats
    => (Circumference, Area);
```

元组在 FP 中很重要，因为它倾向于将任务分解为非常小的函数。你最终可能收到一个数据类型，其唯一目的是捕获一个函数返回的信息，并且这个数据类型应该是另一个函数的输入。为这种结构定义专用类型是不切合实际的，这种结构不符合有意义的域抽象，这就是元组的意义所在。

1.2.3　未来的 C#将更趋函数化

撰写本章的第一稿是在 2016 年初，当时 C# 7 的发展还处于初级阶段，而有趣的是，该语言团队具有"极强兴趣"的所有特性通常都与函数式语言相关联。包括以下内容：

- 记录类型(不含样板代码的不可变类型)
- 代数数据类型(对类型系统的强大补充)
- 模式匹配(类似作用于数据形态的 switch 语句，如类型，而不仅是值)
- 更佳的元组语法

一方面，令人失望的是只有最后一项可被交付。C# 7 也包含模式匹配的有限实现，但与函数式语言中可用的模式匹配种类相差甚远，而且在函数式编程时，我们所使用的模式匹配方式通常是不适当的(参见第 10.2.4 节)。

另一方面，这些特性仍处于未来的版本中，并已完成相应的提案工作。这意味着我们很可能在未来的 C#版本中看到记录类型和更完整的模式匹配实现。因此 C#已经准备好在其发展过程中继续作为一种具有越来越强大的函数式组件的多范式语言。

本书将为你奠定良好基础，以跟上语言和行业的发展步伐。还会让你更好地理解语言的未来版本背后的概念和动机。

1.3　函数思维

本节将阐明函数是什么。我将从这个词的数学用法开始，逐渐讨论 C#所提供的用于表示函数的各种语言结构。

1.3.1　映射函数

在数学中，函数是两个集合之间的映射，分别称为定义域和值域。即，给定一个来自其定义域的元素，函数从其值域产生一个元素。这就是所有过程；无论映射基于某个公式还是完全任意的都无关紧要。

从这个意义上来说，函数是一个完全抽象的数学对象，函数产生的值完全由其输入决定。但你会发现编程中的函数并不总是这样的。

例如，想象一个将小写字母映射到对应的大写字母的函数，如图 1.3 所示。在本示例中，

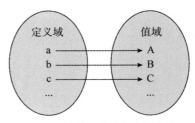

图 1.3　数学函数是两个集合的元素之间的映射

定义域是集合{a, b, c, ...}，值域是集合{A, B, C, ...}。当然，有一些函数的定义域和值域是相同的集合，你能想到一个例子吗？

这与编程的函数有什么关系呢？在 C#这样的静态类型语言中，集合(定义域和值域)是用类型表示的。例如，如果你对上面的函数进行编码，则可使用 char 来表示定义域和值域。函数类型可写成：

```
char → char
```

也就是说，该函数将 char 映射到 char，或等价于给出一个 char，其会生成一个 char。定义域和值域的类型构成一个函数的接口，也称为类型或签名。你可将此看成一个契约；一个函数签名声明：给定一个来自定义域的元素，将从值域生成一个元素。[3]这已经说得很明白了，但你会在第 3 章中了解到的是，在现实中，违反签名合同的情况比比皆是。

接下来分析如何对函数本身进行编码。

1.3.2　在 C#中表示函数

在 C#中有几种可用于表示函数的语言结构：

● 方法(method)
● 委托(delegate)
● lambda 表达式
● 字典(dictionary)

下面简单复习一下这些结构。如果你精通这些内容，请直接跳至下一节。

方法

方法是 C#中最常见和惯用的函数表示。例如，System.Math 类包含表示许多常用数学函数的方法。方法可表示函数，但它们也适用于面向对象的范式——可用来实现接口，可被重载等。

真正使你能以函数式风格进行编程的构造是委托和 lambda 表达式。

委托

委托是类型安全的函数指针。这里的类型安全意味着委托是强类型：函数的输入和输出值的类型在编译时是已知的，统一由编译器强制执行。

创建委托是一个两步过程：首先声明委托类型，然后提供一个实现(这类似于编写接口，然后实例化实现该接口的类)。

第一步通过使用委托关键字并为委托提供签名来完成。例如，.NET 包含以下

3　OO 意义上的接口是该想法的扩展：一组带有各自输入和输出类型的函数，或更确切地说，本质上是函数的方法，将当前实例作为一个隐式参数。

定义的 Comparison<T>委托。

```
namespace System {
    public delegate int Comparison<in T>(T x, T y);
}
```

如你所见，一个 Comparison<T>委托可被赋予两个 T 类型的值，并会生成一个指示哪一个更大的 int。

一旦有了委托类型，即可通过提供一个实现来实例化它，如下面的代码清单所示。

```
var list = Enumerable.Range(1, 10).Select(i => i * 3).ToList();
list // => [3, 6, 9, 12, 15, 18, 21, 24, 27, 30]

Comparison<int> alphabetically = (l, r)        │ 提供 Comparison
    => l.ToString().CompareTo(r.ToString());    │ 的实现

list.Sort(alphabetically);                      ◄─┐ 将 Comparison 委托
list // => [12, 15, 18, 21, 24, 27, 3, 30, 6, 9] │ 用作 Sort 的参数
```

如你所见，在技术层面上，一个委托只是一个表示操作的对象，在本示例中，是一个比较操作。就像任何其他对象一样，你可将委托用作另一个方法的参数，如代码清单 1.6 所示，因此委托是使 C#中的函数具有第一类值的语言特性。

Func 和 Action 委托

.NET 框架包含几个可表示几乎任何函数类型的委托"家族"：

- Func<R> 表示一个不接受参数并返回一个 R 类型结果的函数。
- Func<T1,R> 表示一个接受一个 T1 类型的参数并返回一个 R 类型结果的函数。
- Func<T1,T2,R>表示一个接受一个 T1 类型的参数和一个 T2 类型的参数并返回一个 R 类型结果的函数。

委托可表示各种"元数(arity)"的函数(请参阅补充说明"函数元数")。

自引入 Func 以来，已罕有自定义委托的使用。例如，不应按如下方式声明自定义委托：

```
delegate Greeting Greeter(Person p);
```

你可以使用类型：

```
Func<Person, Greeting>
```

上例中的 Greeter 类型与 Func<Person,Greeting>等效或"兼容"。这两种情况下，它都是一个接受 Person 并返回 Greeting 的函数。

有一个类似的委托家族可表示动作(action)——没有返回值的函数，比如 void 方法：

- Action 表示一个没有输入参数的动作。
- Action<T1>表示一个输入参数类型为 T1 的动作。
- Action<T1,T2>等表示一个具有多个输入参数的动作。

.NET 的发展已经远离了自定义委托，支持更通用的 Func 和 Action 委托。例如，对于谓词的表示：[4]

- .NET 2 中引入一个 Predicate<T>委托，例如，在 FindAll 方法中用于过滤一个 List<T>。
- 在.NET 3 中，Where 方法也用于过滤，但在更通用的 IEnumerable<T>中定义，不接受 Predicate<T>，只接受一个 Func<T,bool>。

两种函数是等效的。建议使用 Func 来避免表示相同函数签名的委托类型的泛滥，但仍然需要说明对自定义委托的可表达性支持：Predicate<T>比 Func< T,bool>能更清楚地传达意图，并更接近口语。

函数元数

元数(arity)是一个有趣的词语，指的是函数所接受的参数数量：
- 零元函数不接受任何参数。
- 一元函数接受一个参数。
- 二元函数接受两个参数。
- 三元函数接受三个参数。

其他函数以此类推。实际上，可将所有函数都看成一元的，因为传递n个参数相当于传递一个n元组作为唯一参数。例如，加法(就像其他任何二元算术运算一样)是一个函数，其定义域是所有数字对的集合。

---

lambda 表达式

lambda 表达式简称为 lambda，用于声明一个函数内联。例如，按照字母顺序排列数字列表，便可以使用 lambda 来完成。

代码清单1.7　用一个lambda声明一个函数内联

```
var list = Enumerable.Range(1, 10).Select(i => i * 3).ToList();
list // => [3, 6, 9, 12, 15, 18, 21, 24, 27, 30]

list.Sort((l, r) => l.ToString().CompareTo(r.ToString()));
list // => [12, 15, 18, 21, 24, 27, 3, 30, 6, 9]
```

---

4 谓词是一个函数；给出一个值(如一个整数)，它表明是否满足某种条件(比如，是否为偶数)。

如果你的函数很简短，且不需要在其他地方重复使用，那么 lambda 提供了最优雅的表示法。另外注意，在上例中，编译器不仅会推断出 x 和 y 的类型为 int，还会将 lambda 转换为 Sort 方法所期望的委托类型 Comparison<int>，前提是所提供的 lambda 与该类型兼容。

就像方法一样，委托和 lambda 可以访问其作用域内声明的变量。这在利用 lambda 表达式中的闭包时特别有用。[5]以下是一个例子。

代码清单1.8　lambda可访问封闭作用域内的变量

```
var days = Enum.GetValues(typeof(DayOfWeek)).Cast<DayOfWeek>();
// => [Sunday, Monday, Tuesday, Wednesday, Thursday, Friday, Saturday]

IEnumerable<DayOfWeek> daysStartingWith(string pattern)
   => days.Where(d => d.ToString().StartsWith(pattern));

daysStartingWith("S") // => [Sunday, Saturday]
```

pattern 变量在 lambda 内被引用，因此在闭包中被捕获

在这个例子中，Where 期望一个接受 DayOfWeek 并返回 bool 的函数。实际上，由 lambda 表达式所表达的函数也使用在闭包中被捕获的 pattern 值来计算结果。

这很有趣。如果你用更数学化的眼光来看待由 lambda 表达式所表达的函数，你可能会说其实际上是一个二元函数，它接受一个 DayOfWeek 和一个 string(即 pattern)作为输入，并生成一个 bool。但作为程序员，我们通常主要关注函数签名，因此你更可能将其视为一个从 DayOfWeek 到 bool 的一元函数。这两种观点都是有根据的：函数必须符合其一元签名，但其依赖于两个值来完成工作。

字典

字典也被称为映射(map)或哈希表(hashtable)；它们是数据结构，提供了一个非常直接的函数表示。它们实际上包含键(定义域中的元素)与值(来自值域的相应元素)的关联。

我们通常将字典视为数据，因此，在某一时刻改变观点并将其视为函数是可行的。字典适用于表示完全任意的函数，其中映射无法计算，但必须详尽存储。例如，要将 Boolean 的值映射到其法语名称，你可编写以下内容。

代码清单1.9　一个可用字典来详尽表示的函数

```
var frenchFor = new Dictionary<bool, string>
{
    [true] = "Vrai",
    [false] = "Faux",
```

C# 6 中字典的初始化器语法

5　闭包是 lambda 表达式本身与声明 lambda 的上下文(即 lambda 所处的作用域中所有可用的变量)的组合。

```
};
frenchFor[true]
// => "Vrai"
```

通过查找执行
函数应用程序

函数可用字典表示的事实，也使得通过将计算结果存储在字典中而不是每次重新计算它们来优化计算昂贵的函数成为可能。

为方便起见，本书其余部分将使用术语 function 来表示函数的 C#表示法。请记住，这不完全符合术语的数学定义。你将在第 2 章中了解数学和编程函数之间的更多差异。

1.4 高阶函数

现在你已经了解到 FP 是什么，已回顾了该语言的函数式特性，现在是时候开始探索一些实际的函数式技术了。我们将以函数作为第一类值的最重要优点开始：它使你能定义高阶函数(Higher-Order Function，HOF)。

HOF 是接受其他函数作为输入或返回一个函数作为输出的函数，或两者兼而有之。假设你已经在某种程度上用过 HOF，比如 LINQ。本书将使用 HOF，所以本节应该作为一个复习，并介绍一些你可能不太熟悉的 HOF 使用案例。HOF 很有趣，本节中的大多数示例都可在 REPL 中运行。请确保你亲自尝试过一些变化。

1.4.1 依赖于其他函数的函数

有些 HOF 接受其他函数作为参数并调用它们以完成工作，有点像公司可能将其工作分包给另一家公司。本章前面已经看到了一些这样的 HOF 例子：Sort(List 上的实例方法)和 Where(IEnumerable 上的扩展方法)。

当用一个 Comparison 委托来调用 List.Sort 时，List.Sort 便是一个方法，表示："好吧，我会对自己排序，只要告诉我该如何比较所包含的任意两个元素。" Sort 的工作就是排序，但调用者可决定使用什么样的逻辑进行比较。

同样，Where 的工作是过滤，调用者可决定以什么样的逻辑来确定是否应该包括一个元素。可以图形化方式表示 Where 的类型，如图 1.4 所示。

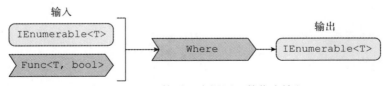

图 1.4 Where 接受一个谓词函数作为输入

下面看看 Where 的理想化实现。[6]

迭代列表的任务是 Where 的一个实现细节

```
public static IEnumerable<T> Where<T>
    (this IEnumerable<T> ts, Func<T, bool> predicate)
{
    foreach (T t in ts)
        if (predicate(t))
            yield return t;
}
```

要包含哪些项目的准则由调用者确定

Where 方法负责排序逻辑，调用者提供谓词，这是基于该条件过滤 IEnumerable 的准则。

如你所见，HOF 有助于在不能轻易分开逻辑的情况下关注分离。Where 和 Sort 是迭代应用程序的示例——HOF 将为集合中的每个元素重复应用给定的函数。

一个非常粗略的观察方法是，你传递一个函数作为参数，其代码最终将在 HOF 的循环体内执行——仅通过静态数据无法做到这一点，总体方案如图 1.5 所示。

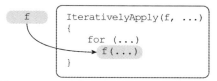

图 1.5　HOF 迭代地应用给定函数作为参数

可选执行是 HOF 的另一个很棒的选择。如果只想在特定条件下调用给定函数，这将很有用，如图 1.6 所示。

例如，设想一种从缓存中查找元素的方法。提供一个委托，并在缓存未命中时调用委托。

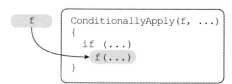

图 1.6　HOF 有条件地应用给定函数作为参数

```
class Cache<T> where T : class
{
    public T Get(Guid id) => //…

    public T Get(Guid id, Func<T> onMiss)
        => Get(id) ?? onMiss();
}
```

onMiss 中的逻辑可能涉及昂贵的操作，如数据库调用，所以你不希望其被不必要地执行。

前面的例子阐明了 HOF，HOF 接受一个函数作为输入(通常称为回调或后续传递)，并用它来执行任务或计算值。[7]这或许是 HOF 最常见的模式，有时被称为

6　这个实现在函数式上是正确的，但缺少 LINQ 实现中的错误检查和优化。

7　这或许是 HOF 最常见的模式，有时被称为控制倒转：HOF 的调用者通过提供一个函数来决定做什么，函数通过调用给定的函数来决定何时执行该操作。

控制的倒转：HOF 的调用者通过提供一个函数来决定做什么，被调用者通过调用给定的函数来决定何时执行该操作。

下面分析可将 HOF 派上用场的其他场景。

1.4.2　适配器函数

有些 HOF 根本不应用所给定的函数，而是返回一个新函数，以某种方式与给定的作为参数的函数相关。例如，假设你有一个执行整数除法的函数：

```
Func<int, int, int> divide = (x, y) => x / y;
divide(10, 2) // => 5
```

你想要更改参数的顺序，以便除数首先出现。这可以看成一个更普遍问题的特例：改变参数的顺序。

可编写一个泛化的 HOF，通过交换任何要修改的二元函数的参数顺序对该二元函数进行修改：

```
static Func<T2, T1, R> SwapArgs<T1, T2, R>(this Func<T1, T2, R> f)
   => (t2, t1) => f(t1, t2);
```

从技术层面讲，可更准确地认为 SwapArgs 会返回一个新函数，该函数会以相反的参数顺序调用给定函数。但从直观层面上讲，我觉得更容易想到的是我正在取回原始函数的一个修改版本。

你现在可通过应用 SwapArgs 来修改原始的除法函数：

```
var divideBy = divide.SwapArgs();
divideBy(2, 10) // => 5
```

使用这种类型的 HOF 会导致一个有趣的想法，即函数并非是一成不变的：如果你不喜欢函数的接口，可通过另一个函数来调用它，以提供更符合自己需要的接口。这就是将其称为适配器函数的原因。[8]

1.4.3　创建其他函数的函数

有时你会编写主要用于创建其他函数的函数——可将其视为函数工厂。下例使用 lambda 来过滤数字序列，只保留可被 2 整除的数字：

```
var range = Enumerable.Range(1, 20);

range.Where(i => i % 2 == 0)
// => [2, 4, 6, 8, 10, 12, 14, 16, 18, 20]
```

8　OOP 中众所周知的适配器模式可被看成将适配器函数的思想应用到一个对象的接口上。

如果你想要更通用的，比如能够过滤可被任何数字整除的数字 n，该怎么办呢？你可以定义一个函数，其接受 n 并生成一个合适的谓词，该谓词将计算任何给定的数是否可被 n 整除：

```
Func<int, bool> isMod(int n) => i => i % n == 0;
```

我们之前还没有像这样研究过 HOF：它接受一些静态数据并返回一个函数。下面分析如何使用它：

```
using static System.Linq.Enumerable;

Range(1, 20).Where(isMod(2)) // => [2, 4, 6, 8, 10, 12, 14, 16, 18, 20]
Range(1, 20).Where(isMod(3)) // => [3, 6, 9, 12, 15, 18]
```

请注意这使你不仅获得了通用性，还获得了可读性！在这个例子中，你使用名为 isMod 的 HOF 生成一个函数，然后将其作为输入提供给另一个 HOF，如图 1.7 所示。

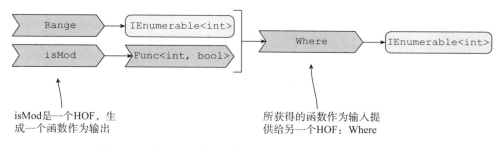

图 1.7　一个 HOF 生成一个函数，作为另一个 HOF 的输入

本书中你将看到使用 HOF 的更多情形。最终你将它们视为常规函数，而忘记它们是高阶函数。现在分析如何在日常开发中使用它们。

1.5　使用 HOF 避免重复

HOF 的另一个常见用例是封装安装和拆卸的操作。例如，与数据库进行交互需要一些设置来获取和打开连接，并在交互后进行一些清理以关闭连接并将其返回给底层连接池，代码如下所示。

代码清单1.12　连接到数据库需要一些安装和拆卸

```
string connString = "myDatabase";

var conn = new SqlConnection(connString));    安装：获取并打
conn.Open();                                  开一个连接

// interact with the database…
```

```
conn.Close();                          拆卸：关闭并
conn.Dispose();                        释放连接
```

无论你是正在读取数据库、写入数据库还是执行一个或多个动作，安装和拆卸都是一致的。前面的代码通常用一个 using 块编写，如下所示：

```
using (var conn = new SqlConnection(connString))
{
    conn.Open();
    // interact with the database...
}
```

这更简短、更好，[9]但本质上并无区别。研究下面这个简单的 DbLogger 类的例子，该类具有两个与数据库交互的方法：Log 插入给定的日志消息，GetLogs 从给定的日期开始检索所有日志。

代码清单1.13   安装/拆卸逻辑的重复

```
using Dapper;                          ◄——  将 Execute 和 Query 公开
// ...                                       为连接上的扩展方法

public class DbLogger
{
    string connString;                 ◄——  假设这是在构造
                                             函数中安装的
    public void Log(LogMessage msg)
    {
        using (var conn = new SqlConnection(connString))  ◄—— 安装

        {                                                将 LogMessage
            int affectedRows = conn.Execute("sp_create_log"  存入数据库
              , msg, commandType: CommandType.StoredProcedure);
        }
    }                    拆卸作为
                         Dispose 的
                         一部分执行

    public IEnumerable<LogMessage> GetLogs(DateTime since)
    {
        var sqlGetLogs = "SELECT * FROM [Logs] WHERE [Timestamp] > @since";
        using (var conn = new SqlConnection(connString))  ◄—— 安装
        {
            return conn.Query<LogMessage>(sqlGetLogs   查询数据库并对结
              , new {since = since});                  果进行反序列化
        }                          ◄—— 拆卸
    }
}
```

注意，这两种方法有一些重复，即安装和拆卸的逻辑的重复。我们能否摆脱

---

9 它更简短，是因为将在你退出 using 块时调用 Dispose，并依次调用 Close；它更好，是因为交互将被封装在 try/finally 中，所以即使在 using 块的主体中抛出异常，也会丢弃连接。

这种重复呢?

与数据库交互的细节与本次讨论无关,但如果你感兴趣,代码将使用 Dapper 库 (整理在 GitHub 上:https://github.com/StackExchange/dapper-dot-net),它是 ADO.NET 顶层的一个薄层,允许你通过一个非常简单的 API 与数据库进行交互:

- Query 查询数据库并返回反序列化的 LogMessage。
- Execute 运行存储过程并返回受影响的行数。

这两种方法都被定义为连接上的扩展方法。更重要的是,注意这两种情况下,数据库交互取决于所获取的连接以及所返回的一些数据。这将允许你将 IDbConnection 中的数据库交互作为一个函数来表示"某事"。

在现实世界中,我建议你总是异步执行 I/O 操作(所以在这个例子中,GetLogs 应该真的调用 QueryAsync 并返回一个 Task<IEnumerable<LogMessage>>)。但是,异步增加了一些复杂性,在你尝试学习已经具有挑战性的 FP 时,将无助于你。第 13 章将进一步讨论异步。

如你所见,Dapper 公开了一个舒适的 API,并且如有必要,它甚至会打开连接。但你仍需要创建连接,并且一旦完成,应该尽快处理它。因此,数据库调用的结果最终被夹在执行安装和拆卸的相同代码段之间。下面分析如何通过将安装和拆卸逻辑提取到 HOF 中来避免这种重复。

1.5.1 将安装和拆卸封装到 HOF 中

你希望编写一个函数来执行安装和拆卸,并将其间的操作参数化。对于 HOF 来说,这是一个完美场景,因为你可以用一个函数来表示它们之间的逻辑关系。[10]如图 1.8 所示。

因为连接的安装和拆卸比 DbLogger 更普遍,所以可将它们提取到一个新的 ConnectionHelper 类。

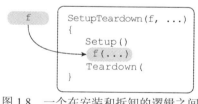

图 1.8 一个在安装和拆卸的逻辑之间包装给定函数的 HOF

代码清单1.14 将数据库连接的安装和拆卸封装到HOF中

```
using System;
using System.Data;
using System.Data.SqlClient;

public static class ConnectionHelper
{
    public static R Connect<R>(string connString
```

---

10 出于这个原因,你可能会听到这种模式被称为"中间洞"。

```
                       , Func<IDbConnection, R> f)
             {
    安装  │        using (var conn = new SqlConnection(connString))        其间的操
             │        {                                                        作现已被
             │          conn.Open();                                           参数化
    拆卸 ──→│          return f(conn);
             │        }
                   }
             }
```

Connect 函数执行了安装和拆卸，并根据期间应发生的操作对其进行参数化。主体的签名很有趣，它接受一个 IDbConnection(通过它与数据库交互)，并返回一个泛型对象 R。在我们所见到的用例中，如在查询的情况下，R 将是 IEnumerable<LogMessage>，如在插入的情况下，R 将是 int。你现在可使用 DbLogger 中的 Connect 函数，如下所示：

```
using Dapper;
using static ConnectionHelper;

public class DbLogger
{
    string connString;

    public void Log(LogMessage message)
        => Connect(connString, c => c.Execute("sp_create_log"
            , message, commandType: CommandType.StoredProcedure));

    public IEnumerable<LogMessage> GetLogs(DateTime since)
        => Connect(connString, c => c.Query<LogMessage>(@"SELECT *
            FROM [Logs] WHERE [Timestamp] > @since", new {since = since}));
}
```

你摆脱了 DbLogger 中的重复逻辑，并且 DbLogger 不再知道有关创建、打开或处理连接的详细信息。

1.5.2　将 using 语句转换为 HOF

前面的结果虽然令人满意。但为了进一步理解 HOF，下面更激进些。试问，using 语句本身不是安装/拆卸的例子吗？毕竟，一个 using 块总会做到以下几点：

- **安装**——通过计算给定的声明或表达式来获取 IDisposable 资源。
- **主体**——执行块中的内容。
- **拆卸**——退出该块，致使在安装中所获取的对象上调用 Dispose。

是的，它是！至少有一个是的。安装并不总是相同的，所以也需要被参数化。然后，我们可编写一个更加泛化的安装/拆卸 HOF 来执行 using。

这是一种广泛复用的函数，属于库。本书将向你展示已在我的 LaYumba. Functional 库中存在的此类可复用构造，从而在函数式编码时实现更好的体验。

代码清单1.15　一个可用来代替using语句的HOF

```
using System;

namespace LaYumba.Functional
{
   public static class F
   {
      public static R Using<TDisp, R>(TDisp disposable
         , Func<TDisp, R> f) where TDisp : IDisposable
      {
         using (disposable) return f(disposable);
      }
   }
}
```

上面的代码清单定义了一个名为 F 的类，将包含函数式库的核心函数。思想是这些函数应该在没有被 using static 所限定的情况下可用，如下一个代码示例所示。

这个 using 函数接受两个参数：第一个是一次性资源，第二个是在资源被处理之前所执行的函数。这样，你可更简洁地重写 Connect 函数：

```
using static LaYumba.Functional.F;

public static class ConnectionHelper
{
   public static R Connect<R>(string connStr, Func<IDbConnection, R> f)
      => Using(new SqlConnection(connStr)
         , conn => { conn.Open(); return f(conn); });
}
```

第一行的 using static 使你可调用 using 函数来作为 using 语句的一种全局替换。请注意，与 using 语句不同的是，调用 using 函数的是一个表达式。[11]这有如下两个好处。

● 允许你使用更紧凑的表达式体式的方法语法。

● 一个表达式会有一个值，所以 Using 函数可与其他函数进行组合。

第 5.5.1 节将深入探讨组合以及语句与表达式的思想。

1.5.3　HOF 的权衡

下面分析通过比较 DbLogger 中的某个方法的初始版本和重构版本后所取得的成果：

```
// initial implementation
public void Log(LogMessage msg)
{
   using (var conn = new SqlConnection(connString))
   {
      int affectedRows = conn.Execute("sp_create_log"
```

```
        , msg, commandType: CommandType.StoredProcedure);
    }
}

// refactored implementation
public void Log(LogMessage message)
    => Connect(connString, c => c.Execute("sp_create_log"
       , message, commandType: CommandType.StoredProcedure));
```

这很好地说明了接受一个函数作为参数的 HOF 带来的好处：

- **简洁**——新版本显然更简洁。一般而言，安装/拆卸越复杂，使用越广泛，
  通过将其提取到 HOF 中获得的好处就越多。
- **避免重复**——整个安装/拆卸的逻辑，目前在一个地方执行。
- **关注分离**——你已经设法将连接管理隔离到 ConnectionHelper 类中，所以
  DbLogger 本身只需要关注特定于日志的逻辑。

下面分析调用堆栈是如何改变的。在原始实现中，对 Execute 的调用发生在
Log 的堆栈帧上，在新实现中它们相距四个堆栈帧(见图 1.9)。

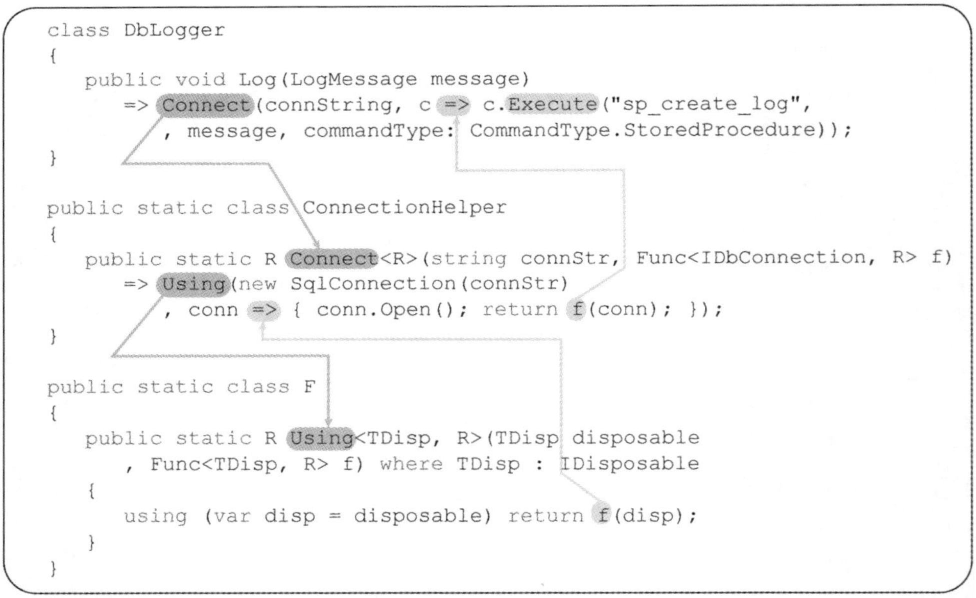

```
class DbLogger
{
    public void Log(LogMessage message)
        => Connect(connString, c => c.Execute("sp_create_log",
           , message, commandType: CommandType.StoredProcedure));
}

public static class ConnectionHelper
{
    public static R Connect<R>(string connStr, Func<IDbConnection, R> f)
        => Using(new SqlConnection(connStr)
           , conn => { conn.Open(); return f(conn); });
}

public static class F
{
    public static R Using<TDisp, R>(TDisp disposable
       , Func<TDisp, R> f) where TDisp : IDisposable
    {
        using (var disp = disposable) return f(disp);
    }
}
```

图 1.9　HOF 回调到调用函数中

当 Log 执行时，代码调用 Connect，并在连接准备就绪时传递回调函数来调
用。Connect 依次将该回调重新打包为新回调，并将其传递给 Using。

所以，HOF 也有一些缺点：

- 增加了堆栈的使用。所以性能受到影响，但其可以忽略不计。
- 由于回调，调试应用程序会稍微复杂一些。

总体而言，DbLogger 的改进使其成为一个值得考虑的折中方案。你现在可能认同 HOF 是非常强大的工具，尽管过度使用可能会使得代码难以理解。适时可使用 HOF，但要注意可读性：使用简短的 lambda 表达式、清晰的命名以及有意义的缩进。

1.6　函数式编程的好处

上一节介绍了如何使用 HOF 来避免重复并更好地实现关注分离。确实，FP 的优点之一在于它的简洁性：用较少的代码行就可以获得相同的结果。典型的应用程序中拥有成千上万行代码，所以简洁性也会对应用程序的可维护性产生积极影响。

通过应用你在本书中学习的函数式技术，可获得更多好处，这些好处大致分为三类：

- **更干净的代码**——除了前面提到的简洁性外，FP 导致了更具表现力、更易读、更易于测试的代码。干净的代码不仅是一个开发人员的愉悦所在，而且通过降低维护成本，还为业务带来巨大的经济效益。
- **更好地支持并发**——从多核 CPU 到分布式系统的多个因素为你的应用程序带来了高度的并发性。并发在传统上与诸如死锁、丢失更新等难题相关联；FP 提供了防止发生这些问题的技术。本书第 2 章将介绍一个简单示例，本书最后将列举更高级示例。
- **一个多范式方法**——人们常说，如果你拥有的唯一工具是锤子，那么每个问题看起来都像钉子。相反，越是从更多的角度观察一个给定的问题，就越有可能会找到一个最佳的解决方案。如果你已经熟练掌握面向对象技术，学习像 FP 这样的不同范式将不可避免地给予你一个更丰富的视角。遇到问题时，你可考虑多种方法并选择最有效的方法。

练习

我建议你花点时间完成这些练习，并在练习中提出自己的一些想法。GitHub (https://github.com/la-yumba/functional-csharp-code)上的代码示例存储库包含了占位符，因此你可以使用最少的安装工作来编写、编译和运行代码。其中还包括可以检查结果的解决方案：

1. 浏览 System.Linq.Enumerable(https://docs.microsoft.com/en-us/dotnet/api/system.linq.enumerable)的方法。哪些是 HOF？你认为哪一个隐藏着给定函数的迭代应用程序？

2. 编写一个可否定所给定谓词的函数：只要给定谓词的计算结果为 true，则结果函数的计算结果为 false，反之亦然。

3. 编写一个使用快速排序对 List<int>进行排序的方法(返回一个新列表，而不是就地排序)。

4. 泛化前面的实现以接受一个 List<T>，另外有一个 Comparison<T>委托。

5. 在本章中，你已经见到一个 Using 函数，它接受一个 IDisposable 函数和一个类型为 Func<TDisp,R>的函数。编写接受一个 Func<IDisposable>作为第一个参数的重载，而不是接受 IDisposable(这可用来避免由某些代码分析工具所提出的有关"实例化一个 IDisposable 而不处理它"的警告)。

小结

- FP 是一个强大的范式，可促使代码更简洁、更易于维护、表达性强、可测试且易于实现并发。
- FP 与 OOP 有所不同，其侧重于函数而不是对象，并且关注数据转换而不是状态突变。
- FP 可以被看成基于两个基本原则的一系列技术：
  - 函数是第一类值。
  - 应避免就地更新。
- 可用方法、委托和 lambda 来表示 C#中的函数。
- FP 利用高阶函数(接受其他函数作为输入或输出的函数)；因此语言必须具有作为第一类值的函数。

第2章

为什么函数纯洁性很重要

本章最初的名称是"纯洁的不可抗拒的吸引力"。但如果它真是如此不可抗拒的话,我们会拥有更多函数式程序员,对吧?你是知道的,函数式程序员是纯函数(没有副作用的函数)的吸盘。正如你将在本章中所见,纯函数具有一些非常可取的属性。

遗憾的是,纯函数的魅力以及你可以用它们来做什么,是 FP 作为一门学科已经脱离了行业的部分原因。如你所料,大多数现实世界中的应用程序中已几乎没有纯洁性。然而,正如我希望在本章中所展示的那样,纯洁性在现实世界中仍然是举足轻重的。

我们首先看看是什么使得函数是纯洁的(或不纯的),然后你会看到纯洁性如何影响程序的可测试性,甚至是正确性,尤其是在并发场景中。我希望在本章的最后,你会发现纯洁性如果不是"不可抗拒的",但至少"绝对值得记住"。

2.1 什么是函数的纯洁性

在第 1 章中你已了解到数学函数是完全抽象的实体。尽管一些编程函数是数学函数的近似表示，但情况往往不是这样的。你经常需要一个函数向屏幕写入内容、处理文件或与其他系统进行交互。简而言之，你经常需要一个函数去做一些事情——以产生一个副作用。数学函数什么也不会做；它们只是返回一个值。

还有一个重要区别：数学函数存在于真空中，所以它们的结果严格地由它们的参数所决定。另一方面，我们用来表示函数的编程结构都可访问"上下文"：一个实例方法可访问实例字段，一个 lambda 可访问已关闭的变量，许多函数所访问的内容完全超出了程序的作用域，如系统时钟、数据库或远程服务。

这种上下文是存在的，其界限不一定是明确界定的，而且可能在程序的控制范围之外由可变的事物组成，这意味着程序中的函数比数学中的函数在行为的分析上明显更复杂。这导致了纯洁函数和不纯洁函数之间的一个区别。

2.1.1　纯洁性和副作用

纯函数与数学函数非常相似：除了根据输入值计算输出值之外，它们什么也不做。表 2.1 对比了纯函数和不纯函数。

表 2.1　纯函数的要求

纯函数	不纯函数
输出完全取决于输入参数。	输入参数以外的因素可能影响输出。
导致没有副作用	可能导致副作用

为阐明该定义，我们必须确切地定义副作用是什么。如果函数执行下列任意操作，则表示其具有副作用：

- **使全局状态突变**——这里的"全局"指在函数作用域之外可见的任何状态。例如，一个私有实例字段被认为是全局的，因为其可在类中的所有方法中可见。
- **改变其输入参数**。
- **抛出异常**[1]。
- **执行任何 I/O 操作**——这包括程序和外部世界之间的任何交互，包括读取或写入控制台、文件系统或数据库，以及与应用程序边界之外的任何进程交互。

总之，纯函数没有副作用，其输出完全由输入决定。

纯函数的确定性本质(也就是说，事实上它们总是为相同的输入返回相同的输

1　有人会争辩说，一个函数尽管抛出异常，但仍可被认为是纯洁的。然而，在抛出异常时，会导致不确定性出现在代码中，这些代码会基于异常处理做某些决定，或者在没有异常处理的情况下出现程序崩溃的副作用。

出)具有一些有趣的结果。纯函数易于测试和推理。[2]此外，输出仅依赖于输入的
事实意味着求值顺序并不重要。无论你是在现在还是在以后计算函数的结果，该
结果都不会改变。这意味着程序中完全由纯函数所组成的部分可通过多种方式进
行优化：

- **并行化**——不同的线程并行执行任务。
- **惰性求值**——仅根据需要来计算值。
- **记忆化**——缓存函数的结果，以便其只计算一次。

另一方面，使用这些具有不纯函数的技术会导致相当可怕的 bug。由于这些
原因，FP 提倡只要有可能就应该优先考虑纯函数。

2.1.2　管理副作用的策略

好的，让我们尽可能使用纯函数吧。但这总能做到吗？这有可能吗？好吧，
如果你仔细看一下那些被认为是副作用的事物清单，会发现那简直是一个大杂烩，
所以管理副作用的策略取决于有问题的副作用类型。

隔离 I/O 的影响

下面从 I/O 开始，它总是被认为是一种副作用。首先，这里有几个例子将阐
明为什么执行 I/O 的函数永远不会是纯洁的：

- 在远程资源发生变化时，接受一个 URL 并返回该 URL 处资源的函数将生
  成不同的结果，或者如果连接不可用，则可能抛出一个错误。
- 如果目录不存在，或者托管程序的进程缺少写入权限，则接受“文件路径
  和要写入文件的内容”的函数可能抛出错误。
- 从系统时钟返回当前时间的函数，将在任何时刻返回不同结果。

如你所见，任何对于外界的依赖阻碍了函数的纯洁性，因为外界的状态会影
响函数的返回值。另一方面，如果你的程序用来做任何有用的事情，就不能逃避
需要一些 I/O 的事实。即使是一个纯洁的数学程序，仅执行一个计算也必须执行
一些 I/O 以传达其结果。所以一些代码必将是不纯洁的。

你可以做的是将程序的纯洁的计算部分与 I/O 隔离。通过这种方式，可最大
限度地减少 I/O 的占用空间，并从程序的纯洁部分中获得纯洁性所带来的好处。
请思考以下代码：

```
WriteLine("Enter your name:");
var name = ReadLine();
WriteLine($"Hello {name}");
```

2　一些学者说明了如何以代数方式推理纯函数来证明程序的正确性；例如，参见由 Graham Hutton 撰
写的 *Programming in Haskell* 的第 2 版(剑桥大学出版社，2016)。

这个简单程序(假设被包装在一个 Main 方法中)将 I/O 与可在纯函数中提取到的逻辑混合在一起:

```
static string GreetingFor(string name) => $"Hello {name}";
```

有一些现实世界的程序将逻辑从 I/O 中分离出来会相对简单。例如,接受一个诸如 Pandoc 的文档格式转换器,用于将文件从 Markdown 转换为 PDF。当你执行 Pandoc 时,将执行图 2.1 所示的步骤。

图 2.1   一个可轻松隔离 I/O 的程序

执行格式转换的程序的计算部分可以完全由纯函数构成。执行 I/O 的不纯函数可调用执行翻译的纯函数,但执行翻译的函数不能调用执行 I/O 的任何函数,否则它们也将变得不纯洁。

LOB 应用程序在 I/O 方面具有更复杂的结构,因此将程序的纯计算部分与 I/O 隔离开来是一个相当大的挑战。本章和其他章节将向你展示一些可能的方法。

避免使参数突变

另一种副作用是函数参数的突变。在任何编程范式中,使函数参数突变都是一个坏主意,但我多次无意中发现了这样做的一些实现:

```
decimal RecomputeTotal(Order order, List<OrderLine> linesToDelete)
{
    var result = 0m;
    foreach (var line in order.OrderLines)
        if (line.Quantity == 0) linesToDelete.Add(line);
        else result += line.Product.Price * line.Quantity;
    return result;
}
```

当订单中的物品数量被修改时,将调用该函数。会重新计算订单的总价值,并且作为副作用,会将数量已改为零的订单行添加到 linesToDelete 列表中。

这是一个糟糕的主意,原因是该方法的行为现在与调用者的行为紧密耦合:调用者依赖该方法来执行其副作用,被调用者依赖调用者来初始化列表。因此,这两种方法都必须知道另一种方法的实现细节,因此无法孤立地推理出这些方法。[3]

---

3   此外,如果要将突变参数的类型从类改为结构,将产生截然不同的行为,因为结构是按值传递的。

而通过将所有计算的信息返回给调用者，可轻松避免这种副作用。例如，可将前面的代码重构如下：

```
(decimal, IEnumerable<OrderLine>) RecomputeTotal(Order order)
    => (order.OrderLines.Sum(l => l.Product.Price * l.Quantity)
     , order.OrderLines.Where(l => l.Quantity == 0));
```

遵循这个原则，你始终可采用这种方式构建代码，即函数从不会使其输入参数突变。实际上，通过始终使用不可变对象(一旦创建后便不能更改的对象)来强制执行此操作是理想的。第 10 章将详细讨论这一点。

还有两种副作用：使非局部状态突变和抛出异常；这两种副作用的情况如何呢？事实证明，总可以在不依赖异常的情况下处理错误，并且通常可避免状态突变。事实上，本书大部分内容都致力于处理函数式错误和避免状态突变，以使你最终做到这一点。

通过学习这些技术，你将能分离或避免副作用，并能利用纯函数的好处。

2.2　纯洁性和并发性

现在这个理论已经足够了；下面来看一些在操作中演示纯函数和不纯函数的代码。假设你想将一个字符串列表格式化为一个编号列表；应该对外观进行标准化，并在每个项目之前加一个计数器。为此，你将创建一个可按如下方式使用的ListFormatter 类：

```
var shoppingList = new List<string> { "coffee beans", "BANANAS", "Dates" };

new ListFormatter()
    .Format(shoppingList)
    .ForEach(WriteLine);

// prints:  1. Coffee beans
//          2. Bananas
//          3. Dates
```

以下列表展示了 ListFormatter 一个可能的实现。

代码清单2.1　一个列表格式化程序，它结合了纯函数和不纯函数

```
static class StringExt
{
    public static string ToSentenceCase(this string s)    ←── 一个纯函数
        => s.ToUpper()[0] + s.ToLower().Substring(1);
}

class ListFormatter
{
    int counter;

    string PrependCounter(string s) => $"{++counter}. {s}";    ←── 一个不纯函数
                                                                   (使得全局状态
                                                                   突变)
```

```
public List<string> Format(List<string> list)
    => list
        .Select(StringExt.ToSentenceCase)
        .Select(PrependCounter)
        .ToList();
}
```

可采用类似方式应用
纯函数和不纯函数

关于纯洁性有几点需要指出:

- ToSentenceCase 是纯洁的(其输出严格由输入确定)。因为其计算只取决于输入参数, 所以它可以是静态的且不会有任何问题。
- PrependCounter 递增了计数器, 因此是不纯洁的。它取决于一个实例成员——计数器(counter)——你不能使其成为静态的。[4]
- 在 Format 方法中, 你可以用 Select 将这两个函数应用于列表中的项目, 而不必考虑纯洁性。这不太理想, 稍后将讲述原因。事实上, 理想情况下有一条规则, 即 Select 应该仅用于纯函数。

如果你正在格式化的列表足够大, 那么并行执行字符串操作是否合理? 运行时可决定将其作为一个优化吗? 接下来将解决这些问题。

2.2.1　纯函数可良好地并行化

如果有足够多的数据要处理, 则对其进行并行处理通常是有利的; 当处理是 CPU 密集型的并可独立处理数据段时尤其如此。

问题是纯函数和不纯函数的并行化难度是不同的。我将通过尝试将列表格式函数(使用 ListFormatter)并行化来说明这一点。

纯函数能很好地并行化, 通常不会产生并发性难题(关于并发性的回顾, 请参阅补充说明"并发的含义和类型")。

比较这两个表达式:

```
list.Select(ToSentenceCase).ToList()
list.AsParallel().Select(ToSentenceCase).ToList()
```

第一个表达式使用在 Enumerable 上定义的 Select 方法,将纯函数 ToSentenceCase 应用于列表中的每个元素。第二个表达式与其非常相似, 但使用了 Parallel LINQ (PLINQ)所提供的方法。[5]AsParallel 将列表转换为 ParallelQuery。因此, Select 解析为在 ParallelEnumerable 上定义的实现, 该实现将 ToSentenceCase 应用于列表中的每个项目, 但现在是并行的。该列表将被拆分成块, 并且多个线程将被触发以处理

4　在许多语言中, 可将这样的函数作为独立函数, 但 C#中的方法需要放在类中, 而静态函数的放置位置与个人偏好相关。

5　PLINQ 是一个 LINQ 到 Objects 的实现, 以并行方式工作。

每个块。这两种情况下，ToList 都将结果收集到列表中。

正如所料，这两个表达式产生相同的结果，但一个是顺序的，另一个是并行的。这很好，你只需要调用一次 AsParallel，几乎就可以免费获得并行化。

为什么"几乎"是免费？为什么你必须显式指示运行时为并行化操作？为什么不能像找出运行垃圾回收器的最佳时机一样，找出并行化操作的最佳时机？

答案是，运行时对于该函数的了解还不够，无法对并行化是否会改变程序流程做出明智决定。由于它们的属性，纯函数总可以应用于并行中，但运行时不知道被应用的函数的纯洁性。

并发的含义和类型

并发是同时发生几件事情的一般概念。更正式地说，并发是程序在一个任务完成之前启动另一个任务，以便在重叠的时间窗口中执行不同的任务。

在以下几种场景下可发生并发：

- **异步**——这意味着你的程序执行了非阻塞操作。例如，它可通过 HTTP 发起对远程资源的请求，然后继续执行其他任务，同时等待接收响应。这有点像你发送电子邮件，然后继续你的生活而不必专门等待回应。
- **并行**——这意味着你的程序利用多核机器的硬件来同时执行多个任务，这些任务由工作分解而成，每个任务都在单独的核心上执行。这有点像在洗澡时唱歌：你实际上是在同一时间做两件事情。
- **多线程**——这是一个允许不同线程同时执行的软件实现。即使在单核机器上运行，多线程程序似乎也在同时执行多项操作。这有点像通过不同的 IM 窗口与不同的人聊天；虽然你实际上是来回切换，但最终结果是你同时进行了多次对话。

在同一时间做多件事情可真正提高性能。这也意味着其执行顺序不能得到保证，所以并发是产生难题的根源，最显著的情形是当多个任务同时尝试更新某个共享的可变状态时(在后续章节中，你将了解到FP如何通过完全避免共享的可变状态来解决这个问题)。

2.2.2　并行化不纯函数

下面看看如果我们天真地将不纯的 PrependCounter 函数应用于并行计算会发生什么：

```
list.Select(PrependCounter).ToList()
list.AsParallel().Select(PrependCounter).ToList()
```

由于 PrependCounter 递增了 counter 变量，并行版本将有多个线程读取和更新计数器。众所周知，++不是原子操作，且因为没有锁定位置，我们会丢失一些更新并最终导致错误结果。

如果你用一个足够大的输入列表来测试这种方法,将得到如下结果:

```
Expected string length 20 but was 19. Strings differ at index 0.
Expected: "1000000. Item1000000"
But was:  "956883. Item1000000"
-----------^
```

如果你有一些多线程的经验,应该对这些很熟悉。由于多个进程正在同时读写计数器,所以有些更新会丢失。你可能知道,在递增计数器时,可通过使用锁或 Interlocked 类来解决这个问题。但锁定是一个命令式构造,这是我们在进行函数式编码时尽量避免的构造。

下面总结一下。纯函数默认情况下可被并行化,而不纯函数不能很好地并行化。而且由于并行化执行具有不确定性,你可能得到一些结果正确的情况,而另一些情况则不正确(这不是我喜欢面对的 bug)。

意识到你的函数是否纯洁可帮助你理解这些问题。如果在头脑中思考纯洁性开发,则更容易并行执行。

2.2.3　避免状态的突变

避免并发更新缺陷的一种可能方法是从源代码中排除问题:从不使用共享的状态开始。如何做到这一点因场景而异,但我会向你展示当前场景的解决方案,以便我们能够并行地格式化列表。

下面回到绘图板,并看看是否有一个不涉及突变的、有顺序的解决方案。如果不是更新运行时计数器,而是生成一个需要的所有计数器值的列表,然后将给定列表中的项目与计数器列表中的项目配对,情况会如何?

对于整数列表,你可以使用 Range,这是 Enumerable 上的一个便捷方法。

代码清单2.2　生成一个整数范围

```
Enumerable.Range(1, 3)
// => [1, 2, 3]
```

配对两个并行列表的操作是 FP 中的常见操作,被称为 Zip。这里列举一个例子。

代码清单2.3　将并行列表中的元素与Zip结合起来

```
Enumerable.Zip(
    new[] {1, 2, 3},
    new[] {"ichi", "ni", "san"},
     (number, name) => $"In Japanese, {number} is: {name}")

// => ["In Japanese, 1 is: ichi",
```

```
//      "In Japanese, 2 is: ni",
//      "In Japanese, 3 is: san"]
```

使用 Range 和 Zip，你可按如下方式重写列表格式化程序。

代码清单2.4　列表格式化程序重构为仅使用纯函数

```
using static System.Linq.Enumerable;

static class ListFormatter
{
    public static List<string> Format(List<string> list)
    {
        var left = list.Select(StringExt.ToSentenceCase);
        var right = Range(1, list.Count);
        var zipped = Zip(left, right, (s, i) => $"{i}. {s}");
        return zipped.ToList();
    }
}
```

这里使用了列表，并将 ToSentenceCase 应用于该列表，作为 Zip 的左侧。Zip
的右侧是用 Range 构造的。Zip 的第三个参数是配对函数：用于处理每对项目。

可将 Zip 用作一个扩展方法，因此你可使用更流畅的语法来编写 Format
方法：

```
public static List<string> Format(List<string> list)
    => list
        .Select(StringExt.ToSentenceCase)
        .Zip(Range(1, list.Count), (s, i) => $"{i}. {s}")
        .ToList();
```

重构后，Format 是纯洁的，并可安全地变为静态的。但是如何使其并行化呢？
简直小菜一碟，因为 PLINQ 提供了一个可与并行查询协同工作的 Zip 实现。列表
格式化程序的并行化实现如下所示。

代码清单2.5　一个并行化执行的纯洁实现

```
        using static System.Linq.ParallelEnumerable;     ←── 使用 Range，由 Parallel-
                                                              Enumerable 公开
将原始数    static class ListFormatter
据源转换    {
为一个并        public static List<string> Format(List<string> list)
行查询  ──→        => list.AsParallel()
                    .Select(StringExt.ToSentenceCase)
                    .Zip(Range(1, list.Count), (s, i) => $"{i}. {s}")
                    .ToList();
    }
```

与顺序版本相比，这个版本只有两点不同。首先，使用 AsParallel 将给定的
列表转换为 ParallelQuery，以便之后的所有内容都是并行完成的。其次，using static

的变化导致 Range 现在会引用在 ParallelEnumerable 上定义的实现(这会返回一个 ParallelQuery，这是 Zip 的并行版本所期望的)。其余部分与顺序版本相同，Format 的并行版本仍然是纯函数。

在本示例中，ParallelEnumerable 可完成所有繁重工作，并可通过将此特定场景简化为更常见的压缩两个并行序列的场景来解决该问题——这是一个足以在框架中解决的场景。

在这个场景中，可通过完全移除状态更新来启用并行执行，但情况并非总是如此，也不总是这么简单。但到目前为止，你所见到的做法在解决与并行性或并发性有关的问题时已经使你处于更佳的位置。

静态方法的情况

当方法中需要的所有变量都作为输入来提供(或者静态可用)时，该方法可以是静态的。本章包含几个将实例方法重构为静态方法的例子。

你可能会对此感到不安(原因是过度使用静态类)，你已经看到程序变得难以测试和维护。

如果执行以下任一操作，静态方法会导致问题：
- **作用于可变静态字段**——这些都是最有效的全局变量，众所周知，可维护性受到存在的全局可变变量的影响。
- **执行I/O**——这种情况下，可测试性受到危害。如果方法A依赖于静态方法B的I/O行为，则不可能对A进行单元测试。

请注意，这两种情况都意味着不纯的函数。另一方面，当一个函数是纯函数时，将其变为静态的是不会有负面影响的。下面列出一般指导原则：
- 使纯函数成为静态的。
- 避免可变静态字段。
- 避免直接调用执行I/O的静态方法。

随着代码更趋函数化，更多函数将变为纯函数，因此可能更多的代码将处于静态类中，而不会导致任何与滥用静态类有关的问题。

2.3 纯洁性和可测性

在前一节中，你了解到并发场景中纯函数的属性。由于副作用与状态突变有关，因此可移除突变，可并行运行所生成的纯函数，而不会出现问题。

现在我们来看看纯函数与单元测试相关的属性，以及副作用与 I/O 有关的场景。与突变不同，你无法避免与 I/O 相关的副作用；而突变是一个实现细节，I/O 通常是一个需求。

你可能已经掌握了一些关于单元测试的知识，它可以帮助你理解纯洁性，因为这两者是紧密联系的。与上一节一样，本节也应该有助于消除"纯洁性仅是理论上的兴趣"的看法——你的经理可能不在乎你是否编写了纯函数，但他可能热衷于良好的测试覆盖率。

2.3.1　实践：一个验证场景

我将首先为 Codeland 银行(BOC)假想的在线银行应用程序提供一些代码。网上银行的一个共同特点是允许用户进行汇款，所以我们将由此开始。想象一下，客户可使用 Web 或移动客户端来请求一次转账，如图 2.2 所示。在进行预定转账之前，服务器必须验证此请求。

图 2.2　业务场景：验证一个转账请求

下面假设用户的汇款请求由一个 MakeTransfer 命令表示。一个命令就是一个简单的数据对象，封装了要执行的操作的详细信息：

```csharp
public abstract class Command { }

public sealed class MakeTransfer : Command
{
    public Guid DebitedAccountId { get; set; }

    public string Beneficiary { get; set; }
    public string Iban { get; set; }
    public string Bic { get; set; }

    public decimal Amount { get; set; }
    public DateTime Date { get; set; }
}
```

在该场景下，验证可能相当复杂，因此为达到解释的目的，我们关注以下验证内容：

- **Date 字段**，表示应该执行转账的日期，不应该是过去的日期。
- **BIC 代码**，是受益人的银行的标准识别码，应该是有效的。

我们将遵循单一责任原则，为每个特定的验证编写一个类。下面为所有这些验证器类草拟一个简单界面：

```csharp
public interface IValidator<T>
{
    bool IsValid(T t);
}
```

现在我们有了特定于领域的抽象，下面从一个基本实现开始：

```
using System.Text.RegularExpressions;

public sealed class BicFormatValidator : IValidator<MakeTransfer>
{
    static readonly Regex regex = new Regex("^[A-Z]{6}[A-Z1-9]{5}$");

    public bool IsValid(MakeTransfer cmd)
        => regex.IsMatch(cmd.Bic);
}

public class DateNotPastValidator : IValidator<MakeTransfer>
{
    public bool IsValid(MakeTransfer cmd)
        => (DateTime.UtcNow.Date <= cmd.Date.Date);
}
```

这相当容易。BicFormatValidator 中的逻辑纯洁吗？是的，因为没有副作用，
且 IsValid 的结果是确定的。那么 DateNotPastValidator 呢？在本示例中，IsValid
的结果将取决于当前日期，因此，答案显然是否定的！我们所面对的是什么副作
用呢？是 I/O：DateTime.UtcNow 查询了系统时钟，这不在程序的上下文中。

执行 I/O 的函数是很难测试的。例如，以下测试在撰写本文期间是可以通过
的，但它会在 2019 年 12 月 13 日开始失败：

```
[Test] public void WhenTransferDateIsFuture_ThenValidationPasses()
{
    var transfer = new MakeTransfer { Date = new DateTime(2019, 12, 12) };
    var validator = new DateNotPastValidator();

    var actual = validator.IsValid(transfer);
    Assert.AreEqual(true, actual);
}
```

接下来分析解决这个问题的不同方法，使你的单元测试是可预测的。

2.3.2   在测试中引入不纯函数

确保单元测试行为一致性的标准面向对象(OO)技术是：在接口中抽象 I/O 操
作，并在测试中使用确定的实现。我称之为基于接口的方法；这被认为是一个最
佳实践，但我认为这是一种反模式，因为它需要大量的样板代码。如果你已经熟
悉这种方法，就可以直接跳到下一节。

在这种方法中，不是直接调用 DateTime.UtcNow，而是像下面这样抽象访问
系统时钟：

```
public interface IDateTimeService
{
    DateTime UtcNow { get; }
```
将不纯的行
为封装在一
个接口中

```
}

public class DefaultDateTimeService : IDateTimeService
{
    public DateTime UtcNow => DateTime.UtcNow;
}
```

提供一个
默认实现

然后，重构日期验证器以使用此接口，而不是直接访问系统时钟。验证器的行为现在取决于接口，应该为其注入一个实例(通常在构造函数中)，如下所示：

```
public class DateNotPastValidator : IValidator<MakeTransfer>
{
    private readonly IDateTimeService clock;

    public DateNotPastValidator(IDateTimeService clock)
    {
        this.clock = clock;
    }

    public bool IsValid(MakeTransfer request)
        => clock.UtcNow.Date <= request.Date.Date;
}
```

接口是在构造函
数中注入的

验证现在取
决于接口

关于无意义的构造函数　这个新引入的构造函数所做的就是将其输入参数存储在字段中。许多语言通过拥有"主构造函数"为你提供这样的特性——这是我们期待在将来的 C#版本中看到的一个特性。

为专注于有意义的代码，我通常会在本书的其余部分略去这些无意义的构造函数。你应该假设类字段总会被注入并在构造函数中设置，除非它们被设置为内联。

下面分析重构的 IsValid 方法：它是一个纯函数吗？好吧，这取决于所注入的 IDateTimeService 的实现：

- 在正常运行时，你将组合对象以获得检查系统时钟"真正"的不纯实现。
- 运行单元测试时，你将注入一个"假"的纯实现，执行某些可预测的操作，例如始终返回相同的 DateTime，从而可以编写可复验的测试。

采用这种方法，可采用如下形式编写测试：

```
public class DateNotPastValidatorTest
{
    static DateTime presentDate = new DateTime(2016, 12, 12);

    private class FakeDateTimeService : IDateTimeService {
        public DateTime UtcNow => presentDate;
    }

    [Test]
    public void WhenTransferDateIsPast_ThenValidationFails()
    {
        var sut = new DateNotPastValidator(new FakeDateTimeService());
```

提供一个纯洁
的假实现

注入假的

```
        var cmd = new MakeTransfer { Date = presentDate.AddDays(-1) };
        Assert.AreEqual(false, sut.IsValid(cmd)); }
    }
}
```

如你所见，可测试性和函数纯洁性之间具有密切的联系：单元测试需要被隔离(无 I/O)而且具有可复验性(给定相同的输入时总得到相同的结果)。这些属性在使用纯函数时是有保证的。

接下来，让我们从函数的视角看一下代码和单元测试，了解是否还有改进的余地。

2.3.3   为什么很难测试不纯函数

编写单元测试时，你在测试什么呢？当然是一个单元，但究竟什么是一个单元？无论你测试的单元是什么，都会是一个函数或可被视为一个函数。

如果你正在测试的实际上是一个纯函数，那么测试会很简单：只要给它一个输入并验证输出是否符合预期即可，如图 2.3 所示。如果在单元测试中使用标准的 Arrange Act Assert(AAA，安排、行为和断言)模式，[6]并且你正在测试的单元是纯函数，那么 Arrange 步骤包括定义输入值，Act 步骤是函数调用，Assert 步骤包括检查输出是否符合预期。

图 2.3   测试纯函数很简单

如果你对一组具有代表性的输入值执行此操作，则可确信该函数可按预期工作。

另一方面，如果你正在测试的单元是一个不纯的函数，则它的行为将不仅取决于其输入，还可能取决于程序的状态(即测试中的任何不是函数局部的可变状态)以及外界(任何超出程序上下文的情况)的状态。此外，函数的副作用可能导致程序和外界的一个新状态，如下所述。

- 日期验证器取决于外界的状态，特别是当前时间。
- 发送电子邮件的无返回方法没有明确的输出来断言，但它会导致外界的一个新状态。
- 设置非局部变量的方法会导致程序的一个新状态。

因此，可将一个不纯函数看成一个纯函数，该函数将接受输入以及程序和外

---

6   AAA 是一个普遍存在的模式，用于在单元测试中构造代码。按照此模式，一个测试包括三个步骤：安排(Arrange)准备任何先决条件，行为(Act)完成正在被测试的操作，以及断言(Assert)对所获得的结果运行断言。

界的当前状态作为参数，并返回输出以及程序和外界的新状态，如图 2.4 所示。

图 2.4　一个从可测试性的角度来观察的不纯函数

　　另一种看待该问题的方式是，一个不纯函数具有除参数以外的隐式输入，或除返回值以外的隐式输出，或两者都有。

　　这将如何影响测试呢？在一个不纯函数的情况下，安排阶段不仅必须为被测函数提供显式的输入，还必须另外设置程序和外界的状态的表示。同样，断言阶段不仅必须检查结果，还必须在程序和外界的状态中发生预期的变化。表 2.2 总结了这一点。

表 2.2　从函数式角度进行单元测试

AAA 模式	函数式思维
Arrange	设置(显式和隐式)输入到被测函数
Act	对被测函数求值
Assert	验证(显式和隐式)输出的正确性

我们应该再次区分测试方面的不同副作用：

- 外界的状态是通过使用模拟去创建一个人造的外界来进行管理的，并在这个人造的外界中运行测试。这是艰苦的工作，但技术却很容易理解。你通过这种方式测试依赖于 I/O 操作的代码。
- 设置程序的状态，并检查它已正确更新(不需要模拟)，但会导致脆弱的测试并破坏封装。

2.3.4　参数化单元测试

　　可对单元测试进行参数化，以便可证实对于各种输入值，你的测试都通过了。参数化测试往往更具函数式，因为它们使你能在输入和输出方面进行思考。例如，你可测试"非过去日期"的验证在各种情况下的工作情况，如下所示。

代码清单2.6　参数化测试使你能在各种情况下检查代码

```
public class DateNotPastValidatorTest
{
    static DateTime presentDate = new DateTime(2016, 12, 12);
```

```
    private class FakeDateTimeService : IDateTimeService
    {
        public DateTime UtcNow => presentDate;
    }

    [TestCase(+1, ExpectedResult = true)]
    [TestCase( 0, ExpectedResult = true)]
    [TestCase(-1, ExpectedResult = false)]
    public bool WhenTransferDateIsPast_ThenValidatorFails(int offset)
    {
        var sut = new DateNotPastValidator(new FakeDateTimeService());
        var cmd = new MakeTransfer { Date = resentDate.AddDays(offset) };
        return sut.IsValid(cmd);
    }
}
```

上面的代码使用了 NUnit 的 TestCase 属性来有效地运行三个测试：发生在今天(2016 年 12 月 12 日)、昨天和明天的一个转账请求。[7]

参数化测试的好处是只需要调整参数值即可测试各种场景。客户端是否可在距今两年后的某个日期请求转账呢？如果是这样，可以添加一个单行测试：

```
[TestCase(730, ExpectedResult = true)]
```

注意，测试方法现在本身就是一个函数；将给定的参数值映射到一个 NUnit 可检查的输出。一个参数化测试本质上只是被测函数的一个适配器。在这个例子中，测试通过硬编码当前的数据来创建一个人为的外界状态，它将测试的输入参数(当前日期和所请求的转账日期之间的偏移量)映射到一个适当填充的 MakeTransfer 对象，该对象被提供为被测函数的输入。

我希望你逐渐看到函数式思维如何给日常的开发任务(如编写单元测试)带来一些新鲜感。

2.3.5　避免标头接口

在前面，你见识到通过依赖注入和模拟将不纯函数带入测试的标准的、基于接口的方式。我使用日期和余额验证器在实践中展示了这一点；可通过以下步骤系统地使用此方法：

(1) 定义一个接口(如 IDateTimeService)，用于抽象被测类中使用的不纯操作。

(2) 将不纯的实现(如 DateTime.UtcNow)放置于实现该接口的类中(如 DefaultDateTimeService)。

(3) 在被测试的类中，将构造函数中需要的接口存储在一个字段中，并根据

7　XUnit 具有 Theory 和 InlineData 属性，它们可让你做同样的事情。如果你使用的测试框架不支持参数化测试，建议你考虑更换。

需要使用它。

(4) 引入一些引导逻辑(采用手动方式或借助于框架)[8]，以便在实例化测试类时注入正确的实现。

(5) 为达到单元测试的目的，创建并注入一个假实现。

单元测试如此有价值，以至于开发人员乐于接受所有这些工作(即使是像DateTime.UtcNow 这样简单的事情)。

系统使用此方法最不理想的效果之一是接口数量的激增，因为你必须为每个具有 I/O 元素的组件定义一个接口。目前大多数应用程序都为每项服务开发一个接口(即使只设想了一种具体实现)。这些被称为"标头接口"——它们不是最初所设计的接口(多个不同实现的共同协议)，但它们全部被使用了。你最终得到更多文件、更多间接寻址、更多程序集以及难以导航的代码。

本节将展示更简单的替代方案。

推向纯洁的边界之外

我们可摆脱整个问题，并让一切变得纯洁吗？不可以。但有时可将纯洁的代码推到其边界之外。例如，如果你重写了如下的日期验证器，会发生什么情况呢？

代码清单2.7   注入一个特定值(而不是一个接口)，以使IsValid是纯洁的

```
public class DateNotPastValidator : IValidator<MakeTransfer>
{
    private readonly DateTime today;

    public DateNotPastValidator(DateTime today)
    {
        this.today = today;
    }

    public bool IsValid(MakeTransfer cmd)
        => (today <= cmd.Date.Date);
}
```

不是注入一个接口，而是暴露某个你可调用并注入一个值的方法。现在，IsValid 的实现是纯洁的(因为今天是不可变的)。

你已有效地将读取当前日期的副作用推向实例化验证器的代码。

现在无论用什么代码实例化 DateNotPastValidator，都必须知道如何获取当前时间。此外，DateNotPastValidator 必须是短期的。在本示例中，这些约束似乎是合理的：验证器可基于每个请求进行实例化，并且实例化代码可提供时间。

请求一个值，而不是让一个方法或接口提供这个值，是一件轻而易举的事，这使你的代码更纯洁并因此易于测试。此方法适用于配置，也适用于环境特定的

---

8 手动组合复杂应用程序中的所有类可能变得相当麻烦。为减轻这一点，一些框架允许声明可用于任何所需接口的实现；这些被称为 IoC 容器，其中 IoC 代表控制倒转。

设置。但事情很少这么容易，所以下面列举一个更接近典型场景的例子。

注入函数作为依赖项

之前展示了一个简单验证器用于检查 BIC 码的格式是否正确。实际上，大多数网上银行应用程序比这做得更好：它们检查 BIC 码能否真正识别一个现有银行。为此，你需要一个可获取有效码列表的验证器，并检查列表是否包含转账命令中的代码：

```
public sealed class BicExistsValidator : IValidator<MakeTransfer>
{
    readonly IEnumerable<string> validCodes;

    public bool IsValid(MakeTransfer cmd)
      => validCodes.Contains(cmd.Bic);
}
```

当然，当银行建立新支行或关闭现有支行时，有效的识别码列表会改变，因此获取当前有效的识别码是一个不纯的操作，涉及对某个外部系统的查询或从可变状态读取。

你能否要求在构造函数中注入有效的识别码列表？我认为不能，因为在那种情况下，谁负责检索识别码呢？

- 客户端识别码取决于验证器，所以必定不能负责验证器的工作。
- 实例化代码不知道验证器何时或是否被使用。也许一些先前的验证会失败并且不需要有效的识别码。

无论哪种情况，你都会违反单一责任原则。当然，你可使用基于接口的方法，并注入某个可从中获取有效识别码列表的存储库，但正如我所展示的，这涉及一个相当乏味的模式。如果只需要一个你可调用以查询识别码的函数，情况会如何呢？

```
public sealed class BicExistsValidator : IValidator<MakeTransfer>
{
    readonly Func<IEnumerable<string>> getValidCodes;

    public BicExistsValidator(Func<IEnumerable<string>> getValidCodes)
    {
        this.getValidCodes = getValidCodes;
    }

    public bool IsValid(MakeTransfer cmd)
        => getValidCodes().Contains(cmd.Bic);
}
```

该解决方案使这一切迎刃而解。现在你不需要定义任何不必要的接口，并且 BicExistsValidator 除了调用 getValidCodes 所引起的副作用之外不再有任何副作用。这意味着你仍可轻松编写单元测试。

```
public class BicExistsValidatorTest
{
    static string[] validCodes = { "ABCDEFGJ123" };

    [TestCase("ABCDEFGJ123", ExpectedResult = true)]
    [TestCase("XXXXXXXXXXX", ExpectedResult = false)]
    public bool WhenBicNotFound_ThenValidationFails(string bic)
        => new BicExistsValidator(() => validCodes)
            .IsValid(new MakeTransfer { Bic = bic });
}
```

注入一个确定返回硬编码值的函数

记住，一个函数签名就是一个接口；实质上，在这种基于函数的依赖注入方法中，一个类声明了其所依赖的函数。这相当于声明只依赖于一个仅有一个方法的接口，却不会有标头接口的噪音。第 7 章将进一步讨论这种方法。

2.4　纯洁性和计算的发展

我希望这一章已经使得函数纯洁性的概念不再那么神秘，并说明了为什么扩展纯洁代码的占用空间是一个有价值的目标，可提高代码的可维护性和可测试性。

软件和硬件的发展对我们如何考虑纯洁性也有重要意义。我们的系统越来越分布化，所以我们程序的 I/O 部分变得越来越重要。随着微服务架构成为主流，我们的程序不再需要进行计算，而将更多的计算委托给其他服务，这些服务通过 I/O 进行通信。

I/O 需求的增加意味着纯洁性更难实现。但也意味着对异步 I/O 的需求增加；正如你所了解到的，纯洁性有助于你处理并发场景，其中包括处理异步消息。

硬件的发展也很重要：CPU 主频的增速不如以往快了，所以硬件制造商正在朝着多处理器结合的方向转移。并行化正在成为提高计算速度的主要途径，因此需要编写可被良好并行化的程序。

练习

1. 编写一个计算用户身体质量指数(Body Mass Index，BMI)的控制台应用程序：
   a. 以米为单位提示用户身高，以千克为单位提示用户体重。
   b. 计算 BMI，计算方式为：体重/身高^2。
   c. 输出一条信息：体重不足(BMI<18.5)、超重(BMI≥25)或健康。
   d. 构建代码，以便分开纯洁和不纯洁的部分。
2. 对纯洁的部分进行单元测试。
3. 单元测试整个工作流，使用基于函数的方法将读取和写入控制台抽象出来。

　　由于本章大部分内容都致力于在实践中了解纯洁性的概念，因此我鼓励你将所讨论的技术应用于你当前正在处理的某些代码：你可在获得报酬的同时学习新知识！

　　4. 根据代码清单找到一个你正在执行某个有意义操作的地方(搜索 foreach)。看看该操作可否被并行化；如果不可以，看看可否提取操作的一个纯洁部分，然后并行化该部分。

　　5. 在代码库中搜索 DateTime.Now 或 DateTime.UtcNow 的用法。如果某区域未经测试，请使用本章介绍的基于接口的方法和基于函数的方法对其进行测试。

　　6. 查找代码中的其他区域，其中你所依赖的一个不纯依赖项没有可传递的依赖项——明显的候选者是框架中的不纯静态类，如 ConfigurationManager 或 Environment。尝试应用基于函数的测试模式。

小结

- 与数学函数相比，编程函数更难推理，因为它们的输出可能取决于输入参数以外的变量。
- 副作用包括状态突变、抛出异常和 I/O。
- 无副作用的函数被称为纯函数。这些函数除了返回一个单独依赖于输入参数的值外，什么也不做。
- 纯函数比不纯函数更容易进行优化和测试，并可在并发场景中被更可靠地使用，所以应该尽量使用纯函数。
- 与其他副作用不同，I/O 无法避免，但你仍可隔离执行 I/O 的应用程序部分，以减少不纯代码的占用空间。

第 **3** 章

设计函数签名和类型

本章涵盖的主要内容：
- 精心设计的函数签名
- 对函数的输入进行细化控制
- 使用Option来表示数据可能缺失

无论使用 C#这样的静态类型语言还是使用 JavaScript 之类的动态类型语言编程，到目前为止，我们所介绍的原理在总体上已经定义了函数式编程。在本章中，你将学习一些特定于静态类型语言的函数式技术：因为函数及其参数都是类型化的，这引出了一系列有趣的可考虑因素。

函数是函数式程序的基石，因此获取函数签名是非常重要的。而且，由于函数签名是根据其输入和输出的类型定义的，因此正确地获取这些类型同样重要。类型设计和函数签名设计实际上是同一枚硬币的两面。

你可能多年来定义过许多类和接口，因此自认为已经知道如何设计自己的类型和函数。但事实证明，FP 给我们带来了一些有趣的概念，这些概念可帮助你增强程序的健壮性和 API 的可用性。

3.1　函数签名设计

随着代码的更加函数式化，你将发现自己会更频繁地查看函数签名。定义函数签名将是开发过程中的一个重要步骤，通常是解决问题时要做的第一件事。

为讨论函数签名，我们需要一些符号。下面首先介绍一个符合 FP 社区标准的函数符号，整本书都将使用它。

3.1.1   箭头符号

用于表示函数签名的箭头符号，与 Haskell 和 F#等语言中使用的符号非常相似。[1]假设有一个从 int 到 string 的函数 f；也就是说，它需要一个 int 作为输入并生成一个字符串作为输出。我们将这样写：

```
f : int → string
```

在自然语言中，你会读作"f 具有从 int 到 string 的类型"或"f 接受 int 并生成 string"。在 C#中，具有该签名的函数可分配为 Func<int, string>。

你可能同意箭头符号比 C#类型更具可读性，这是我们在讨论签名时决定使用它的原因。当没有输入或没有输出(void)时，可用()表示。

下面列举一些例子。表 3.1 显示了用箭头符号表示的函数类型与相应的 C#代表类型，以及在 lambda 表示法中具有给定签名函数的实现示例。

表 3.1   用箭头符号表示函数签名

函数签名	C#类型	示例
int → string	Func<int, **string**>	(int i) => i.ToString()
() → string	Func<**string**>	() => "hello"
int → ()	Action<int>	(int i) => WriteLine($"gimme {i}")
() → ()	Action	() => WriteLine("Hello World!")
(int, int) → int	Func<int, int, int >	(int a, int b) => a + b

表 3.1 中的最后一个示例显示了多个输入参数：我们将它们用括号括起来(圆括号用于表示元组；也就是说，我们用符号将二元函数表示为输入参数是一个二元元组的一元函数)。

现在继续讨论更复杂的签名，即 HOF。从下面的方法开始(来自第 1 章)，该方法接受一个字符串和一个从 IDbConnection 到 R 的函数，然后返回 R：

```
public static R Connect<R>(string connStr, Func<IDbConnection, R> func)
   => Using(new SqlConnection(connStr)
      , conn => { conn.Open(); return func(conn); });
```

你如何用符号表示这个签名？第二个参数本身就是一个函数，所以可用符号表示为 IDbConnection → R。HOF 的签名将用如下符号表示。

---

1   这些语言有一个 Hindley-Milner 类型系统(与 C#型系统明显不同)，箭头符号中的签名称为 Hindley-Milner 类型签名。我没兴趣严格遵守这一点，我会尽量使其对 C#程序员更友好。

```
(string, (IDbConnection → R))→R
```

而以下是相应的 C#类型的表示：

```
Func<string, Func<IDbConnection, R>, R>
```

箭头语法的量级稍轻一些，更易读。随着签名复杂程度的增加，这表现得更明显。学习它你将获益匪浅，因为你会在与 FP 相关的书籍、文章和博客中见到它：它是不同语言的函数式编程者们使用的通用语言。

3.1.2　签名的信息量有多大

有些函数签名比其他函数签名更具代表性，可使我们更多地了解函数在做什么，允许输入什么，以及我们可期待输出什么。例如，签名()→()就不会提供任何信息：它可能会打印一些文本，增加一个计数器，启动一个太空船……谁也不清楚！另一方面，看一下这个签名：

```
(IEnumerable<T>, (T → bool)) → IEnumerable<T>
```

花一点时间，看你能否猜出这个签名的函数是做什么的。当然，在没有看到真实实现的情况下，你确实无法确定，但你可做一个有根据的猜测。该函数返回一个 T 作为输入的列表;函数也接受一个 T 的列表,第二个参数是一个从 T 到 bool 的函数：T 上的一个谓词。

假设函数将使用 T 上的谓词来过滤列表中的元素是合理的。简而言之，这是一个过滤函数。的确，这正是 Enumerable.Where 的签名。

再来看另一个例子：

```
(IEnumerable<A>, IEnumerable<B>, ((A, B) → C))→ IEnumerable<C>
```

你能猜到这个函数做什么吗？它返回一个 C 的序列，并接受一个 A 的序列、一个 B 的序列和一个由 A 和 B 计算出 C 的函数。假设这个函数应用于计算两个输入序列中的元素，并用计算结果返回第三个序列的事例是合理的，那么这个函数可以是 Enumerable.Zip。该函数是我们在第 2 章中讨论过的。

最后两个签名如此具有表现力，以至于你可对其实现做一个很好的猜测，这当然是一个理想特征。编写 API 时，希望其清晰明确，如果签名与表达函数意图的良好命名相结合，则会更好。

当然，函数签名可表达多少信息是有限的。例如，Enumerable.TakeWhile 是一个遍历给定序列的函数，只要给定谓词的计算结果为真，就生成所有元素，与 Enumerable.Where 具有相同的签名。这是合理的，因为 TakeWhile 也可被看成一个过滤函数，但其工作方式与 Where 不同。

总之，一些签名比其他签名更具表现力。在开发 API 时，尽量使你的签名具有表达性——这将有助于 API 的使用，并增强程序的可靠性。我们将看几个例子，来说明为什么我们要继续阅读本章。

3.2 使用数据对象捕获数据

本章将重点介绍数据缺失或可能缺失的表示方法。这些概念听起来有些抽象，所以让我们先来看看当确实需要表示一些数据时会发生什么。

为表示数据，我们将使用数据对象：包含数据但没有逻辑的对象。这些对象也被称为"贫血"对象，但该名称中并无负面内涵。与 OOP 不同，FP 在逻辑和数据之间进行划分是很自然的：

- 逻辑是在函数中被编码的。
- 数据是用数据对象捕获的，用于函数的输入和输出。

想象一下，在人寿健康保险应用程序的背景下，你需要编写一个函数，以根据年龄对客户进行风险预测。将通过 enum 来捕获风险预测：

```
enum Risk { Low, Medium, High }
```

你正在与一个来自动态类型语言的同事结对编程，他尝试着实现这个函数。在 REPL 中他用几个输入来运行它，以查看是否按预期工作：

```
Risk CalculateRiskProfile(dynamic age)
        => (age < 60) ? Risk.Low : Risk.Medium;

CalculateRiskProfile(30) // => Low
CalculateRiskProfile(70) // => Medium
```

虽然在给定合理输入的情况下，该实现似乎正常工作，但你对他选择 dynamic 作为参数类型感到惊讶，所以向他展示了其实现将允许客户端代码使用字符串来调用函数，从而导致运行时错误：

```
CalculateRiskProfile("Hello")
// => runtime error: Operator '<' cannot be applied to operands of type
    'string' and 'int'
```

你向同事解释说："你可以告诉编译器函数需要什么类型的输入，这样可排除无效输入"，于是你重写了函数，将 int 作为输入参数的类型：

```
Risk CalculateRiskProfile(int age)
    => (age < 60) ? Risk.Low : Risk.Medium;

CalculateRiskProfile("Hello")
// => compiler error: cannot convert from 'string' to 'int'
```

是否还有改进余地呢？

3.2.1 原始类型通常不够具体

随着你不断测试自己的函数，你发现该实现仍然允许无效的输入：

```
CalculateRiskProfile(-1000) // => Low
CalculateRiskProfile(10000) // => Medium
```

显然，这些值对于一个客户的年龄来说是无效的。那么到底哪些才是有效年龄呢？你和业务方进行了沟通并说明了这一点，于是他们指出，年龄的合理值必须是正值且小于 120。你的第一反应是为函数添加一些验证——如果给定的年龄超出有效范围，则抛出异常：

```
Risk CalculateRiskProfile(int age)
{
    if (age < 0 || 120 <= age)
        throw new ArgumentException($"{age} is not a valid age");

    return (age < 60) ? Risk.Low : Risk.Medium;
}

CalculateRiskProfile(10000)
// => runtime error: 10000 is not a valid age
```

当你输入这些代码，便发觉这种做法并不恰当：

- 你必须为验证失败的情况编写额外的单元测试。
- 在该应用的其他一些地方也需要一个预期年龄，所以你可能需要在这些地方执行相同的验证。这会造成一些重复代码。

重复的代码通常表示关注分离已经被打破：CalculateRiskProfile 函数应该只关注自身的计算，现在也将关注自身的验证。有没有更好的办法？

3.2.2 使用自定义类型约束输入

与此同时，另一位来自静态类型函数式语言的同事加入了你们的会话。她一直盯着你的代码，直到发现问题在于你使用了 int 来表示年龄。她评论说：“你可以告诉编译器你的函数需要什么类型的输入，这样可排除无效输入。”

使用动态类型的同事听后很惊讶。不知道她说的到底是什么意思，所以她开始实现一个 Age 作为自定义类型，它只代表年龄的一个有效值。

代码清单3.1 只能用有效值实例化的自定义类型

```
public class Age
{
    public int Value { get; }

    public Age(int value)
```

```
    {
        if (!IsValid(value))
            throw new ArgumentException($"{value} is not a valid age");

        Value = value;
    }

    private static bool IsValid(int age)
        => 0 <= age && age < 120;
}
```

在该实现中，Age 在其底层表示中仍然使用 int，但是构造函数确保 Age 只能用有效值实例化。

这实际上是函数式思维，因为 Age 类型正在被精确地创建以表示 Calculate-RiskProfile 函数的域，现在可将其重写为：

```
Risk CalculateRiskProfile(Age age)
    => (age.Value < 60) ? Risk.Low : Risk.Medium;
```

这个新实现有几个优点：保证了只给出有效值；CalculateRiskProfile 不再发生运行时错误；Age 类型的构造函数捕获验证年龄值的相关任务，不需要在任何处理年龄的地方进行重复验证。你仍在 Age 构造函数中抛出一个异常，在本章结束之前我们会解决这个问题。

你仍可对其加以改进。在前面的实现中，你通过 Value 来提取年龄的基础值，所以你仍在比较两个整数。这样会有几个问题：

- 读取 Value 属性不仅会产生一些噪音，而且意味着你依赖 Age 的内部表示，因为你可能在将来更改这个表示。
- 因为你正在执行整数比较，所以如果有人不小心将硬编码值 60 改为 600，那么也不会受到保护。

可通过修改 Age 的定义来解决这些问题，如下所示。

代码清单3.2   封装Age的内部表示和比较逻辑

```
public class Age
{                                        内部表示保持
    private int Value { get; }            为私有

    public static bool operator <(Age l, Age r)    比较两个 Age
        => l.Value < r.Value;                      的逻辑
    public static bool operator >(Age l, Age r)
        => l.Value > r.Value;

    public static bool operator <(Age l, int r)    为提高可读性,可将 Age
        => l < new Age(r);                         与 int 进行比较; int 将
    public static bool operator >(Age l, int r)    首先被转换成 Age
        => l > new Age(r);
}
```

现在，一个年龄的内部表现形式被封装起来，比较逻辑也在 Age 类之内。你现在可重写函数，如下所示：

```
Risk CalculateRiskProfile(Age age)
  => (age < 60) ? Risk.Low : Risk.Medium;
```

现在，要通过值 60 来构建一个新的 Age，所以正常的验证逻辑将被调用(如果抛出了运行时错误，没关系，因为这表明是一个开发错误；详见第 6 章)。然后在比较输入的年龄时，将在 Age 类中使用你定义的比较运算符。总之，代码的可读性与以前一样，但更强大。

总之，原始类型常被过于宽泛地使用。如果你需要限制函数的输入，通常最好定义一个自定义类型。这遵循"使无效状态不可表示"的想法——在上例中，你无法表示有效范围之外的年龄。

除了输入类型(现在是 Age)外，CalculateRiskProfile 的新实现与原始实现完全相同，这确保了数据的有效性，并使函数签名更明确。函数式编程者可能会说，现在这个函数是"诚实的"，这是什么意思呢？

3.2.3　编写"诚实的"函数

你可能听到过函数式编程者谈论诚实或不诚实的函数。一个诚实的函数是言出必行的，始终履行自己的签名。例如，你可思考最终得到的函数：

```
Risk CalculateRiskProfile(Age age)
=> (age < 60) → Risk.Low : Risk.Medium;
```

它的签名是 Age→Risk，声明"给我一个 Age，还你一个 Risk"。的确，没有其他可能的结果。[2]这个函数表现为一个数学函数，域中的每个元素所映射的值域如图 3.1 所示。

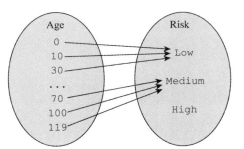

图 3.1　一个诚实的函数的行为正如签名所表示的那样

将其与之前的实现进行比较，之前的实现是这样的：

2　当然，硬件故障、程序内存不足等都是有可能的，但这些并不是函数实现的内在因素。

```
Risk CalculateRiskProfile(int age)
{
if (age < 0 || 120 <= age)
    throw new ArgumentException($"{age} is not a valid age");

    return (age < 60) ? Risk.Low : Risk.Medium;
}
```

记住，一个签名便是一份合约。签名 int→Risk 表示"给我一个 int(int 的 2^{32} 个可能值中的任何一个)，我将返回一个 Risk"。但实现并不遵守签名，它会为无效输入抛出一个 ArgumentException(见图 3.2)。

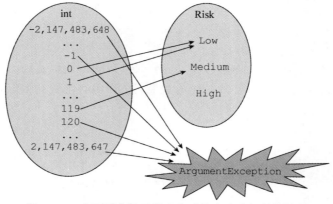

图 3.2　一个不诚实的函数会生成签名中未解释的结果

这意味着该函数是"不诚实的"——它真正应该说的是"给我一个 int，我可能返回一个 Risk，也可能抛出异常。"有时，计算失败也有合理的原因，但在这个例子中，约束函数的输入以使函数始终返回一个有效值，是一个更干净的解决方案。

总之，如果一个函数的行为可通过签名进行预测，那么它便是诚实的：返回一个声明类型的值；没有抛出异常，也没有返回空值。注意，这些要求没有纯函数那么严格——"诚实"是一个非正式术语，技术性较差，不如纯洁性的定义那么严格，但仍然有用。

3.2.4　使用元组和对象来组合值

你可能需要更多数据来微调对健康风险计算的实现。例如，女性寿命统计比男性长，所以你可能要考虑到这一点：

```
enum Gender { Female, Male }

Risk CalculateRiskProfile(Age age, Gender gender)
{
    var threshold = (gender == Gender.Female) ? 62 : 60;
```

```
    return (age < threshold) ? Risk.Low : Risk.Medium;
}
```

如此定义的函数的签名如下：

```
(Age, Gender)→Risk
```

有多少可能的输入值呢？好吧，Gender 有两个可能的值，Age 有 120 个可能的值，所以共有 2*120 = 240 个可能的输入。注意，如果你定义一个 Age 和 Gender 的元组，则可能有 240 个元组。如果你定义自定义对象来保存相同的数据，也是如此：

```
class HealthData
{
    public Age Age;
    public Gender Gender;
}
```

无论你调用接受 Age 和 Gender 的二元函数，还是调用接受 HealthData 的一元函数，都可能有 240 个不同的输入；它们只是包装方式不同而已。

之前我说过类型代表集合，所以 Age 类型代表一个 120 个元素的集合，Gender 是一个拥有两个元素的集合。那么对于更复杂的类型，比如基于前两个类型所定义的 HealthData，情况又如何呢？

从本质上讲，创建一个 HealthData 实例相当于将两个集合 Age 和 Gender(笛卡尔积)的所有可能组合在一起，并选择其中一个元素。简单来说，就是每次向对象(或元组)添加一个字段时，都会创建一个笛卡尔积，并在该对象的可能值的空间中添加一个维度，如图 3.3 所示。

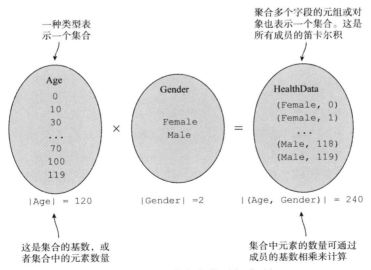

图 3.3　作为笛卡尔积的对象或元组

这就结束了对数据对象设计的简要介绍。重点是你应该以某种方式将对象建模，以很好地控制函数需要处理的输入范围。计算可能的实例数量可带来清晰性。一旦掌握了这些简单值，即可方便地将它们聚合成更复杂的数据对象。

现在继续讨论最简单的值：空元组或 Unit。

3.3　使用 Unit 为数据缺失建模

我们已经讨论了如何表示数据；那么当没有数据时该怎样表示呢？许多被调用的函数因数据缺失的副作用而返回 void。但这并不能很好地与很多函数式技术相结合，所以本节将介绍 Unit：一种可用来表示没有数据的类型，不存在 void 问题。

3.3.1　为什么 void 不理想

首先来说明为什么 void 不够理想。第 1 章介绍了通用的 Func 和 Action。但是，既然它们如此通用，为什么我们需要两个呢？为什么我们不能只用 Func<Void> 来表示一个不返回任何东西的函数，就像我们使用 Func<string> 来表示返回一个 string 的函数一样？

问题在于，虽然框架用 System.Void 类型和 void 关键字来表示"无返回值"，但 void 接受了编译器的特殊处理，因此不能作为返回类型使用(事实上，根本不能在 C#代码中使用)。

让我们看看为什么这会成为实践中的问题。假设你需要了解某些操作需要多长时间，为此你需要编写一个 HOF，以启动秒表，运行给定的函数，停止秒表，最后打印一些诊断信息。这是第 1 章中阐述的安装/拆卸场景的典型示例。以下是实现代码：

```
public static class Instrumentation
{
    public static T Time<T>(string op, Func<T> f)
    {
        var sw = new Stopwatch();
        sw.Start();

        T t = f();

        sw.Stop();
        Console.WriteLine($"{op} took {sw.ElapsedMilliseconds}ms");
        return t;
    }
}
```

如果你想读取一个文件的内容并记录操作时间，可像下面这样使用该函数：

```
var contents = Instrumentation.Time("reading from file.txt"
  , () => File.ReadAllText("file.txt"));
```

很自然想用一个返回 void 的函数来使用它。例如，你可能想要计算写入一个文件的操作所用的时间，所以想这样写：

```
Instrumentation.Time("writing to file.txt"
  , () => File.AppendAllText("file.txt", "New content!", Encoding.UTF8));
```

但问题是 AppendAllText 返回 void，所以不能表示成一个 Func。为使上面的代码工作，你需要重载 Instrumentation.Time 以接受 Action，如下所示：

```
public static void Time(string op, Action act)
{
  var sw = new Stopwatch();
  sw.Start();

  act();

  sw.Stop();
  Console.WriteLine($"{op} took {sw.ElapsedMilliseconds}ms");
}
```

这很糟糕！仅因为 Func 和 Action 代表之间的不兼容，你就必须重复整个实现(Task 和 Task<T>之间的异步操作领域存在同样的二分法)。怎样才能避免这种情况？

3.3.2　使用 Unit 弥合 Action 和 Func 之间的差异

如果你打算使用函数式编程，那么为"无返回值"提供一个不同的表示方式是很有用的。我们将使用一个特殊值：空元组，而非使用 void 这个特殊的语言结构。空元组没有成员，所以它只能有一个可能的值；因为它不包含任何信息，所以等同于无值。

在 System 命名空间中可使用空元组；[3]虽然它被称为 ValueTuple，但我将遵循 FP 的约定，称之为 Unit(如此命名是因为只有一个值存在于此类型中)：[4]

```
using Unit = System.ValueTuple;
```

如果你有一个 HOF 需要传入一个 Func，但你希望使用一个 Action，该怎么

3　根据你使用的.NET 版本，可能需要通过 NuGet 导入 System.ValueTuple 包以使元组可用。每个框架的较新版本都有(或将要有)包含在其核心库中的 ValueTuple。

4　近来，各个函数式库都倾向于将自己的 Unit 类型定义为没有成员的结构体。明显的缺点是，这些自定义的实现互不兼容，所以我会要求库的开发人员采用无值的 ValueTuple 作为 Unit 的标准表示。

做呢？第 1 章中介绍了可编写"适配器"函数来修改现有函数，以满足自己的需求。这种情况下，你需要一种能轻松地将 Action 转换为 Func<Unit>的方法，我的函数式库中已经定义了 ToFunc，它是 Action 上的扩展方法，目的是实现这种转换。

代码清单3.3　将Action转换为Func<Unit>

```
using Unit = System.ValueTuple;        ◄——— 为空元组取别名 Unit

 namespace LaYumba.Functional
{
    using static F;

    public static partial class F              便利方法允许你将返回
    {                                          Unit 的函数简写为 return
        public static Unit Unit() => default(Unit); ◄ Unit()
    }

    public static class ActionExt
    {
        public static Func<Unit> ToFunc(this Action action)
            => () => { action(); return Unit(); };

        public static Func<T, Unit> ToFunc<T>(this Action<T> action)
            => (t) => { action(t); return Unit(); };

        // more overloads to cater for Action's with more arguments...
    }                                          适配器函数将 Action 转换
}                                              为返回 Unit 的 Func
```

当你用一个给定的 Action 调用 ToFunc 时，会得到一个 Func<Unit>：调用这个函数时，将运行 Action 并返回 Unit。

使用此方式，你可用一个方法来扩展 Instrumentation 类，该方法接受一个 Action，并将其转换成 Func<Unit>，然后调用可与任何 Func<T>一起工作的现有重载。

代码清单3.4　编写HOF，它接受一个Func或一个Action，且无重复代码

```
using LaYumba.Functional;                  包含接受一个 Action
using Unit = System.ValueTuple;            的重载

public static class Instrumentation
{
    public static void Time(string op, Action act)   将 Action 转换为 Func
        => Time<Unit>(op, act.ToFunc());      ◄    <Unit>，并将其传递给
                                                   接受 Func<T>的重载
    public static T Time<T>(string op, Func<T> f) // same as before...
}
```

如你所见，这使得你在 Time 的实现上避免重复任何逻辑。你仍然必须公开重载来接受 Action，这样调用者不需要额外提供返回 Unit 的函数。在给定的语言限

制下，这是共同处理 Action 和 Func 的最佳折中方案。

虽然仅凭单个示例可能没有让你充分体会到 Unit，但在本书中，你会看到更多需要使用 Unit 和 ToFunc 来利用函数式技术的示例。综上所述：

- 使用 void 表示数据缺失，这意味着函数只被调用了副作用，没有返回任何信息。
- 需要在 Func 和 Action 上处理一致性时，则改用 Unit，这是更灵活的表示方式。

在本节中，我们已经研究了因广泛使用 void 所引发的问题，你已经看到了如何用 Unit 表示数据缺失。接下来，你将看到如何表示数据可能缺失以及更多 null 问题。

3.4　使用 Option 为数据可能缺失建模

Option 类型用于表示数据缺失的可能性，而在 C#和许多其他编程语言(以及数据库)中通常用 null 表示。我希望告诉你，Option 为数据可能缺失提供了一种更健壮和更具表现力的表示形式。

3.4.1　你每天都在使用糟糕的 API

表示数据可能缺失的问题在框架库中并没有得到很好处理。假设你去面试，并看到以下测验题。

问题：以下程序打印了什么？

```
using System;
using System.Collections.Generic;
using System.Collections.Specialized;
using static System.Console;

class IndexerIdiosyncracy
{
    public static void Main()
    {
        try
        {
            var empty = new NameValueCollection();
            var green = empty["green"];                       ❶
            WriteLine("green!");

            var alsoEmpty = new Dictionary<string, string>();
            var blue = alsoEmpty["blue"];                     ❷
            WriteLine("blue!");
        }
        catch (Exception ex)
```

```
        {
            WriteLine(ex.GetType().Name);
        }
    }
}
```

提示:

NameValueCollection 是从 string 到 string 的映射。例如,当你调用 Configuration Manager.AppSettings 来获取.config 文件的设置时,你将得到一个 NameValueCollection。

请花点时间阅读该代码。然后,写下你认为该程序会打印的内容。你愿用多少钱来打赌你所写下的答案是正确的呢?或许和我一样,你认为一个程序员真正应该关心的是其他事情而不是这些烦人的细节;本节的其余部分将帮助你弄明白为什么问题在于 API 本身,而不是你缺乏知识。

该代码使用索引器从两个空集合中检索项目,所以这两个操作都将失败。当然,索引器只是普通函数,[]只是语法糖;因此两个索引器都是 string→string 类型的函数,且都是不诚实的。

如果某个键不存在,NameValueCollection 索引器❶会返回 null。对于 null 是否实际上是一个 string 有些争议,但我倾向于说不。[5]当你给索引器提供一个完全有效的 string 类型的输入时,它会返回无用的 null 值——而这不符合签名要求。

Dictionary 索引器❷抛出一个 KeyNotFoundException 异常,虽然它表面上是这样的函数,即"给我一个 string,还你一个 string",而实际上它应该是"给我一个 string,我可能还你一个 string,也可能抛出一个异常。"

雪上加霜的是,两个索引器都不诚实,都具有不一致的方式。知道这一点,便很容易明白该程序会打印以下内容:

```
green!
KeyNotFoundException
```

也就是说,.NET 中由两个不同的关联集合所公开的接口都前后矛盾。谁会想到?而且唯一可以发现该问题的方式就是查看文档(令人厌烦)或者跌倒在 bug 上(更糟糕)。

下面分析表示数据可能缺失的函数式方法。

3.4.2 Option 类型的介绍

Option 本质上是一个容器,其包装了一个值...或无值。它就像一个或者包含一样东西或者为空的盒子。Option 的符号定义如下:

---

5 实际上,语言规范本身就是这样描述的:如果将 null 赋给一个变量,如 string s = null;,那么 s is string 的值为 false。

```
Option<T> = None | Some(T)
```

下面来看其所表示的含义。T 是一个类型参数(内部值的类型)——所以一个 Option<int>可能包含一个 int，也可能不包含。符号|表示或，所以该定义表示一个 Option<T>可以是两件事情之一，或者可以是两个"状态"之一：

- None——表示没有值的特殊值。如果 Option 没有内部值，我们就说"Option 是 None"。
- Some(T)——一个包装 T 类型值的容器。如果 Option 有一个内部值，我们就说"Option 是 Some"。

Option 也被称为 Maybe。不同的函数式框架使用不同的术语来表达相似的概念。Option 的常见同义词是 Maybe，其中，Some 和 None 分别被称为 Just 和 Nothing。

遗憾的是，这种命名不一致的现象在 FP 中很常见，而且对学习没有任何帮助。在本书中，我将尝试为每个模式或技术提供最常用的同义词，然后坚持使用一个名称。

所以从现在开始，我会坚持 Option；如果你遇到了 Maybe(在 JavaScript 或 Haskell 库中)，要知道它与 Option 是相同的概念。

下一节将介绍如何实现 Option，但首先分析它的基本用法，以便你熟悉 API。我建议你在 REPL 中执行这些步骤；将需要一些设置，这在下面的补充说明"在 REPL 中使用 LaYumba.Functional 库"中描述。

在REPL中使用LaYumba.Functional库

在REPL中使用LaYumba.Functional库中的结构时，需要以下一些设置：

(1) 从https://github.com/la-yumba/functional-csharp-code下载并编译代码示例。

(2) 在REPL中引用LaYumba.Functional库。其工作方式取决于你的设置。在我的系统上(使用Visual Studio中的REPL，打开代码示例解决方案)，可通过输入以下命令来完成：

```
#r "functional-csharp-code\LaYumba.Functional\bin\Debug\
  netstandard1.6\LaYumba.Functional.dll"
```

(3) 将以下导入语句输入REPL中：

```
using LaYumba.Functional;
using static LaYumba.Functional.F;
```

一旦设置完成，便可创建一些 Option：

创建一个 None 状态的 Option

创建一个 Some 状态的 Option

```
Option<string> _    = None;
Option<string> john = Some("John");
```

如此简单！既然你已经知道如何创建 Option，那么如何与它们进行交互呢？基本上，可使用 Match 来执行模式匹配。简而言之，它允许你根据 Option 是 None还是 Some 来运行不同代码。

例如，如果你有一个可选名称，则可编写一个函数返回该名称的问候语，或者，如果没有名称，则返回通用消息。在 REPL 中输入以下内容：

```
string greet(Option<string> greetee)
   => greetee.Match(                          如果 greetee 是 None，Match
      None: () => "Sorry, who?",              将用这个函数求值
      Some: (name) => $"Hello, {name}");
                                              如果 greetee 是 Some，Match
greet(None) // => "Sorry, who?"               将用这个函数求值，并传递
                                              greetee 的内部值
greet(Some("John")) // => "Hello, John"
```

如你所见，Match 有两个函数：第一个是在 None 情况下做什么，第二个是在Some 情况下做什么。在 Some 情况下，函数将被赋予 Option 的内部值(在本示例中，为字符串 John，即创建 Option 时给定的值)。

在之前对 Match 的调用中，使用命名参数 None:和 Some:是为了更加清晰。其实它们是可以被省略的：

```
string greet(Option<string> greetee)
   => greetee.Match(
         () => "Sorry, who?",
         (name) => $"Hello, {name}");
```

一般会省略它们，因为第一个 lambda 中的空括号()已经暗示了一个空容器(即一个 None 状态的 Option)，而包含 name 参数的括号暗示了一个含值的容器。

如果你现在有点混乱，也不必担心；随着我们向前推进，一切都会变得明朗起来。现在，请牢记以下几点：

- 使用 Some(value)将值包装成一个 Option。
- 使用 None 创建一个空的 Option。
- 使用 Match，根据 Option 的状态运行某些代码。

现在，你可将 None 看成 null 的替代，并将 Match 看成对 null-check 的替代。从概念上讲，以下代码与前面的代码有所不同：

```
string greet(string name)
   => (name == null)
         ? "Sorry, who?"
         : $"Hello, {name}";
```

你将在后续章节看到为什么 Option 实际上比 null 更可取，以及为什么最终你不需要经常使用 Match。首先来分析 Option 的底层实现。

3.4.3　实现 Option

如果你是第一次阅读或者你只需要理解如何使用 Option，那么你可以跳过这一节。本节将展示我在 LaYumba.Functional 中实现 Option 所用的技术。其中涉及的魔法非常少，同时展示了消除 C#型系统一些限制的可能方法。

在许多类型化的函数式语言中，可用下面的一行来定义 Option：

```
type Option t = None | Some t
```

而在 C#中，则需要完成更多工作。首先，你需要 None 和 Some<T>来表示 Option 每个可能的状态。

代码清单3.5　实现Some和None类型

```
namespace LaYumba.Functional
{
    public static partial class F
    {
        public static Option.None None      ◄──── None 值
            => Option.None.Default;

        public static Option.Some<T> Some<T>(T value)   ◄──── Some 函数将给定
            => new Option.Some<T>(value);                     值包装成 Some
    }

    namespace Option
    {                                    None 没有成员，因为
        public struct None          ◄── 它不包含任何数据
        {
            internal static readonly None Default = new None();
        }

        public struct Some<T>
        {                                         Some 只包装
            internal T Value { get; }   ◄──────── 了一个值

            internal Some(T value)
            {
                if (value == null)
                    throw new ArgumentNullException();   ◄──── Some 表示数据的存在，
                Value = value;                                 所以不接受 null 值
            }
        }
    }
}
```

F 类是客户端代码的入口；它公开了 None 值(空的 Option)和 Some 函数(它将给定的 T 包装成 Some<T>)。

None 表示没有值，所以它是没有实例字段的类型。就像 Unit 一样，只有一个可能的值为 None。Some 有一个字段，以容纳内部值；它不能为 null。

上述代码允许你使用 None 或 Some 状态来显式创建值:

```
using static LaYumba.Functional.F;

var firstName = Some("Enrico");
var middleName = None;
```

下一步定义更通用的 Option<T>类型,可以是 None 或 Some<T>。就集合而言,Option<T>是集合 Some<T>与单元素集合 None 的并集(见图 3.4)。

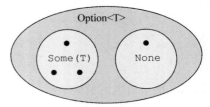

事实证明,这并非易事,因为 C#并没有定义这种"联合类型"的语言支持。理想情况下,我希望能够编写如下代码。

图 3.4 Option<T>是集合 Some(T)与单元素集合 None 的并集

代码清单3.6 Option与其None和Some情况的理想化关系

```
namespace LaYumba.Functional
{
    interface Option<out T> { }

    namespace Option
    {
        public struct None : Option<T> { /* ... */ }

        public struct Some<T> : Option<T> { /* ... */ }
    }
}
```

也就是说,我想表示 None 是一个 Option<T>,Some<T>也是。遗憾的是,前面的代码存在一些问题(因此不能编译):

- None 没有(也不需要)一个类型参数 T;因此不能实现通用接口 Option<T>。不管类型参数 T 最终被分配了何种类型,如果 None 可以被当作一个 Option<T>来处理,那就好了,但这不受 C#的类型系统的支持。
- 一个 Option<T>只能是二选一:None 或 Some<T>。任何客户端组件都不应该定义其他任何 Option<T>实现,但并没有语言功能去强制这件事情。

鉴于这些问题,使用了 Option 的接口或抽象类始终不能很好地工作。相反,我将 Option<T>定义为一个单独的类并定义了方法,以使 None 和 Some<T>可隐式转换为 Option<T>(如有必要,可通过隐式转换来继承)。

代码清单3.7 Option<T>可捕获Some和None状态

```
public struct Option<T>
{
```
捕获 Option 的状态:如果 Option 是 Some,则为 true

```
readonly bool isSome;
readonly T value;                              ◀─┤  Option 的内部值

private Option(T value)
{
    this.isSome = true;
    this.value = value;
}
                                                          将 None 转换
public static implicit operator Option<T>(Option.None _)◀─┤  为 Option
    => new Option<T>();

public static implicit operator Option<T>(Option.Some<T> some) ◀─
    => new Option<T>(some.Value);                    将 Some 转换为 Option

public static implicit operator Option<T>(T value)     将一个常规值"提
    => value == null ? None : Some(value);            升"到 Option 中

public R Match<R>(Func<R> None, Func<T, R> Some) ◀─  Match 接受两个函数,
    => isSome ? Some(value) : None();              并根据 Option 的状态
}                                                  用其中一个或另一个
                                                   来求值
```

这个 Option 的实现既可代表 None 又可代表 Some；它具有区分这两个状态的布尔值，以及存储 Some 内部值的类型 T 的字段。

现在，可将 None 作为任何类型 T 的 Option<T>。当 None 转换为 Option<T>时，isSome 标志将为 false；内部值将是 T 的默认值并被忽略。当 Some<T>转换为 Option<T>时，isSome 标志为 true，并存储内部值。

我还添加了一个方法将类型 T 的值隐式提升到一个 Option<T>中，某些情况下，这样做更方便。如果值为 null，会生成一个 None 状态的 Option，否则将该值包装到 Some 中。

最重要的部分是 Match，它允许你根据 Option 的状态运行代码。Match 是一个方法，表示："请告诉我，没有值时你想做什么，有值时你想做什么，我将做任何适当的事情。"

有了这个实现，就可以使用 Option 了。再看之前展示的 Match 的用法。现在它应该更明了：

```
string greet(Option<string> greetee)
    => greetee.Match(
        None: () => "Sorry, who?",
        Some: (name) => $"Hello, {name}");

greet(None) // => "Sorry, who?"

greet(Some("John")) // => "Hello, John"
```

注意，可在 C#中还有许多其他方法定义 Option。我选择了这个特定的实现，是因为从客户端代码的角度看，这是所允许的最干净 API。Option 是一个概念，

而不是一个特定实现，所以如果你在另一个库或教程中看到不同的实现，[6]请不要惊慌。它仍然具有 Option 的定义特征：

- None 值表示无值
- Some 函数包装了一个值，表示存在一个值
- 一个可根据值是否存在来有条件地执行代码的方法(在本例中为 Match)

接下来分析与 null 相比，为什么使用 Option 来表示"可能缺失值"的效果更好。

3.4.4 通过使用 Option 而不是 null 来获得健壮性

前面提到过，应该使用 None 来代替 null，并用 Match 来替代 null-check。下面通过一个实际例子来查看所获得的结果。

假设网站上有一个表单，允许人们订阅一个新闻简报。订阅者输入姓名和电子邮件，这将创建一个 Subscriber 实例。定义如下，这个实例被持久保存到数据库中：

```
public class Subscriber
{
    public string Name { get; set; }
    public string Email { get; set; }
}
```

当发送新闻简报时，会为订阅者计算出一个自定义的问候语，这个问候语将成为新闻简报主体的前缀：

```
public string GreetingFor(Subscriber subscriber)
    => $"Dear {subscriber.Name.ToUpper()},";
```

这一切都工作正常。Name 不能为 null，因为它是注册表单中的必填字段，并且在数据库中不可为空。

几个月后，新订阅者的注册率下降了，所以企业决定降低准入门槛，不再要求新的订阅者输入姓名了。那么姓名字段将从表单中删除，并相应地修改数据库。

这应该被认为是一个突破性改变，因为不可能再对数据做出相同的假设了。如果你允许 Name 为 null，则代码将愉快地编译，而且 GreetingFor 将在收到没有 Name 的 Subscriber 时抛出异常。

此时，负责使数据库中的名称成为可选字段的人员，可能与维护发送新闻简报的代码的人员不在同一小组中。该代码可能位于不同的存储库中。简而言之，查找所有使用 Name 的地方可能并非那么简单。

相反，最好现在就明确指出 Name 是可选的。Subscriber 类应该改为：

```
public class Subscriber
{
    public Option<string> Name { get; set; }
```

> Name 现在被明确地标记为可选的

---

6 例如，主流模拟框架 NSubstitute 包含一个 Option 实现。

```
public string Email { get; set; }
}
```

这样清楚地表明了 Name 值可能不可用的事实；但也导致了 GreetingFor 不可编译。所以 GreetingFor 和任何其他正在访问 Name 属性的代码将不得不进行修改，以考虑值不存在的可能性。例如，可像这样修改它：

```
public string GreetingFor(Subscriber subscriber)
    => subscriber.Name.Match(
            () => "Dear Subscriber,",
            (name) => $"Dear {name.ToUpper()},");
```

通过使用 Option，以迫使你的 API 的使用者来处理没有数据可用的情况。这对客户端代码提出了更高要求，也有效消除了发生 NullReferenceException 的可能性。将一个 string 改为一个 Option<string>是一个突破性改变：通过这种方式，将运行时错误换成编译时错误，使编译的应用更健壮。

3.4.5　Option 作为偏函数的自然结果类型

我们已经讨论了函数如何将元素从一个集合映射到另一个集合，以及类型化编程语言中的类型如何描述这些集合。全函数和偏函数之间有一个重要区别：

- 全函数是为域中的每个元素定义的映射。
- 偏函数是为域中的一些(但不是全部)元素定义的映射。

偏函数是不确定的，因为当给定一个输入而无法计算出结果时，函数对于应该做什么是不清楚的。Option 类型为这种情况的建模提供了一个完美解决方案：如果函数是为给定的输入而定义的，则返回一个包装了结果的 Some；否则，返回 None。下面分析一些可使用这种方法的常见用例。

解析字符串

设想一个函数用于解析整数的字符串表示形式。你将其建模为一个 string→ int 类型的函数。这显然是一个偏函数，因为并不是所有字符串都是整数的有效表示。实际上，有无数字符串不能映射到 int。

可通过使解析器函数返回一个 Option<int>，以使用 Option 来提供更安全的解析表示。如果给定的 string 不能被解析，这将是 None，如图 3.5 所示。

具有签名 string→int 的解析器函数是偏函数，因为如果提供的 string 不能转换为 int，从签名中看不出会发生什么情况。另一方面，具有签名 string→Option<int>的解析器函数是全函数，因为对于任何给定的字符串，它都将返回有效的 Option<int>。

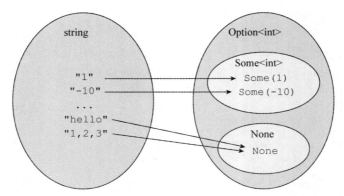

图 3.5　将 string 解析为 int 的函数是一个偏函数

以下是一个使用框架方法来执行 grunt 工作的实现，它公开一个基于 Option 的 API：

```
public static class Int
{
    public static Option<int> Parse(string s)
    {
        int result;
        return int.TryParse(s, out result)
           ? Some(result) : None;
    }
}
```

本节中的辅助函数来自 LaYumba.Functional，所以你可在 REPL 中尝试它们：

```
Int.Parse("10") // => Some(10)
Int.Parse("hello") // => None
```

会定义很多类似方法，将字符串解析为其他常用的类型，如双精度和日期，更概括地讲，将数据从一种形式转换为另一种更具限制性的形式。

在集合中查找数据
本节开头展示了框架集合公开的一个在表示数据缺失方面既不诚实又不一致的 API。主要内容如下：

```
new NameValueCollection()["green"]
// => null

new Dictionary<string, string>()["blue"]
// => runtime error: KeyNotFoundException
```

其根本问题有以下几点。关联集合将键映射到值，因此可将其看成 TKey→TValue 类型的函数。但不能保证集合中包含每个可能的 TKey 类型的键对应的值，因此查找值总是一个偏函数。

为取值建模的一个更好、更明确的方式是返回一个 Option。可编写公开了基于 Option 的 API 的适配器函数，我通常将这些返回 Option 类型的函数命名为 Lookup：

```
Lookup : (NameValueCollection, string) → Option<string>
```

Lookup 接受一个 NameValueCollection 和一个 string(键)；如果该键存在，则返回带有值的 Some，否则返回 None。以下是实现代码：

```
public static Option<string> Lookup
    (this NameValueCollection @this, string key)
    => @this[key];
```

如此而已！表达式@this[key]是 string 类型，而返回值是 Option<string>，所以 string 值将被隐式转换为一个 Option<string>(记住，在前面展示的 Option 实现中，定义了从值 T 到 Option<T>的隐式转换，如果值为 null 则返回 None，否则将值提升到一个 Some 中)。我们已经从基于 null 的 API 转变为基于 Option 的 API。

这是 Lookup 的重载，它接受一个 IDictionary，但签名是相似的：

```
Lookup : (IDictionary<K, T>, K) → Option<T>
```

Lookup 函数可被实现为：

```
public static Option<T> Lookup<K, T>
    (this IDictionary<K, T> dict, K key)
{
    T value;
    return dict.TryGetValue(key, out value)
        ? Some(value) : None;
}
```

我们现在有一个诚实、清晰、一致的 API 来查询这两个集合。当你使用 Lookup 访问这些集合时，编译器会强制你处理 None 情况，并且你确切地知道会发生什么：

```
new NameValueCollection().Lookup("green")
// => None

new Dictionary<string, string>().Lookup("blue")
// => None
```

即使你请求的键不存在于集合中，也不会再有 KeyNotFoundException 或 NullReferenceException。查询其他数据结构时可使用相同的方法。

智能构造函数模式

本章前面定义了 Age 类型，这是一种比 int 更严格的类型，只允许表示一个人年龄的有效值。用一个 int 创建一个 Age 时，我们需要考虑给定的 int 不是有效年龄的可能性。可再次使用 Option 对其进行建模，如图 3.6 所示。

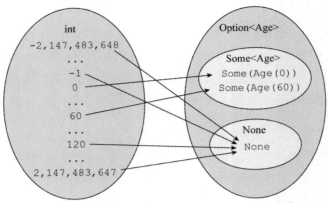

图 3.6　从 int 到 Age 的转换也可用 Option 来建模

　　如果需要用 int 来创建 Age，而不是调用构造函数(如果无法创建有效实例，则必须抛出异常)，则可以定义一个返回 Some 或 None 的函数来表明成功创建了一个 Age。这被称为智能构造函数：从某种意义上来说它是"智能的"，它意识到一些规则，并可防止构造一个无效对象。

代码清单3.8　为Age实现一个智能构造函数

```
public struct Age
{
    private int Value { get; }

    public static Option<Age> Of(int age)          一个返回 Option
        => IsValid(age) ? Some(new Age(age)) : None;   的智能构造函数

    private Age(int value)                          构造函数可被标
    {                                               记为 private
        if (!IsValid(value))
            throw new ArgumentException($"{value} is not a valid age");

        Value = value;
    }

    private static bool IsValid(int age)
        => 0 <= age && age < 120;
}
```

　　如果你现在需要由一个 int 获得一个 Age，你只会得到一个 Option<Age>，而这会强迫你去考虑失败的情况。如果你的 Option<Age>为 None，将如何处理呢？是的，这取决于上下文和需求。在后续章节中，我们将分析如何有效地使用 Option。Match 是与 Option 交互的基本方式，下一章将开始构建一个丰富的高级 API。

　　总之，当表示一个值时，Option 应该是你的默认选择，也就是说它是可选的！

在你的数据对象中用它为一个"属性可能没有被设置"的事实建模，并在你的函数中表明可能不会返回一个合适的值。除了减少得到 NullReferenceException 的机会，这还将丰富你的模型，并使代码更具自我描述性。

> **防范NullReferenceException**
>
> 为进一步防止代码潜伏NullReferenceExceptions，绝对不要编写显式返回null的函数，并始终检查你的API中公共方法的输入是否为null。[7]唯一合理的例外是可选的参数，但其需要默认值来作为编译时的常量。

在函数签名中使用 Option 是实现本章总体建议的一种方法：设计函数签名，这些函数签名是诚实的，并且高度描述函数所期望的功能。我试图通过降低运行时错误的发生概率来展示其如何使你的应用更健壮，但没什么能比实验证明更好，所以务必在你自己的代码中尝试这些想法。

在下一章中，我们将扩充 Option API。Option 将是你的朋友，不仅在你的程序中会用到它，而且作为一个简单结构，我将通过它来说明许多 FP 概念。

练习

1. 请编写一个通用函数，它接受一个字符串并将其解析为一个 enum。该函数应该适用于如下情况：

```
Enum.Parse<DayOfWeek>("Friday")
// => Some(DayOfWeek.Friday)
Enum.Parse<DayOfWeek>("Freeday")
// => None
```

2. 请编写一个接受 IEnumerable 和谓词的 Lookup 函数，并返回 IEnumerable 中与谓词匹配的第一个元素，如果找不到匹配的元素，则返回 None。并用箭头符号写出其签名：

```
bool isOdd(int i) => i % 2 == 1;

new List<int>().Lookup(isOdd)      // => None
new List<int> { 1 }.Lookup(isOdd) // => Some(1)
```

3. 请编写一个包装了一个底层字符串的 Email 类型，并强制字符串采用有效格式。要确保包含以下内容：

- 一个智能构造函数

7　这个任务十分乏味，可使用 PostSharp 来自动完成。如果你倾向于这样做，请查看 NullGuard(https://github.com/haacked/NullGuard)，你可在每个程序集的基础上禁止 null 参数，从而以最少量的样板代码提供最佳保护。

- 隐式转换为字符串，以便其可以很容易地与典型的 API 一起使用来发送电子邮件

4. 请看一下在 System.LINQ.Enumerable[8]中的 IEnumerable 上所定义的扩展方法。哪一个可能不会返回任何内容，或抛出某种未发现的异常，因而是返回 Option<T>的好选择？

5. 请为以下 AppConfig 类中的方法编写实现代码(对于这两种方法，一个合理的单行方法体是可能的，假设设置是字符串、数字或日期类型)。这个实现能帮助你测试依赖于 a.config 文件中的设置的代码吗？

```
using System.Collections.Specialized;
using System.Configuration;
using LaYumba.Functional;

public class AppConfig
{
    NameValueCollection source;

    public AppConfig() : this(ConfigurationManager.AppSettings) { }

    public AppConfig(NameValueCollection source)
    {
        this.source = source;
    }

    public Option<T> Get<T>(string name)
    {
        // your implementation here...
    }

    public T Get<T>(string name, T defaultValue)
    {
        // your implementation here...
    }
}
```

小结

- 使你的函数签名尽可能具体。这将使它们更易用，更不易出错。
- 使你的函数是诚实的。一个诚实的函数总按签名说的去做。给出了预期类型的输入，就会产生预期类型的输出——没有 Exception，没有 null。
- 使用自定义类型而不是专门的验证代码来约束函数的输入值，并使用智能构造函数来实例化这些类型。

8　请参阅 Enumerable Methods 的 Microsoft 文档：https://docs.microsoft.com/en-us/dotnet/api/system.linq.enumerable。

- 使用 Option 类型来表示可能不存在值。一个 Option 可处于以下两种状态之一:
  - None,表示没有值
  - Some,一个包装了非 null 值的简单容器
- 要根据 Option 的状态有条件地执行代码,请在 None 和 Some 情况下使用 Match 和你想用来求值的函数。

第 **4** 章

函数式编程中的模式

本章涵盖的主要内容：
- 核心函数Map、Bind、Where和ForEach
- 介绍函子(functors)和单子(monads)
- 在不同抽象层级上工作

模式是可用于解决各种问题的方案。本章中讨论的模式只是简单函数。当进行函数式编码时，函数是无处不在的，可将它们看成 FP 的核心函数。

你可能熟悉这些函数中的一些函数，如 Where 和 Select，前面通过 IEnumerable 使用过它们。但你将看到相同的操作也可应用于其他结构，从而建立一个模式。本章将利用 Option 来说明这一点。其他结构将在后续章节中说明。与往常一样，我建议你在 REPL 中输入代码，来分析如何使用这些核心函数(你需要导入 LaYumba.Functional 库，如前所述)。

4.1　将函数应用于结构的内部值

第一个核心函数是 Map。它接受一个结构和一个函数，并将该函数应用于结构的内部值。下面从熟悉的示例开始，其中讨论的结构是 IEnumerable。

4.1.1　将函数映射到序列上

IEnumerable 的 Map 的实现可采用如下写法。

代码清单4.1　Map为给定IEnumerable中的每个元素应用一个函数

```
public static IEnumerable<R> Map<T, R>
    (this IEnumerable<T> ts, Func<T, R> f)
{
    foreach (var t in ts)
        yield return f(t);
}
```

Map 通过对源列表中的每个元素应用函数 T→R，将 T 的列表映射到 R 的列表。注意，由于使用了 yield return 语句，所以在这个实现中，结果被包装成一个 IEnumerable。

关于命名的提醒

在FP中，以下使用变量名称的情况是很正常的：如t代表类型T的值、ts代表 T的集合、f(g、h等)代表函数等。在对更具体的场景编码时，可使用更多描述性名称，但当函数与Map一样通用且你对值t或函数f真的一无所知时，变量便具备了相应的通用名称。

在图形化后，Map 如图 4.1 所示。

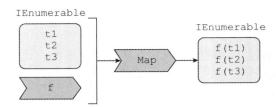

图 4.1　通过 IEnumerable 映射函数

下面来看一个简单用法：

```
Func<int, int> times3 = x => x * 3;

Range(1, 3).Map(times3);
// => [3, 6, 9]
```

也许你已认出这正是你调用 LINQ 的 Select 方法时所得到的行为。的确，可用 Select 来定义 Map：

```
public static IEnumerable<R> Map<T, R>
    (this IEnumerable<T> ts, Func<T, R> f)
    => ts.Select(f);
```

这可能更有效率，因为 LINQ 的 Select 实现针对 IEnumerable 的某些实现进行了优化。关键是我将使用名称 Map 而不是 Select，因为 Map 是 FP 中的标准术语，但你应该认为 Map 和 Select 是同义词。

4.1.2　将函数映射到 Option

下面分析如何为一个不同的结构定义 Map，该结构是 Option。IEnumerable 的 Map 签名是：

```
(IEnumerable<T>, (T→R))→IEnumerable<R>
```

下面按照这个模式，仅用 Option 来替换 IEnumerable：

```
(Option<T>, (T→R))→ Option<R>
```

该签名表示你有一个可能包含 T 的 Option，以及从 T 到 R 的函数；你必须返回一个可能包含 R 的 Option。你能想到如何实现吗？

如果 Option 是 None，则没有可用的 T，而且只能返回 None。只处理 None 情况的实现如下所示：

```
public static Option<R> Map<T, R>
    (this Option.None _, Func<T, R> f)
    => None;
```

这个实现未做任何事情：你从 None 开始，以 None 结束，且给定的函数 f 被忽略。

另一方面，如果 Option 是 Some，那么它的内部值就是 T，所以你可将给定的函数应用到它，以得到一个 R，然后将其包装在一个 Some 中。因此，Some 情况下的实现如下所示：

```
public static Option<R> Map<T, R>
    (this Option.Some<T> some, Func<T, R> f)
    => Some(f(some.Value));
```

实际实现迎合了给定 Option 的两种可能状态，如下所示。

代码清单4.2　Option的Map定义

```
public static Option<R> Map<T, R>
    (this Option<T> optT, Func<T, R> f)
    => optT.Match(
        () => None,
        (t) => Some(f(t)));
```

如果给定的 Option 是 None，Map 将只返回 None 状态下期望返回的类型 Option。如果是 Some(t)，其中 t 是被包装的值，Map 会将 t 传入给定的函数(T → R)，然后将结果值提升到一个新的 Option 中。如图 4.2 所示。

　　将 Option 看成一种特殊列表将有助于你的理解，即其可以是空的(None)，或者只包含一个值(Some)。从这个角度看，就很清楚 Option 的 Map 与 IEnumerable 的 Map 的实现是一致的：给定的函数应用于结构所有可用的内部值。

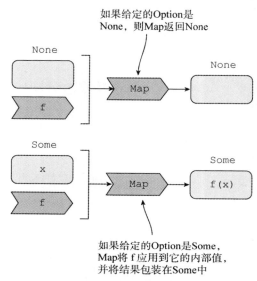

图 4.2　通过 Option 映射函数

下面来看一个简单例子：

```
Func<string, string> greet = name => $"hello, {name}";

Option<string> _        = None;
Option<string> optJohn = Some("John");

_.Map(greet);       // => None
optJohn.Map(greet); // => Some("hello, John")
```

　　这里有一个现实的比喻：一个可爱大婶的专长是制作苹果馅饼。但她讨厌购物，尽管如此，她还是喜欢烘焙馅饼(单一责任原则)。

　　在上班途中，你常在她家门外放一篮苹果，到晚上你会发现一篮新鲜的馅饼！大婶也很有幽默感，所以如果你要小聪明，在她的门旁留下一个空篮子，你会发现最终得到的也只是一个空篮子。

　　在这个比喻中，篮子代表 Option。苹果是输入的 Option 的内部值，大婶的烹饪技巧是适用于该内部值的函数。Map 是为苹果拆箱的过程，交由大婶来处理，并重新包装烘焙好的馅饼，如图 4.3 所示。

图 4.3　一个现实的比喻

```
class Apple { }
class ApplePie { public ApplePie(Apple apple) { } }

Func<Apple, ApplePie> makePie = apple => new ApplePie(apple);

Option<Apple> full  = Some(new Apple());
Option<Apple> empty = None;

full.Map(makePie) // => Some(ApplePie)
empty.Map(makePie)// => None
```

4.1.3　Option 是如何提高抽象层级的

要认识到的一个非常重要的事情是，Option 抽象了"值是否存在"的问题。如果直接将函数应用于某个值，则必须以某种方式确保该值可用。相反，如果你将该函数映射到 Option 上，则并不必在意该值是否存在——Map 是否适用于该函数视情况而定。

在这一点上可能还不够清晰，但当你继续并读完本书时，一切都会变得清晰起来。第 3 章定义了一个基于 Age 来计算 Risk 的函数，如下所示：

```
Risk CalculateRiskProfile(Age age)
  => (age.Value < 60) ? Risk.Low : Risk.Medium;
```

现在，假设你正在进行一项调查，在调查中，人们自愿提供一些个人信息并获得一些统计数据。使用 Subject 类对调查接受者进行建模，定义如下：

```
class Subject {
   public Option<Age> Age { get; set; }
   public Option<Gender> Gender { get; set; }
   // many more fields...
}
```

一些字段(如 Age)被建模为可选的，因为调查接受者可选择是否公开这些信息。
以下是你如何计算一个特定 Subject 的 Risk 实现：

```
Option<Risk> RiskOf(Subject subject)
    => subject.Age.Map(CalculateRiskProfile);
```

Risk 基于主体的年龄，且年龄是可选的，因此计算的 Risk 也是可选的。你不
必担心 Age 是否存在，相反，你可映射计算风险的函数，并通过返回包装在 Option
中的结果来允许可选的"传播"。

接下来，让我们分析更通用的 Map 模式。

4.1.4　函子

如你所见，Map 是一个遵循精确模式的函数，用来将函数应用到一个结构的
内部值，如 IEnumerable 或 Option，以及其他许多结构，如 set、字典、树等。

下面归纳一下该模式。假设 C<T>表示一个通用"容器"，包装了 T 类型的内
部值。那么 Map 的签名通常可写成如下形式：

```
Map : (C<T>, (T→R)) → C<R>
```

也就是说，Map 可被定义为一个函数，接受容器 C<T>和(T → R)类型的
函数 f，并返回容器 C<R>，其中包装了将 f 应用到 C<T>内部值后返回的结
果值。

在 FP 中，定义这种 Map 函数的类型称为函子(functor)。[1]IEnumerable 和 Option
正如你刚才见到的那样是函子，这在本书中很常见。出于实用的目的，可以说任
何具有 Map 的合理实现都是一个函子。但什么才是合理实现呢？实质上，Map 应
将一个函数应用于容器的内部值，同样重要的是，它不应该做任何事情；也就是
说，Map 应该没有副作用。[2]

为什么函子不是一个接口？

如果Option和IEnumerable都支持Map操作，那么为什么我们不用接口捕获它
呢？确实，这样做很好，但遗憾的是，这在C#中是不可能的。为说明原因，下面
尝试定义这样一个接口：

```
interface Functor<F<>, T>
{
    F<R> Map<R>(Func<T, R> f);
}
```

---

1   遗憾的是，术语函子(functor)的内涵取决于上下文。在数学中，指正在映射的函数；在编程中，指
可映射函数的容器。

2   这并非官方定义，但相差无几。

```
public struct Option<T> : Functor<Option, T>
{
    public Option<R> Map<R>(Func<T, R> f) => // ...
}
```

这无法编译：我们不能将F< >用作类型变量，因为它和T是不同的，它表示的不是类型，而是一个种类；一个类型是可用泛型进行参数化的。Map仅返回一个Functor是不够的，还必须返回与当前实例种类相同的函子。

其他语言(包括Haskell和Scala)支持所谓的"高级类型"，因此可用类型类(typeclass)来表示这些更通用的接口，但在C#(和F#)中，我们必须满足于较低层级的抽象并遵循基于模式的方法。[3]

4.2　使用 ForEach 执行副作用

第 3 章讨论了 Func 和 Action 之间的二分法。我们再次用 Map 来解决这个问题：Map 接受一个 Func，那么如果我们想要为给定结构中的每个值执行一个Action，该怎么做？

你可能知道 List<T>具有一个 ForEach 方法，它接受一个 Action<T>，以供列表中的每个项目调用：

```
using static System.Console;

new List<int> { 1, 2, 3 }.ForEach(Write);
// prints: 123
```

这实质上就是我们想要的。下面归纳一下，这样便可在任何 IEnumerable 上调用 ForEach：

```
public static IEnumerable<Unit> ForEach<T>
    (this IEnumerable<T> ts, Action<T> action)
    => ts.Map(action.ToFunc()).ToImmutableList();
```

该代码将 Action 改为返回 Unit 的函数，然后依赖于 Map 的实现。这只会创建一个惰性求值的 Unit 序列。而这里实际上想执行副作用；因此调用ToImmutableList。不出所料的话，该用法如下，

```
Enumerable.Range(1, 5).ForEach(Write);
// prints: 12345
```

现在让我们看看 Option 的 ForEach 定义。这是根据 Map 所定义的，使用了将

Action 转换为 Func 的 ToFunc 函数：[4]

```
public static Option<Unit> ForEach<T>
    (this Option<T> opt, Action<T> action)
    => Map(opt, action.ToFunc());
```

ForEach 的名称可能有些违反直觉——记住，一个 Option 最多只有一个内部值，所以给定的动作只会被调用一次(如果 Option 是 Some)或永远不会被调用(如果是 None)。

以下是使用 ForEach 将 Action 应用于 Option 的示例：

```
var opt = Some("John");

opt.ForEach(name => WriteLine($"Hello {name}"));
// prints: Hello John
```

但如第 2 章所述，我们应将纯逻辑和副作用分开。我们应将 Map 用于逻辑，将 ForEach 用于副作用，所以最好重写前面的代码，如下所示：

```
opt.Map(name => $"Hello {name}")
   .ForEach(WriteLine);
```

隔离副作用

尽量缩小ForEach中Action的作用域：Map用于数据转换，ForEach用于副作用。这遵循了普遍的"尽可能避免副作用"的FP思想，将它们隔离开来。

```
using static System.Console;
using String = LaYumba.Functional.String;

Option<string> name = Some("Enrico");
name
    .Map(String.ToUpper)
    .ForEach(WriteLine);

// prints: ENRICO

IEnumerable<string> names = new[] { "Constance", "Albert" };

names
   .Map(String.ToUpper)
   .ForEach(WriteLine);

// prints: CONSTANCE
//         ALBERT
```

4　你可能自问，为什么不只是添加一个可接受 Action 的重载的 Map？问题是，这种情况下，当我们调用 Map 而未指定泛型参数时，编译器无法解析到正确的重载。重载解析未考虑输出参数，所以当涉及重载解析时，并不能区分 Func<T,R>和 Action<T>。这种重载的代价是调用 Map 时总是指定泛型参数，这将导致噪音。总之，最好的解决方案是采用专用的 ForEach 方法。

注意无论使用 Option 还是 IEnumerable，你都可以使用相同的模式。这不是很好吗？现在，你可将 Option 和 IEnumerable 看成专用容器，并且你有一套核心函数，允许你与它们进行交互。如果你提供了一种新容器，并定义了 Map 或 ForEach，那么你可能了解它们的功能，因为你熟知该模式。

注意：上面的代码中使用了 LaYumba.Functional.String 类，该类通过静态方法公开了 System.String 的一些常用功能。这允许将 String.ToUpper 作为一个函数来引用，而不需要指定 ToUpper 实例方法所操作的实例，如 s => s.ToUpper()。

总之，ForEach 类似于 Map，但它接受一个 Action 而不是一个函数，所以用来执行副作用。下面继续分析下一个核心函数。

4.3　使用 Bind 来链接函数

Bind 是另一个非常重要的函数，类似于 Map，但稍微复杂一些。我将通过一个简单例子来介绍 Bind 的必要性。假设你想要一个简单程序，以从控制台读取用户的年龄并打印出相关信息。你也想进行错误处理：年龄应该是有效的！

还记得上一章中定义了 Int.Parse，以将字符串解析为 int。还定义了 Age.Of，一个由给定的 int 创建 Age 实例的智能构造函数。两个函数都返回一个 Option：

```
Int.Parse : string → Option<int>
Age.Of    : int → Option<Age>
```

如果将它们用 Map 结合起来，会发生什么？

```
string input;
Option<int> optI = Int.Parse(input);
Option<Option<Age>> ageOpt = optI.Map(i => Age.Of(i));
```

如你所见，产生了一个问题。我们最终得到一个嵌套的值：Age 的 Option 的 Option，该如何处理这个问题呢？

4.3.1　将返回 Option 的函数结合起来

这种情况下，使用 Bind 是很方便的。以下是对 Option 的 Bind 的签名：

```
Option.Bind : (Option<T>, (T → Option<R>)) → Option<R>
```

也就是说，Bind 接受一个 Option 和一个返回 Option 的函数，并将该函数应用到该 Option 的内部值。以下是实现代码。

代码清单4.3　Option的Bind和Map的实现

```
public static Option<R> Bind<T, R>
  (this Option<T> optT, Func<T, Option<R>> f)       ◄──── Bind 接受一个返回
  => optT.Match(                                           Option 的函数
    () => None,
    (t) => f(t));

public static Option<R> Map<T, R>
  (this Option<T> optT, Func<T, R> f)
  => optT.Match(                                     ◄──── Map 接受一
    () => None,                                             个常规函数
    (t) => Some(f(t)));
```

上面的代码清单拷贝了 Map 的定义，以便你可看到它们是多么相似。简单来说，None 情况下总是返回 None，因此不会应用给定的函数。Some 情况下确实会应用该函数；与 Map 不同的是，没必要将结果包装到一个 Option 中，因为 f 已经返回一个 Option。

现在看一下如何在解析年龄字符串的例子中，让 Bind 工作。

代码清单4.4　使用Bind来结合两个返回Option的函数

```
Func<string, Option<Age>> parseAge = s
  => Int.Parse(s).Bind(Age.Of);

parseAge("26");          // => Some(26)
parseAge("notAnAge");    // => None
parseAge("180");         // => None
```

函数 parseAge 使用 Bind 来结合 Int.Bind(返回一个 Option<int>)和 Age.Of(返回一个 Option<Age>)。因此，parseAge 结合了"字符串是否表示有效整数"的检查和"整数是否为有效年龄值"的检查。

现在让我们在一个简单程序的上下文中看一下。此程序从控制台读取年龄，并打印出相关信息：

```
public static class AskForValidAgeAndPrintFlatteringMessage
{
    public static void Main()
        => WriteLine($"Only {ReadAge()}! That's young!");

    static Age ReadAge()
        => ParseAge(Prompt("Please enter your age"))
        .Match(
            () => ReadAge(),
            (age) => age);

    static Option<Age> ParseAge(string s)
        => Int.Parse(s).Bind(Age.Of);

    static string Prompt(string prompt)
    {
```

一旦解析年龄失败，则递归地调用自己 →

← 解析一个字符串为 int 和由 int 创建一个年龄结合了起来

```
            WriteLine(prompt);
            return ReadLine();
        }
    }
```

下面是与此程序的示例交互(用户输入用粗体显示):

```
Please enter your age
hello
Please enter your age
500
Please enter your age
45
Only 45! That's young!
```

现在分析 Bind 如何与 IEnumerable 一起工作。

4.3.2　使用 Bind 平铺嵌套列表

你已经了解到如何使用Bind来避免嵌套的Option。而此概念同样适用于列表。但什么是嵌套的列表呢? 是指二维列表! 我们需要一个将"列表返回"函数应用于列表的函数。不是返回一个二维列表, 而应将结果平铺到一维列表中。

我们知道 Map 会循环遍历给定的 IEnumerable 并将一个函数应用于每个元素。Bind 与其类似, 但会有一个嵌套循环, 因为应用"绑定"函数也会产生一个 IEnumerable。结果列表将被平铺成一维列表。为便于理解, 下面来分析代码:

```
public static IEnumerable<R> Bind<T, R>
   (this IEnumerable<T> ts, Func<T, IEnumerable<R>> f)
{
   foreach (T t in ts)
      foreach (R r in f(t))
         yield return r;
}
```

如果你非常熟悉 LINQ, 会发现该实现与 SelectMany 基本相同。所以对 IEnumerable 来说, Bind 和 SelectMany 是一样的。同样在本书中, 我将使用 Bind 这个名称, 因为它在 FP-speak 中是标准的。

下面用一个例子来进一步了解它。假设你有一个邻居列表, 每个邻居都有一个宠物列表。你想要一个包含街坊中所有宠物的列表:

```
var neighbors = new[]
{
   new { Name = "John", Pets = new Pet[] {"Fluffy", "Thor"} },
   new { Name = "Tim", Pets = new Pet[] {} },
   new { Name = "Carl", Pets = new Pet[] {"Sybil"} },
};

IEnumerable<IEnumerable<Pet>> nested = neighbors.Map(n => n.Pets);
```

```
// => [["Fluffy", "Thor"], [], ["Sybil"]]

IEnumerable<Pet> flat = neighbors.Bind(n => n.Pets);
// => ["Fluffy", "Thor", "Sybil"]
```

通过使用 Map 生成一个嵌套的 Ienumerable，而 Bind 生成一个扁平的 IEnumerable (另外注意，无论你如何看待前面例子的结果，Bind 也不一定会产生比 Map 更多的项目，这确实使得 SelectMany 这个名称的选择看起来很奇怪)。

图 4.4 展示了 IEnumerable 的 Bind 的图形表示，特别是街坊示例中的类型和数据。

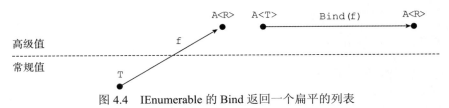

图 4.4　IEnumerable 的 Bind 返回一个扁平的列表

如你所见，每个函数应用程序都会生成一个 IEnumerable，然后将所有应用程序的结果平铺到单个 IEnumerable 中。

4.3.3　实际上，这被称为单子

现在让我们来归纳一下 Bind 的模式。如果我们使用 C<T>来表示一些包含 T 类型值的结构，那么 Bind 将接受一个该容器的实例和一个带签名(T→C<R>)的函数并返回一个 C<R>。所以 Bind 的签名总是采用以下形式：

```
Bind : (C<T>, (T→C<R>))→C<R>
```

可以看到，实际上，函子是定义一个适当 Map 函数的类型。类似地，单子是定义一个 Bind 函数的类型。

人们常说的单子绑定(monadic bind)不单指被称为 Bind 的函数,而指允许将类型视为单子的 Bind 函数。

4.3.4　Return 函数

除了 Bind 函数外，单子还必须具有一个 Return 函数,该函数将一个正常值 T"提升"到一个一元值 C<T>中。相对于 Option，便是我们在第 3 章中定义的 Some 函数。

什么是 IEnumerable 的 Return 函数呢？好吧，因为 IEnumerable 有多种实现，所以可通过很多可能的方法来创建一个 IEnumerable。在函数库中，我为 IEnumerable 调用了一个合适的 Return 函数，称为 List。

为坚持函数式设计原则，它使用了一个不可变的实现：

```
using System.Collections.Immutable;

public static IEnumerable<T> List<T>(params T[] items)
    => items.ToImmutableList();
```

List 函数不仅满足 Return 函数的要求——允许将一个简单的 T 提升到
IEnumerable<T>中，而且，多亏了 params 参数，我们有了一个很好的简化语法来
初始化列表：

```
using static F;

var empty      = List<string>();            // => []
var singleton  = List("Andrej");            // => ["Andrej"]
var many       = List("Karina", "Natasha"); // => ["Karina", "Natasha"]
```

总之，为 M<T>类型的单子所定义的函数如下：

```
Return : T → M<T>
Bind   : (M<T>, (T → C<R>)) → C<R>
```

Bind 和 Return 必须遵守的某些属性的类型被认为是"合适的"单子；这些被
称为单子定律(monad law)。第 8 章将讨论单子定律。

需要说的是，Return 应该只做将 T 提升到 M<T>所需的最少量的工作，而没
有其他工作。它应该尽可能愚钝。

4.3.5　函子和单子之间的关系

我说过函子是定义 Map 的类型，而单子是定义 Return 和 Bind 的类型。你已
经看到，Option 和 IEnumerable 都是函子和单子，因为已经定义了所有这些函数。

所以这个问题自然会出现，每个单子也是一个函子吗？每个函子也是单子
吗？为回答这个问题，下面再分析核心函数的签名：

```
Map    : (C<T>, (T → R)) → C<R>
Bind   : (C<T>, (T → C<R>)) → C<R>
Return : T → C<T>
```

如果你有一个 Bind 和 Return 的实现，你可通过它们来实现 Map：将函数 T
→R 作为 Map 的输入，通过与 Return 组合，可将其转变成一个类型为 T→C<R>
的函数，且该函数可作为 Bind 的输入。为验证这一点，我建议你在练习中使用
Bind 和 Return 来实现 Map。虽然该实现是正确的，但并不是最理想的，所以通常
会为 Map 赋予专门的实现，而不依赖于 Bind。

至于第二个问题，事实证明其答案是否定的：不是每个函子都是单子。Bind
不能用 Map 来定义，因此 Map 的实现不能保证可定义一个 Bind 函数。例如，有
些类型的树支持 Map 而不是 Bind。另一方面，本书讨论的大多数类型都可以定义
Map 和 Bind。

4.4　使用 Where 过滤值

在第 1 章中，你了解到使用 Where 来过滤 IEnumerable 的值的几种用法。事实证明，也可将 Where 定义为 Option。

代码清单4.5　过滤Option的内部值

```
public static Option<T> Where<T>
    (this Option<T> optT, Func<T, bool> pred)
    => optT.Match(
        () => None,
        (t) => pred(t) ? optT : None);
```

给定一个 Option 和一个谓词，如果给定的 Option 以 Some 开头，且其内部值满足谓词，则会得到 Some；否则将得到 None。这再次表明，将 Option 作为最多只包含一个项目的列表是合理的。

这里有一个简单用法：

```
bool IsNatural(int i) => i >= 0;
Option<int> ToNatural(string s) => Int.Parse(s).Where(IsNatural);

ToNatural("2")       // => Some(2)
ToNatural("-2")      // => None
ToNatural("hello")   // => None
```

这里将用法建立在 Int.Parse 上(已返回一个 Option)，以指示字符串是否已被正确地解析为一个 int，然后使用 Where 来额外地强制该值为正。

这就是我们对核心函数的初步探索。当你继续阅读本书时，你会见识到更多函数，但到目前为止所描述的 4 个函数可使你走得很远——正如第 5 章所述。

核心函数的多个名称

学习FP的障碍之一是相同的构造在不同的语言或库中被赋予不同的名称。核心函数就是这样的情况，所以我已经将其收录到表4.1中，以使你在别处遇到这些同义词时，能了解对应关系。

表4.1　核心函数的多个名称

LaYumba.Functional	LINQ	常见同义词
Map	Select	fMap, Project, Lift
Bind	SelectMany	FlatMap, Chain, Collect, Then
Where	Where	Filter
ForEach	n/a	Iter

在撰写本书和LaYumba.Functional库时，我已经确定为这些函数选择哪个名称，这些选择必然有些随意。ForEach和Where在.NET中是很好的名称和标准，

但如果将Select和SelectMany用于IEnumerable之外的函子/单子，将是不恰当的名称，所以我选用标准的Map和Bind，它们在FP文献中更简短、通用。

4.5　使用 Bind 来结合 Option 和 IEnumerable

我已经提到过，可将 Option 看成列表的特殊情况来理解，可以是空的(None)或只包含一个值(Some)。甚至可通过以下方法将 Option 转换为 IEnumerable，从而在代码中表达这一点：

```
public struct Option<T>
{
    public IEnumerable<T> AsEnumerable()
    {
        if (IsSome) yield return Value;
    }
}
```

如果 Option 是 Some，则作为结果的 IEnumerable 将生成一个项目；如果是 None，则不会生成任何项目。你现在可访问在 IEnumerable 上定义的所有扩展方法，如下例所示：

```
Some("thing").AsEnumerable().Count() // => 1
```

这实际上有用吗？在实践中，IEnumerable 常用来存储数据和 Option，以便在值不存在时跳过计算，因此它们的意图通常是不同的。

不过，某些情况下，将它们结合起来是有用的。有些情况下，你可能最终得到一个 IEnumerable<Option<T>>，反之亦然，即得到一个 Option<IEnumerable<T>>，并且你可能希望将其平铺到一个 IEnumerable<T>中。

例如，再分析调查例子，其中每个参与者被建模为一个 Subject，并且因为参与者是否透露年龄是可选的，所以 Subject.Age 被建模为 Option<Age>：

```
class Subject
{
    public Option<Age> Age { get; set; }
}

IEnumerable<Subject> Population => new[]
{
    new Subject { Age = Age.Of(33) },
    new Subject { },                      ← 没有透露
    new Subject { Age = Age.Of(37) },        年龄的人
};
```

可将参与者的详细信息存储在 IEnumerable<Subject>中。现在，假设你需要为那些选择透露年龄的参与者计算平均年龄。你如何解决呢？首先挑选 Age 的所有值：

```
var optionalAges = Population.Map(p => p.Age);
// => [Some(Age(33)), None, Some(Age(37))]
```

如果用 Map 来挑选调查者的年龄，则得到一个包含可选类型项的列表。由于可将 Option 看成一个列表，所以可将 optionalAges 看成一个包含列表项的列表。为将这种直觉转化为代码，下面给 Bind 添加一些重载将该 Option 转换为 IEnumerable，这样就可像平铺嵌套的 IEnumerable 那样应用 Bind：

```
public static IEnumerable<R> Bind<T, R>
    (this IEnumerable<T> list, Func<T, Option<R>> func)
    => list.Bind(t => func(t).AsEnumerable());

public static IEnumerable<R> Bind<T, R>
    (this Option<T> opt, Func<T, IEnumerable<R>> func)
    => opt.AsEnumerable().Bind(func);
```

尽管按照 FP 理论，Bind 只能在一种类型的容器上工作，但 Option 总能被"提升"到更通用 IEnumerable 的事实，使得这些重载是有效的，而且在实践中非常有用：

- 第一个重载可用来获得 IEnumerable<T>，Map 会给出 IEnumerable<Option<T>>，如当前的调查实例。
- 第二个重载可用来得到 IEnumerable<T>，而其 Map 会给出 Option<IEnumerable<T>>。

在调查场景中，现在可使用 Bind 过滤掉所有 None，并得到一个实际透露的年龄的列表：

```
var optionalAges = Population.Map(p => p.Age);
// => [Some(Age(33)), None, Some(Age(37))]

var statedAges = Population.Bind(p => p.Age);
// => [Age(33), Age(37)]

var averageAge = statedAges.Map(age => age.Value).Average();
// => 35
```

这使我们能利用 Bind 的"平铺"特性来过滤掉所有 None 情况。以上输出显示了调用 Map 和 Bind 的结果，以便你可以比较结果。

4.6   在不同抽象层级上编码

抽象(自然语言，而非 OOP)意味着不同具体事物的具体特征被删除，以呈现一个普遍的共同特征：概念。例如，当你说"你会看到一排房子"，或者"让鸭子站成一排"时，"排"的概念就会去除鸭子与房屋的任何不同之处，而只是捕获它们的空间位置。

诸如 IEnumerable 和 Option 的类型在核心上有这样一个概念抽象：它们内部值的所有特征都被抽象出来；这些类型只能捕获枚举值的能力，或者捕获可能不存在的值。大多数通用类型也是如此。

下面尝试归纳这一点；这样，你从 Option 中学到的知识有助于你理解本书后面介绍的(以及其他库中的)其他构造。

4.6.1　常规值与高级值

相对于处理非泛型类型(如 int 或 Employee)，当你处理诸如 IEnumerable<int> 或 Option<Employee> 的类型时，你将在更高的抽象层级上编码。下面将我们所处理的值界分为两类：

- 常规值，如 T
- 高级值，如 A<T>

这里，"高级"值意味着对应的常规类型的抽象。[5] 这些抽象便是构造，使我们能更好地处理和表示基础类型上的操作。更严格地说，抽象是一种向基础类型添加"作用(effect)"的方法。[6]

下面来看一些例子：

- Option 添加了可选性效应——不是 T，而是 T 的可能性。
- IEnumerable 添加了聚合效应——不是一个或两个 T，而是一个 T 的序列。
- Func 添加了惰性效应——不是 T，而是一个可被求值以获得 T 的计算。
- Task 添加了异步作用——不是 T，而是在某时刻你会得到一个 T 的承诺。

从上面的例子中可看出，自然界中与众不同的事物可被认为是抽象的。而观察这些抽象是如何运作的则更有趣。

回到常规值与高级值，你可将这些不同类型的值可视化，如图 4.5 所示。此图显示了一个常规类型的示例，即 int，它具有一些示例值，以及相应的抽象 A<int>，

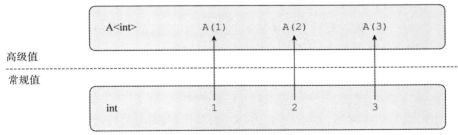

图 4.5　常规值和高级值

5　其他作者将高级值视为包装的、扩充的值等。
6　在此背景下，"作用(effect)"具有完全不同的含义，不应该与"副作用(side effect)"混淆。

其中 A 可以是任意抽象。箭头接受一个常规值并将其包装于对应的 A 中，代表了
Return 函数。

4.6.2　跨越抽象层级

有了这种类型的分类，便可对函数进行相应地分类。我们具有保持在同一抽象层级的函数，以及跨越抽象层级的函数，如图 4.6 所示。[7]

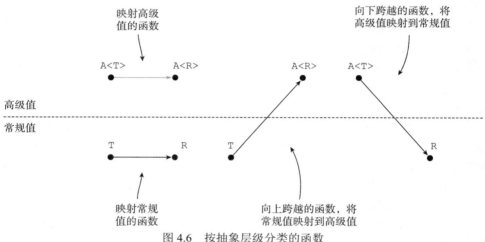

图 4.6　按抽象层级分类的函数

下面分析几个例子。函数(int i)=> i.ToString()具有签名 int→string，所以它将一个常规类型映射到另一个常规类型，显然属于第一类。

我们一直使用的 Int.Parse 函数的类型是 string→Option<int>，所以它是一个向上跨越的函数——属于第三类。Scott Wlaschin 将其称为跨界(world-crossing)函数，因为它们从正常值 T 的界域跨向了高级值 E<T>的界域。[8]

Return 函数(对于任何抽象 A 都具有类型 T→A<T>)是向上跨越的函数的一个特例，它除了向上跨越外什么也不做；这就是为什么我将 Return 显示为垂直向上的箭头，将其他任何向上跨越的函数都显示为对角线箭头。

第二类函数仍属于抽象范围。所以，如下函数便是一个明确的匹配：

```
(IEnumerable<int> ints) => ints.OrderBy(i => i)
```

其签名以 A<T>→A<R>的形式表示。但是，我们也应该在这个类别中包含任

　　7　这种分类并不是详尽无遗的，你可设想更多类别；在这些类别中，一个函数的应用会使你跳跃好几个抽象层级，或将你从一种抽象类型转移到另一种抽象类型。但这些可能是你将最常遇到的函数类型，因此该分类仍然是有用的。

　　8　请参阅 Scott 的文章 *Understanding map and apply*：http://fsharpforfunandprofit.com/posts/elevated-world/。

何以 A<T>开始(且具有一些额外参数)，但最终以 A<R>结束的函数。也就是说，其应用程序使我们保持抽象的任何函数；其签名将以(A<T>，...)→A<R>的形式出现。这包括我们见过的许多 HOF，如 Map、Bind、Where、OrderBy 等。

最后，向下跨越的函数——从一个高级值开始，最终得到一个常规值——包括 IEnumerable、Average、Sum、Count、Option 和 Match。

但注意，给定一个抽象 A，并不总是可以为 Return 定义一个向下的对象；也就是说，通常没有垂直向下的箭头。你总可将一个 int 提升到 Option<int>中，但不能将Option<int>降低为int——如果它是None怎么办？同样，你可将单个Employee包装到 IEnumerable<Employee>中，但没有明显的方法将 IEnumerable<Employee>降低为单个 Employee。

4.6.3　重新审视 Map 与 Bind

下面讲述如何使用这种新的分类来更好地理解 Map 和 Bind 之间的区别。

Map 接受一个类型为 A<T>的高级值 a 和一个类型为 T→R 的常规函数 f，并返回一个类型为 A<R>的高级值(通过将 f 应用于 a 的内部值并将结果提升为 A 来计算)。如图 4.7 所示。

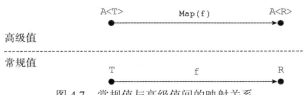

图 4.7　常规值与高级值间的映射关系

Bind 也接受一个类型为 A<T> 的高级值 a，但所接受的函数是一个向上跨越的类型为 T→A<R>的函数 f，并返回一个类型为 A<R>的高级值(通过将 f 应用于 a 的内部值来计算)。见图 4.8。[9]

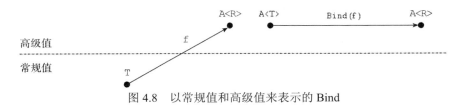

图 4.8　以常规值和高级值来表示的 Bind

如果你使用具有 T→A<R>类型的向上跨越的函数 Map，则最终将得到一个类型为 A<A<R >>的嵌套值。这个结果通常不符合预期，你应当改用 Bind。

9　计算值的准确程度取决于抽象，但这是一个很好的逼近。

4.6.4　在正确的抽象层级上工作

这种在不同抽象层级上进行工作的想法是很重要的。如果你总是处理常规值，则可能陷入低级别的操作，如循环、空检查等。在如此低的抽象层级上工作会效率低下，且容易出错。

在一个抽象层级中工作时，会有一个明确的舒适点，例如下面的代码片段(来自第 1 章)：

```
Enumerable.Range(1, 100).
    Where(i => i % 20 == 0).
    OrderBy(i => -i).
    Select(i => $"{i}%")
// => ["100%", "80%", "60%", "40%", "20%"]
```

一旦你使用 Range 从常规值转换为 IEnumerable<int>，所有后续计算都将保持在 IEnumerable 抽象中。也就是说，保持在一个抽象范围内，可让你很好地完成几个操作——下一章将对其进行深入研究。

这也将有一个"过于深入"的危险，那就是你正在处理的值的形式会是 $A<B<C<D<T>>>>$，每个级别都增加了一个抽象，将很难处理深藏的 T。这将是我在第 13 章中讲到的内容。

在本章中，你已经了解到一些使用 Option 和 IEnumerable 的核心函数的实现。虽然实现很简单，但给我们提供了一个用于处理 Option 的丰富 API，正如你惯于使用 IEnumerable 一样。可为 Option 和 IEnumerable 定义几种常见操作——适用于不同类型结构的模式。通过使用这个 API，可更好地理解 FP 的核心函数，并时刻准备处理更复杂的场景。

练习

1. 为 ISet<T>和 IDictionary<K, T>实现 Map(提示：首先用箭头符号写下其签名)。

2. 用 Bind 和 Return 实现 Option 和 IEnumerable 的 Map。

3. 使用 Bind 和一个返回 Option 类型的 Lookup 函数(例如第 3 章中定义的函数)来实现 GetWorkPermit，如下所示。然后丰富其实现，以便在工作许可证过期时，GetWorkPermit 可返回 None。

4. 使用 Bind 来实现 AverageYearsWorkedAtTheCompany，如下所示(只有已离职的员工才应该包括在内)。

```
Option<WorkPermit> GetWorkPermit(Dictionary<string, Employee> people
    , string employeeId) => // your implementation here...
```

```
double AverageYearsWorkedAtTheCompany(List<Employee> employees)
   => // your implementation here...

public class Employee
{
   public string Id { get; set; }
   public Option<WorkPermit> WorkPermit { get; set; }

   public DateTime JoinedOn { get; }
   public Option<DateTime> LeftOn { get; }
}

public struct WorkPermit
{
   public string Number { get; set; }
   public DateTime Expiry { get; set; }
}
```

小结

- 可将诸如 Option<T>和 IEnumerable<T>的结构视为容器或抽象，以便更有
  效地处理 T 型的基础值。
- 可区分常规值(例如 T)和高级值(如 Option<T>或 IEnumerable<T>)。
- FP 的一些核心函数允许你使用高级值来有效地工作：
  - Return 是一个函数，它接受一个常规值并将该值提升为一个高级值。
  - Map 将函数应用于结构的内部值，并返回一个包装了结果的新结构。
  - ForEach 是 Map 的一个副作用变体，它接受一个动作，为容器的每个
    内部值执行该动作。
  - Bind 将一个返回 Option 类型的函数映射到一个 Option，并平展结果以
    免产生嵌套的 Option——类似于 IEnumerable 和其他结构。
  - Where 会根据给定的谓词来过滤结构的内部值。
- Map 定义的类型称为函子。Return 和 Bind 定义的类型称为单子。

第 *5* 章

使用函数组合设计程序

本章涵盖的主要内容：
- 使用函数组合和方法链定义工作流
- 编写可组合性更好的函数
- 使用工作流处理服务器请求的一个端到端示例

函数组合不仅具有强大的表现力，而且友善，易用。在某种程度上适用于任何编程风格，尤其在 FP 中被广泛使用。例如，你是否注意到，当使用 LINQ 来处理列表时，只需要几行代码即可完成很多工作？这是因为 LINQ 是一个函数式API，设计时就考虑了组合。

本章将介绍函数组合的基本概念和技术，并通过 LINQ 来阐明其用途。还将实现一个端到端的服务器端工作流(workflow)；在这个工作流中，将使用第 4 章介绍的 Option API，将阐明函数式的许多思想及益处。

5.1 函数组合

首先回顾一下函数组合，以及它与方法链的关系。函数组合是任何程序员的隐式知识的一部分。这是一个你在学校就已经学过的数学概念，让我们来简单地复习一下它的定义。

5.1.1   复习函数组合

给定两个函数 *f* 和 *g*，可定义一个函数 *h* 作为这两个函数的组合，标记如下：

$$h = f \cdot g$$

将 *h* 应用于值 *x* 所得到的结果，与将 *g* 应用于值 *x* 以获得中间结果，然后将 *f* 应用于该中间结果得到的最终结果相同。表示如下，

$$h(x) = (f \cdot g)(x) = f(g(x))$$

例如，假设你想获得 Manning 出版社的工作人员的电子邮件地址。可用一个函数来计算本地部分(个人标识)，用另一个函数来追加域名：

```
static string AbbreviateName(Person p)
   => Abbreviate(p.FirstName) + Abbreviate(p.LastName);

static string AppendDomain(string localPart)
   => $"{localPart}@manning.com";

static string Abbreviate(string s)
   => s.Substring(0, 2).ToLower();
```

可组合 AbbreviateName 和 AppendDomain 这两个函数以获得一个新函数，这个新函数会生成 Manning 出版社的假想电子邮件。

代码清单5.1   将一个函数定义为两个现有函数的组合

```
Func<Person, string> emailFor =
   p => AppendDomain(AbbreviateName(p));    ◄─── emailFor 是 AppendDomain
                                                 与 AbbreviateName 的组合
var joe = new Person("Joe", "Bloggs");
var email = emailFor(joe);
// => jobl@manning.com
```

有几件事值得注意。首先，只能组合类型匹配的函数：如果你正在组合(*f* • *g*)，则 *g* 的输出必须可赋给 *f* 的输入类型。

其次，在函数组合中，函数的出现顺序与执行顺序相反。例如，在 AppendDomain (AbbreviateName(p))中，首先执行最右边的函数，然后执行最左边的函数。当然，这对于可读性来说并不理想，组合多个函数时尤其如此。

与其他语言不同，C#没有任何对于函数组合的特殊语法支持，尽管你可定义一个 HOF Compose 来组合两个或更多函数，但这并不会提高可读性。因此在 C# 中，通常改用方法链。

5.1.2　方法链

方法链的语法(即使用运算符 "."来链接多个方法的调用)提供了一种在 C# 中实现函数组合的更便于阅读的方法。给定一个表达式，你可基于该表达式的类型链接到所定义的任何实例方法或扩展方法。例如，上例需要改为：

```
static string AbbreviateName(this Person p)
    => Abbreviate(p.FirstName) + Abbreviate(p.LastName);
```
添加 this 关键字，使其成为扩展方法

```
static string AppendDomain(this string localPart)
    => $"{localPart}@manning.com";
```

你现在可链接这些方法来获取该人的电子邮件。

代码清单5.2　使用方法链的语法来组合函数

```
var joe = new Person("Joe", "Bloggs");
var email = joe.AbbreviateName().AppendDomain();
// => jobl@manning.com
```

注意，现在扩展方法是按执行顺序出现的。这显著提高了可读性，尤其是随着工作流的复杂性增加(更长的方法名称，额外的参数，更多的方法被链接)，因此方法链是在 C# 中实现函数组合的更好方法。

5.1.3　高级值界域中的组合

既然函数组合如此重要，所以也应该适用于高级值的界域中。还是在确定一个人的电子邮件地址的例子中，现在将 Option<Person> 作为起始值。你会假设以下内容：

```
Func<Person, string> emailFor =
    p => AppendDomain(AbbreviateName(p));
```
emailFor 是 AppendDomain 与 AbbreviateName 的组合

```
var opt = Some(new Person("Joe", "Bloggs"));

var a = opt.Map(emailFor);
```
←── 映射组合函数

```
var b = opt.Map(AbbreviateName)
        .Map(AppendDomain);
```
分步映射 AbbreviateName 和 AppendDomain

```
Assert.AreEqual(a, b);
```

也就是说，无论在单独的步骤中映射 AbbreviateName 和 AppendDomain，还是在单个步骤中映射它们的组合 emailFor，结果都不会变，而且你能在这两种形式之间安全地进行重构。

更通俗地讲，如果 $h = f \cdot g$，那么将 h 映射到一个函子应该等效于将 g 映射到该函子上，然后将 f 映射到结果上。这应该适用于任何函子和函数对——这是一

个函子定律，Map 的任何实现都应该遵守它。[1]

事实上，违反这条定律并不容易，但你可想出一个恶作剧性质的函子，也就是说，保持一个内部计数器来记录应用 Map 的次数(或每次调用 Map 时就改变其状态)，这样，先前的说法便不会成立，因为 b 比 a 的内部计数更大。

简而言之，Map 应将一个函数应用于函子的内部值，并且除此之外不做其他任何事情，以便函数组合在处理函子时保持正常值。其优点在于，你可使用任何编程语言的任何函数式库，并可放心地使用任何函数，重构(如前面代码片段中的 a 和 b 之间的变化)将是安全的。

5.2　从数据流的角度进行思考

你可以用函数组合来编写整个程序。每个函数都以某种方式处理其输入，其输出成为之后的函数的输入。当你这样做时，便开始从数据流的角度来看待程序了：程序只是一系列函数而已，而数据会流经程序，通过一个函数进入下一个函数。图 5.1 显示了一个线性流——最简单却最有用的一种。

图 5.1　数据流经一系列函数

5.2.1　使用 LINQ 的可组合 API

在上例中，我们通过将 AbbreviateName 和 AppendDomain 方法变成扩展方法使其可链接。这也是 LINQ 设计中采用的方法，如果查看 System.Linq. Enumerable 类，会发现它包含数十种使用 IEnumerable 的扩展方法。下面看一个使用 LINQ 来组织函数的一个例子。

试想一下，假设在给定人口中找到最富有的四分之一人口(即目标人口中最富有的 25%)的平均收入。可编写如下代码。

> **代码清单5.3　通过在Linq.Enumerable中链接方法来定义一个查询**

```
static decimal AverageEarningsOfRichestQuartile(List<Person> population)
    => population
        .OrderByDescending(p => p.Earnings)
        .Take(population.Count / 4)
        .Select(p => p.Earnings)
        .Average();
```

1　还有一个更简单的函子定律：如果你将同一性函数($x \Rightarrow x$) Map 到函子 f 上，结果函子与 f 是一致的。简而言之，同一性函数应该适用于函子的高级值界域。

可以看到使用 LINQ 来编写这个查询是多么便捷(相对于用控制流语句来命令式地编写相同的查询)。你可能觉得内部代码会遍历整个列表，而 Take 会有一个 if 检查来保证生成所需的项目数量，但你并不在乎。

相反，可采用"扁平的"工作流形式来安排函数的调用；这是一个线性的指令序列：

- 首先，对人口进行排序(最富有的排在前面)。
- 此后，只取前 25%。
- 再后，获取每个人的收入，并计算平均值。

请注意代码与工作流的描述是多么相似。下面从数据流的角度来观察：你可将 AverageEarningsOfRichestQuartile 函数看成一个非常简单的程序。它的输入是一个 List<Person>，其输出是一个 decimal。

此外，AverageEarningsOfRichestQuartile 实际上是四个函数的组合，所以输入数据通过四个变换步骤"流动"，从而逐步转换为输出值，如图 5.2 所示。

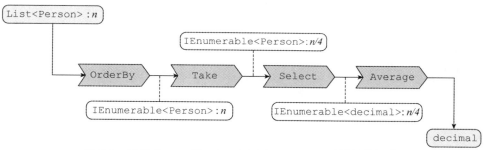

图 5.2　流经 AverageEarningsOfRichestQuartile 函数的数据流

第一个函数 OrderByDescending 保留了数据的类型，并生成按收入排序的人口。第二步也保留了数据类型，但改变了基数：如果输入人口由 *n* 人组成，Take 只生成 *n*/4 人。Select 保留了基数，但将类型改为 decimals 列表，Average 再次将类型改为返回单个 decimal 值。[2]

下面概括一下该数据流的思想，这样它不仅适用于 IEnumerable 的查询，还适用于一般数据。每当程序中发生一些有趣的事情(一个请求、一个鼠标点击，或者程序启动)时，你便可将这些事情当作输入。这里的输入便是数据，然后经过一系列转换，流经程序中的一系列函数。

5.2.2　编写可组合性更好的函数

代码清单 5.3 显示了简单的 AverageEarningsOfRichestQuartile 函数，演示了

---

2 Average 也会导致整个方法链被求值，因为它是链中唯一的"贪婪"方法。

LINQ 库的设计如何让你将通用函数组合到特定查询中。

有一些特性可使得一些函数比其他函数更具有可组合性：[3]

- **纯洁性**——如果函数具有副作用，那么它的可复用性就会降低。
- **可链性**——一个 this 参数(隐式的实例方法和显式的扩展方法)使其可通过链接进行组合。
- **一般性**——函数越具体，可组合性就越差。
- **保形性**——函数保留了结构的"形状"；所以，如果接受一个 IEnumerable，也会返回一个 IEnumerable，以此类推。

当然，函数比动作更具有可组合性。因为一个 Action 没有输出值，所以它只是一个死胡同，只能出现在一个管道的末尾。

注意所使用的 LINQ 函数基于这些标准的得分都是 100%，除了 Average(不具备保形性)。还要注意 Option API 中所定义的核心函数也达到了这些标准。

AverageEarningsOfRichestQuartile 的可组合性如何呢？好吧，大约是 40%：它具有纯洁性，有一个输出值，是非常具体的函数而非一个扩展方法。下面分析这是如何影响一些客户端代码的，并对这些代码进行测试：

```
[TestCase(ExpectedResult = 75000)]
public decimal AverageEarningsOfRichestQuartile()
{
    var population = Range(1, 8)
        .Select(i => new Person { Earnings = i * 10000 })
        .ToList();

    return PopulationStatistics
        .AverageEarningsOfRichestQuartile(population);
}
```

测试通过，却表明 AverageEarningsOfRichestQuartile 不共享所组合的 LINQ 方法的特质；它不具有可链性，且如此具体，以至于你很难指望对其进行复用。下面做一些改变：

(1) 将其分解为两个更一般的函数：AverageEarnings(以便你可查询人口中任何部分的平均收入)和 RichestQuartile(毕竟，最富有的四分之一还有其他许多特性令人感兴趣)。

(2) 使它们成为扩展方法，以使它们可被链接：

```
public static decimal AverageEarnings
    (this IEnumerable<Person> population)
    => population.Average(p => p.Earnings);

public static IEnumerable<Person> RichestQuartile
```

---

3 这些是一般性指导原则：始终可组合那些没有这些特性的函数，但在实践中，这些特性对于组合这些函数是非常便利和有用的良好指标。

```
    (this List<Person> pop)
    => pop.OrderByDescending(p => p.Earnings)
        .Take(pop.Count / 4);
```

注意实现该重构是多么容易！这是因为我们重构了函数的组合性质：新函数只组合了较少的初始构建块(如果你用 for 和 if 语句实现相同的逻辑，那么重构就可能不会那么容易)。

现在可重写这个测试，如下所示：

```
[TestCase(ExpectedResult = 75000)]
public decimal AverageEarningsOfRichestQuartile()
    => SamplePopulation
        .RichestQuartile()
        .AverageEarnings();

List<Person> SamplePopulation
    => Range(1, 8)
        .Select(i => new Person { Earnings = i * 10000 })
        .ToList();
```

现在可看到该测试的可读性更好了。通过重构为更简短的函数和扩展方法的语法，你已经创建了更具可组合性的函数和更易读的接口。

在本节中，你已经见识到 LINQ 如何提供一组易于组合的函数，这些函数可与 IEnumerable 有效地一起工作。接下来，你将了解在使用 Option 时如何使用声明性的、扁平的工作流(workflow)。首先阐明的工作流的含义及其重要性。

5.3　工作流编程

工作流是理解和表达应用需求的有效方式。工作流是一个有意义的操作序列，可产生理想的结果。例如，烹饪食谱描述了准备一道菜肴的工作流程。

工作流可通过函数组合来有效地建模。工作流中的每个操作都可通过一个函数来执行，这些函数可被组合到执行工作流的函数管道中——正如你在前面的例子中所见，涉及数据流经一个 LINQ 查询的不同转换。

我们现在要分析服务器处理命令的更复杂工作流。情景是一个用户请求通过 Codeland 银行(BOC)的网上银行应用进行汇款。我们只关注服务器端，所以当服务器收到一个转账请求时，将启动工作流。可写下如下的工作流规范：

(1) 验证转账的请求。

(2) 加载账户。

(3) 如果账户有足够资金，则从账户中扣除金额。

(4) 将更改保留到账户。

(5) 通过 SWIFT 网络对资金进行电汇。[4]

5.3.1 关于验证的一个简单工作流

整个汇款的工作流相当复杂，为便于研究和讨论，将其简化为：

(1) 验证转账的请求。

(2) 预定转账(所有后续步骤)。

也就是说，假设验证后的所有步骤都是实际预定转账的子流程的一部分——当然，只有通过验证后才能触发(见图 5.3)。

图 5.3 工作流示例：在处理请求之前验证请求

下面尝试实现这个高级别的工作流。假设服务器使用 ASP.NET Core 来公开一个 HTTP API，并设置它(以便请求被验证并路由到适当的 MVC 控制器)，使其成为实现该工作流的切入点：

```
using Microsoft.AspNetCore.Mvc;

public class MakeTransferController : Controller
{
    IValidator<MakeTransfer> validator;        ← 到达的 POST 请求将
    [HttpPost, Route("api/MakeTransfer")]         被路由到此方法
    public void MakeTransfer
        ([FromBody] MakeTransfer transfer)     ← 请求体将被反序列化
    {                                             为一个 MakeTransfer
        if (validator.IsValid(transfer))
            Book(transfer);
    }

    void Book(MakeTransfer transfer)
        => // actually book the transfer...
}
```

有关转账请求的详细信息将作为 MakeTransfer 类型被捕获，该类型将在用户的请求体中被发送。将验证委托给"控制器所依赖的"服务，它实现了如下接口：

```
public interface IValidator<T>
{
    bool IsValid(T t);
}
```

---

4 SWIFT 是银行之间的网络；对我们而言，这只是我们需要进行通信的第三方应用而已。

现在到了有趣的部分，即工作流本身：

```
public void MakeTransfer([FromBody] MakeTransfer transfer)
{
    if (validator.IsValid(transfer))
        Book(transfer);
}

void Book(MakeTransfer transfer)
=> // actually book the transfer...
```

这是显式控制流程的命令式方法。我始终非常谨慎地使用 if：一个单独的 if 可能看起来无害，但如果有了一个先例，那么随着需求的增加，数十个嵌套的 if 将随之而来，且无法阻止，接下来的复杂性将使应用程序容易出错，难以推理。

接下来，我们将分析如何使用函数组合来代替 if 结构。

5.3.2　以数据流的思想进行重构

还记得关于数据流经各个函数的想法吗？下面尝试将转账请求视为数据流经验证流程，并进入将执行转账的 Book 方法，如图 5.4 所示。

MakeTransfer ▷ Validate ▷ Book ▷ ()

图 5.4　将验证视为数据流中的一个步骤

但类型方面却存在一些问题：IsValid 返回一个 Boolean，而 Book 需要一个 MakeTransfer 对象，所以这两个函数不可组合，如图 5.5 所示。

图 5.5　不匹配的类型阻止了函数组合

此外，我们需要确保请求数据能流经验证过程，并且只有在通过验证的情况下才能进入 Book。有了 Option，我们可使用 None 来表示一个无效的转账请求，使用 Some<MakeTransfer> 则表示一个有效的转账请求。

注意，这样做时，我们正在扩展 Option 的含义：我们阐释了 Some 不仅表示数据的存在，而且表示有效数据的存在，正如在智能构造函数模式中所做的一样。

现在可以像下面这样重写控制器方法。

```
public void MakeTransfer([FromBody] MakeTransfer transfer)
   => Some(transfer)
      .Where(validator.IsValid)
      .ForEach(Book);

void Book(MakeTransfer transfer)
   => // actually book the transfer...
```

我们将转账数据提升到 Option 中，并通过 Where 应用谓词 IsValid；如果验证失败，将生成一个 None，这种情况下不会调用 Book。在该例中，高度可组合的函数可让我们将所有东西粘合在一起。这种风格可能并不常见，但实际上非常易读："如果有效则继续转账，然后预定。"

5.3.3　组合带来了更大的灵活性

一旦拥有了适当的工作流，就可以轻松地进行更改，例如向工作流添加一个步骤。假设你想在验证之前对请求进行规范化，以免空白和大小写之类的问题导致验证失败。

该怎么做？你只需要定义一个执行新步骤的函数，然后将其集成到工作流中即可。

```
public void MakeTransfer([FromBody] MakeTransfer transfer)
   => Some(transfer)
      .Map(Normalize)            ◀———— 将一个新步骤插入工作流中
      .Where(validator.IsValid)
      .ForEach(Book);

MakeTransfer Normalize(MakeTransfer request) => // ...
```

总之，如果你有一个业务工作流，则应该通过组合一组函数来表达它，其中每个函数代表工作流中的一个步骤，组合代表工作流本身。图 5.6 显示了从工作流中的步骤到管道中的函数的一对一转换。

MakeTransfer ＞ Normalize ＞ Validate ＞ Book ＞ ()

图 5.6　用函数组合构建线性工作流

准确地说，在本示例中，我们并不是直接组合这些函数(如你所见，签名不允许这样做)，而将其作为在 Option 上定义的 HOF 参数，如图 5.7 所示。

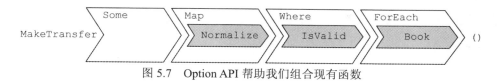

图 5.7　Option API 帮助我们组合现有函数

接下来分析如何实现其余的工作流。

5.4　介绍函数式领域建模

领域建模意味着创建特定于所讨论业务领域的实体和行为的表示形式。在本示例中，我们需要一个银行账户的表示形式，转账资金将从中扣除。第 9 章将更详细地讨论领域建模，在当前场景中，我们只需要理解其基本原理即可。

下面从银行账户的一个简化表示开始，只用它来捕获账户余额。这足以说明OO(面向对象)和函数式化之间的根本区别。OO 的实现可能看起来如下所示。

代码清单5.6　在OOP中，对象捕获数据和行为

```
public class Account
{
    public decimal Balance { get; private set; }

    public Account(decimal balance) { Balance = balance; }

    public void Debit(decimal amount)
    {
        if (Balance < amount)
            throw new InvalidOperationException("Insufficient funds");

        Balance -= amount;
    }
}
```

在 OOP 中，数据和行为存在于同一个对象中，对象中的方法通常可修改对象的状态。相比之下，在 FP 中，数据是用"哑"数据对象捕获的，而行为是在函数中编码的，所以我们将两者分开。我们将使用仅包含状态的 AccountState 对象，以及一个包含与账户交互的函数的静态 Account 类。

更重要的是，注意前面的 Debit 实现是如何充满副作用的：如果业务验证失败则会出现异常，还涉及状态变化。相反，我们将把 Debit 变成一个纯粹的函数。我们将不必修改现有实例，而是返回对应于新余额的一个新 AccountState。如果账户上的资金不足，如何避免借记呢？其实，现在你应该已经学会了这个诀窍！那就是使用 None 表示无效状态，并跳过之后的计算！

下面是与代码清单 5.6 相对应的函数式代码。

代码清单5.7 FP分离了数据和行为

没有 setter，所以
AccountState 是不
可变的

```
public class AccountState          ◄── 只包含数据
{
    public decimal Balance { get; }

    public AccountState(decimal balance) { Balance = balance; }
}

public static class Account          ◄── 只包含纯逻辑
{
    public static Option<AccountState> Debit
      (this AccountState acc, decimal amount)
    => (acc.Balance < amount)
       ? None
       : Some(new AccountState(acc.Balance - amount));
}
```

这里的 None
表明借记操
作失败

Some 包装了账户的新
状态作为操作的结果

注意代码清单 5.6 中 Debit 的 OO 实现是不可组合的：它具有副作用并返回
void。代码清单 5.7 中的函数式对应则完全不同：它是一个纯函数，并返回一个
值，该值可用作链中下一个函数的输入。接下来，我们会将其集成到端到端的
工作流中。

5.5 端到端的服务器端工作流

现在我们已经有了主要的工作流框架和简单的领域模型，我们已经准备好完
成端到端的工作流。但我们仍然需要实现 Book 函数，应该执行以下操作：

- 加载账户。
- 如果账户有足够资金，则从账户中扣除金额。
- 将更改保留到账户。
- 通过 SWIFT 网络对资金进行电汇。

下面定义两个捕获 DB(数据库)访问和 SWIFT 访问的服务：

```
public interface IRepository<T>
{
    Option<T> Get(Guid id);
    void Save(Guid id, T t);
}

interface ISwiftService
{
    void Wire(MakeTransfer transfer, AccountState account);
}
```

使用这些接口仍是 OO 模式，但这里暂且保留(你将在第 7 章中看到如何"只

使用函数"）。注意 IRepository.Get 返回一个 Option 来承认这样一个事实，即不能保证任何给定的 Guid 都能找到一个项目。

以下是已完全实现的控制器，包括到现在仍缺的 Book 方法。

代码清单5.8　控制器中端到端工作流的实现

```
public class MakeTransferController : Controller
{
    IValidator<MakeTransfer> validator;
    IRepository<AccountState> accounts;
    ISwiftService swift;

    public void MakeTransfer([FromBody] MakeTransfer transfer)
        => Some(transfer)
            .Map(Normalize)
            .Where(validator.IsValid)
            .ForEach(Book);

    void Book(MakeTransfer transfer)
        => accounts.Get(transfer.DebitedAccountId)
            .Bind(account => account.Debit(transfer.Amount))
            .ForEach(account =>
              {
                accounts.Save(transfer.DebitedAccountId, account);
                swift.Wire(transfer, account);
              });
}
```

下面分析新添加的 Book 方法。注意，accounts.Get 返回一个 Option(以应对找不到给定 ID 的账户的情况)，Debit 也返回一个 Option(以防资金不足)。因此，我们使用 Bind 来组合这两个操作。最后，我们使用 ForEach 来执行所需的副作用：用新的、较低的余额储存账户，并将资金电汇到 SWIFT。

整个解决方案中存在几个明显的缺点。首先，如果在这个过程中出现了问题，我们会有效地使用 Option 来停止计算，但我们并没有向用户反馈具体原因。在第 6 章中，你将了解到如何用 Either 和相关的结构来弥补这个问题；这使你可捕获错误的详细信息，但不会从根本上改变此处显示的方式。

另一个问题是，储存账户和电汇资金应以原子方式完成：如果这个过程中途失败，我们可将资金存入银行，而不必将它们发送到 SWIFT。这个问题的解决方案与基础设施相关，而非特定于 FP。[5] 讨论完缺点后，让我们再来讨论一下优点吧。

5　这个问题在分布式体系结构中很困难且相当普遍。如果将账户存储在数据库中，你可能试图打开一个 DB(数据库)事务，将该账户保存在事务中，电汇资金，并且只在完成后才提交。如果这个过程在电汇资金后(但在交易前)死亡，这仍然使你无法得到保护。一个彻底的解决方案是，以原子方式创建单个代表两个操作的"任务"，并且只有在成功执行这两项任务时才执行这两项工作并移除这两个过程。这意味着任何操作都可能多次执行，因此需要对操作进行幂等性规定。关于这些问题和解决方案的参考文献是 *Enterprise Integration Patterns*，作者是 Gregor Hohpe 和 Bobby Woolf (Addison-Wesley, 2004)。

5.5.1　表达式与语句

代码清单 5.8 中的控制器有一点非常突出：没有 if 语句，没有 for 语句……实际上，几乎没有任何语句！

函数式和命令式风格之间的一个根本区别是命令式代码依赖于语句；函数式代码依赖于表达式。有关这些不同之处，请参阅"表达式、语句、声明"补充说明。本质上，表达式具有值；而语句则没有。诸如函数调用的表达式"可能"有副作用，而语句"只有"副作用，所以它们不可组合。

如果你通过组合函数来创建工作流，那么副作用通常出现在工作流的结尾处：诸如 ForEach 的函数没有有用的返回值，所以是管道的尾端。这有助于隔离副作用。

不使用语句编程的想法并不离奇，正如本章和前面章节中的代码所表明的那样，这在 C#中完全可行。注意，唯一的语句是两个位于最后的 ForEach；这很好，因为我们希望有两个副作用——隐藏起来并没有任何意义。

我建议你尝试用表达式编码。虽然它并不能保证好的设计，但肯定会促进更好的设计(从 C# 6 开始有一个新说法：如果有花括号，便是一个语句)。

> **表达式、语句、声明**
>
> 表达式包括任何会生成值的东西，例如：
> - 字面值，如123或"something"
> - 变量，如x
> - 调用，如" hello".ToUpper()或Math.Sqrt(Math.Abs(n)+ m)
> - 运算符和运算对象，比如a || b、b?x:y或new object()
>
> 表达式可用于任何需要值的地方，如作为函数调用的参数或作为函数的返回值。
>
> 语句是程序的指令，如赋值、条件(if/else)、循环等。
>
> 声明(类、方法、字段等)通常被认为是语句，但为了便于讨论，最好将它们视为独立的类别。无论你喜欢语句还是表达式，声明都是必要的，所以最好将其排除在"语句与表达式"之外。

5.5.2　声明式与命令式

当我们更喜欢表达式而非语句时，代码会变得更具声明性。"声明"其正在计算什么，而非命令计算机在计算中执行何种操作。换句话说，它是更高级、更接近人类的交流方式。

例如，控制器中的顶层工作流如下所示：

```
=> Some(transfer)
  .Map(Normalize)
  .Where(validator.IsValid)
  .ForEach(Book);
```

Map 和 Where 等在操作之间基本充当粘合剂，是工作流的重要定义。这意味着代码更接近自然语言，更易于理解和维护。表 5.1 比较了命令式和声明式风格。

表 5.1　比较命令式和声明式的风格

命令式	声明式
告诉计算机做什么；例如，"将此项添加到此列表"。	告诉计算机你想要什么；例如"给我所有符合条件的项目"。
主要依赖于语句。	主要依靠表达式。
副作用无处不在。	副作用通常出现在表达求值的结尾处。[6]
语句可很容易地翻译成机器指令	将表达式转换为机器指令的过程中，存在更多间接方法(因此有更大的优化潜力)

另外值得指出的是，由于声明性代码较高级，因此很难查看其实现，难以看到其在没有可信单元测试的情况下工作。这实际上是一件好事：通过单元测试来说服自己，要比查看代码并觉得代码像在做正确的事情(形成了误判)要好得多。

5.5.3　函数式分层

我们所看到的实现可很自然地用函数组合来构建应用程序。在任何复杂的应用程序中，我们都倾向于引入某种形式的分层，以区分高层级到低层级组件的层次结构,最高层组件是应用程序(在本例中为控制器)的入口点，最低层是退出点(在本例中为存储库和 SWIFT 服务)。

遗憾的是，在我所从事的许多项目中，分层更多是一种诅咒而非祝福，因为你需要遍历任何操作的多个层次。存在层间结构调用趋势，如图 5.8 所示。

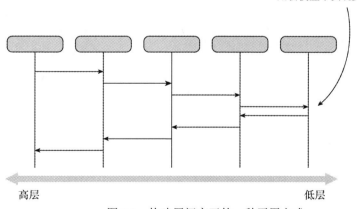

架构死板，低层组件的副作用会使整个实现变得不纯

高层　　　　　　　　　　　　　　低层

图 5.8　构建层间交互的一种无用方式

6　这是因为副作用函数通常不会返回可用于进一步求值的有用值。

　　在这种方法中，有一个隐性的假设，即一个分层只能调用紧邻的分层。这会使得架构死板。此外，这意味着整个实现将是不纯的：因为最低层的组件有副作用(它们通常访问数据库或外部的 API)，上面的一切都是不纯的——一个函数调用了一个不纯的函数，其本身也是不纯的。

　　在本章展示的方法中，层之间的交互看起来更像图 5.9。

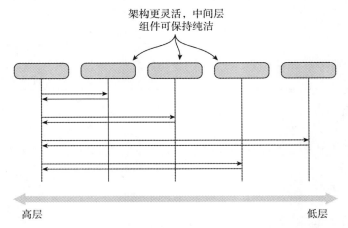

图 5.9　一个高层工作流，由较低层组件公开的函数组成

　　也就是说，更高层的组件可依赖于任何较低层的组件，而反之亦然——这是更灵活且有效的分层方法。在本例中，有一个高层工作流，它由低层组件公开的函数组成。

　　这里有几个好处：

- 你可清楚地总览顶层组件中工作流(但请注意，这并不妨碍你在较低层组件中定义子工作流)。
- 中间层组件可以是纯洁的。

　　在本例中，组件之间的交互如图 5.10 所示。

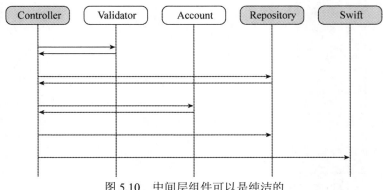

图 5.10　中间层组件可以是纯洁的

正如你所了解到的，领域表示可以(且应该)仅由纯函数组成，不与下层的组件交互，只基于输入计算结果。其他功能也是如此，例如验证(取决于验证包含的内容)。因此，这种方法可帮助你隔离副作用并便于测试。由于领域模型和其他中间层组件是纯函数，因此可轻松地对其进行测试而不需要模拟。

练习

1. 在不查看任何代码或文档的情况下，编写出用于实现 AverageEarnings-OfRichestQuartile 的函数 OrderBy、Take 和 Average 的类型。

2. 使用 MSDN 文档检查你的答案：https://docs.microsoft.com/en-us/dotnet/api/system.linq.enumerable。Average 有何不同？

3. 实现一个接受两个一元函数的通用 Compose 函数，并返回这两个一元函数的组合。

小结

- 函数组合指将两个或两个以上的函数组合成一个新函数，它广泛用于 FP 中。
- 在 C#中，扩展方法的语法允许你通过链接方法来使用函数组合。
- 如果函数具有纯洁性、可链性和保形性，即可被组合。
- 工作流是通过函数管道在程序中有效表达的操作序列：工作流的每个步骤都有一个函数，每个函数的输出都被输入下一个函数中。
- LINQ 库有一组丰富的、易于组合的函数来处理 IEnumerable，你可将其作为灵感来编写自己的 API。
- 与命令式代码不同，函数式代码偏向于表达式而非语句。
- 依赖于表达式将使你的代码更具声明性，也因此更具可读性。

第 II 部分

函数式风格

本部分的内容建立在第 I 部分的基础上，你将了解到在第 I 部分中针对有限情景引入的一些技术是怎样得到推广的，从而能以函数式风格编写整个应用程序。

第 6 章讨论函数式的验证和错误处理。

第 7 章展示如何仅用函数对应用程序进行模块化和组合(使用偏函数和强大的 Aggregate 函数)。

第 8 章讨论另一个核心函数 Apply，还介绍如何实现 LINQ 查询模式，并比较一些函数式模式，如应用式(applicative，即加强版函子或可适用函子)和单子(monad)。第 8 章还介绍一种称为基于属性的测试(property-based testing)的技术，该技术会验证代码，通过向代码中抛入随机数据来观察某一属性。

第 9 章讨论通过不可变的数据对象和数据结构来表示状态、标识和变化的函数式方法。这些原理不仅适用于内存数据，也适用于数据库级别，这将在第 10 章中介绍。

当第 II 部分结束时，你将获得一组工具，使你能使用端到端的函数式方法有效处理许多编程任务。

第 *6* 章

函数式错误处理

本章涵盖的主要内容:
- 用Either表示二选一的输出
- 链接操作可能失败
- 区分业务验证和技术错误

错误处理是应用程序的重要组成部分,函数式和命令式编程风格间截然不同的一面是:

- 命令式编程使用诸如 throw 和 try/catch 的特殊语句,这会中断正常的程序流程,从而引入副作用,如第 2 章所述。
- 函数式编程努力减少副作用,所以通常可避免抛出异常。相反,如果一个操作可能失败,则应该返回输出的表示,包括成功或失败的表示,以及对应的结果(如果成功)或一些错误数据。换言之,FP 中的错误只是有效载荷(payload)。

基于异常的命令式方法存在很多问题。有人说 throw 和 goto 具有类似的语义,这引出了"为什么命令式程序员放弃了 goto 而不是 throw"的问题。[1]关于何时使用异常以及何时使用其他错误处理技术,也存在很多易混淆之处。我认为函数式方法使得错误处理变得更清晰,希望通过本章的例子使你确信这一点。

我们将研究如何将这种函数式方法付诸实践,以及如何通过函数签名来明确它是可失败的(通过在有效载荷中使用包含错误信息的类型)。这样,错误就像其

1　其实我觉得 throw 比 goto 差太多了。后者至少跳转到一个明确的位置;而若使用 throw,你并不知道接下来会执行什么代码,除非你在发生 throw 的代码中去探索所有可能的路径。

他任何值一样，可供在调用函数中使用。

6.1 表示输出的更安全方式

在第 3 章中，你已经了解到 Option 不仅可用来表示没有值，还可用来表示没有有效值。也就是说，可使用 Some 来表示一切正常，而 None 表示出现了错误。换言之，使用 Option 类型有时可以较圆满地实现函数式错误处理。这里有几个例子：

- **解析数字**——解析"数字的字符串表示"的函数可返回 None，以指示给定字符串不是数字的有效表示。
- **从集合中检索项目**——可返回 None 来指示找不到合适的项，并使用 Some 来包装正确检索的值。

此类情况下，实际上只有一种方式可使函数不返回有效结果，且是以 None 表示的。返回 Option<T> (而不仅是 T)的函数在其签名中承认了操作可能失败，并且你可使用指示 Option 状态的 isSome 标志(参见代码清单 3.7)作为表示成功或失败的附加有效负载。

如果操作有多种可能的失败方式呢？例如，如果 BOC 应用程序收到一个复杂的请求，如汇款请求，该怎么办？当然，用户不仅需要知道转账是否被成功预定，而且在失败的情况下也需要知道失败的原因(可能多种原因)。

这种情况下，Option 的能力太有限，因为它没有传达操作失败原因的任何详细信息。因此，我们需要一种更丰富的方式来表示输出——其中包括有关错误的信息。

6.1.1 使用 Either 捕获错误细节

关于这个问题的一个经典函数式方法是使用 Either 类型，在具有两个可能输出的操作上下文中，捕获已发生输出的细节。按照约定，分别用 Left 和 Right 来表示这两种可能的输出(如图 6.1 所示)，将生成 Either 的操作比作一条岔路: 事情的发展可能是这样的或是那样的。

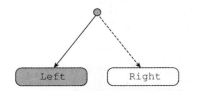

图 6.1　Either 表示两种可能的输出之一

Either 最常见的用法是表示可能失败的操作的输出，这种情况下，Left 用于表示失败，Right 用于表示成功。所以，请记住这一点:

- Right = "正确的"

● Left = "错误的"

在这种词义中，Either 就像一个已经被填充了一些关于错误数据的 Option。Option 可处于 None 或 Some 状态，而 Either 可处于 Left 或 Right 状态，如表 6.1 所示。

表 6.1　Option 和 Either 都可表示可能的失败

	失败	成功
Option<T>	None	Some(T)
Either<L,R>	Left(L)	Right(R)

如果 Option 可被象征性地定义为：

```
Option<T> = None | Some(T)
```

类似地，Either 可定义为：

```
Either<L, R> = Left(L) | Right(R)
```

注意，Either 有两个泛型参数，可以是以下两种状态之一：

● Left(L)包装类型 L 的值，捕获有关错误的详细信息。
● Right(R)包装类型 R 的值，表示一个成功的结果。

下面来看基于 Option 的接口与基于 Either 的接口的不同之处。想象一下，你正在做一些 DIY，要去商店买一个需要的工具。如果该项目不可购得，基于 Option 的店主只会说："对不起，没有"，就是这样。基于 Either 的店主会给你更多信息，比如"我们要到下周才进货"，或者"该产品已经停产"。你可根据这些信息做进一步的决定。

那么一个骗人的店主，如果卖完了，会卖给你一件看起来像你所追求的产品，但当你使用它时会在你的面前爆炸。那么，这就是命令式的、抛出异常的接口。如图 6.2 所示。

图 6.2　类比例子

由于 Either 的定义与 Option 类似，所以可使用相同的技术来实现。在我的 LaYumba.Functional 库中，有两个泛型类型 Left<L>和 Right<R>，它们包装单个值，都可隐式转换为 Either<L, R>。为方便起见，类型 L 和 R 的值也可隐式转换为 Either<L, R>。

你可在代码示例中看到完整实现，但这里并不对其进行介绍，因为与 3.4.3 节中讨论的有关 Option 的实现相比，没有什么新东西可言。相反，让我们在 REPL 中使用 Either。与往常一样，你需要事先引用 LaYumba.Functional：

```
#r "functional-csharp-code\src\LaYumba.Functional\bin\Debug\netstandard1.6\
➡ LaYumba.Functional.dll"
using LaYumba.Functional;
using static LaYumba.Functional.F;
```

现在创建一些 Either：

```
Right(12)                  ┐用 Right 状态创
// => Right(12)            ┘建一个 Either

Left("oops")              ┐用 Left 状态创建
// => Left("oops")        ┘一个 Either
```

很简单吧！现在让我们编写一个函数，它使用 Match 根据 Either 的状态来计算不同的值：

```
string Render(Either<string, double> val) =>
   val.Match(
     Left: l => $"Invalid value: {l}",
     Right: r => $"The result is: {r}");

Render(Right(12d))
// => "The result is: 12"

Render(Left("oops"))
// => "Invalid value: oops"
```

现在你已经知道如何创建和使用 Either，下面来看一个稍微有趣的示例。设想一个执行简单计算的函数：

```
f(x, y) → sqrt(x / y)
```

为正确地执行计算，我们需要确保 y 是非零的，并且 x/y 的比率是非负的。如果其中一个条件不符合，我们想知道是哪一个。因此，计算返回后，比方说，在理想路径下是一个 *double*，否则是一个含有错误信息的 *string*。这意味着该函数应该返回 *Either<string, double>*——请记住，成功的类型是右边的那个。其实现方式如下。

```
using static System.Math;

Either<string, double> Calc(double x, double y)
{
    if (y == 0) return "y cannot be 0";

    if (x != 0 && Sign(x) != Sign(y))
        return "x / y cannot be negative";

    return Sqrt(x / y);
}
```

Calc 的签名清楚地声明将返回一个包装 string 或 double 的结构，而实际上该实现确实返回 string(错误消息)或 double(计算结果)。在任意一种情况下，返回的值都将被隐式提升到 Either 中。

下面在 REPL 中进行测试：

```
Calc(3, 0)    // => Left("y cannot be 0")
Calc(-3, 3)   // => Left("x / y cannot be negative")
Calc(-3, -3)  // => Right(1)
```

因为 Either 与 Option 非常相似，所以你可能认为 Option 的核心函数在 Either 中有对应函数。下面来看看。

6.1.2 处理 Either 的核心函数

与 Option 一样，我们可用 Match 来定义 Map、ForEach 和 Bind。因 Left 情况用于表示失败，因此在 Left 情况下跳过计算：

```
public static Either<L, RR> Map<L, R, RR>
    (this Either<L, R> either, Func<R, RR> f)
    => either.Match<Either<L, RR>>(
        l => Left(l),
        r => Right(f(r)));

public static Either<L, Unit> ForEach<L, R>
    (this Either<L, R> either, Action<R> act)
    => Map(either, act.ToFunc());

public static Either<L, RR> Bind<L, R, RR>
    (this Either<L, R> either, Func<R, Either<L, RR>> f)
    => either.Match(
        l => Left(l),
        r => f(r));
```

在 Left 情况下，跳过计算，值 Left 被传递

这里有几点需要指出。在任何情况下，只有在 Either 是 Right 的情况下，才能应用这个函数。[2]

---

[2] 这就是所谓的 Either 的结果偏移实现。也有不同的，即 Either 的结果不偏移的实现，但并不用于表示错误/成功的命题，而是两条同样有效的路径。在实践中，结果偏移的实现被广泛使用。

这意味着如果我们将 Either 当作一条岔路，那么当我们走上左边的路径时，我们就会走向死胡同。还要注意，当你使用 Map 和 Bind 时，R 类型会改变。就像 Option<T>是 T 上的一个函子一样，Either<L, R>是 R 上的一个函子，也就是说可使用 Map 将函数应用到 R。另一方面，类型 L 保持不变。

那么 Where 呢？请记住，如果 Option 的内部值不能满足谓词的话，你可用一个谓词来调用 Where 并 "过滤" Option 的内部值：

```
Option<int> three = Some(3);

three.Where(i => i % 2 == 0) // => None
three.Where(i => i % 2 != 0) // => Some(3)
```

对于 Either，你不能这样做：不符合条件就应该生成一个 Left，但是因为 Where 接受一个谓词，并且一个谓词只返回一个布尔值，所以没有合理的 L 类型值来填充 Left 值。如果你尝试为 Either 实现 Where，便很容易明白：

```
public static Either<L, R> Where<L, R>
    (this Either<L, R> either, Func<R, bool> predicate)
  => either.Match(
     l => either,
     r => predicate(r)
       : either
       ? /* now what? I don't have an L */ );
```

如你所见，如果 Either 是 Right，而其内部值不能满足谓词，你应该返回一个 Left，却并没有可用的 L 类型值来填充一个 Left。

你刚了解到 Where 不如 Map 和 Bind 那样具有通用性：它只能被存在零值的结构(如 IEnumerable 的空序列，或 Option 的 None)所定义。因为 L 是任意类型，所以 Either<L,R>没有零值。你只能通过显式创建一个 Left，或者通过一个可能返回合适 L 值的函数调用 Bind，以使 Either 失败。

下例将展示一个基于 Option 的实现和一个基于 Either 的实现。

6.1.3　比较 Option 和 Either

假设我们正在为一个招聘流程建模。我们将从基于 Option 的实现开始，其中 Some(Candidate)表示目前已通过面试过程的候选人，而 None 则表示拒绝。

代码清单6.2　为招聘流程建模的一个基于Option的实现

```
Func<Candidate, bool> IsEligible;
Func<Candidate, Option<Candidate>> TechTest;
Func<Candidate, Option<Candidate>> Interview;

Option<Candidate> Recruit(Candidate c)
   => Some(c)
```

```
.Where(IsEligible)
.Bind(TechTest)
.Bind(Interview);
```

招聘过程首先是技术考试，然后是面试。若考试不及格，则不进行面试。但即使在考试前，也会检查考生是否有资格来上班。使用 Option，我们可将 IsEligible 谓词应用于 Where，这样如果候选人不符合条件，将不会发生后续步骤。

现在，假设 HR 并不满足于仅知道候选人是否通过了，他们也想了解失败原因的细节，因为这些信息能使他们改进招聘流程。我们可重构为基于 Either 的实现，通过一个 Rejection 对象捕获拒绝的原因。Right 类型将如之前一样是 Candidate，Left 类型将是 Rejection。

代码清单6.3 一个等效的基于Either的实现

```
Func<Candidate, bool> IsEligible;
Func<Candidate, Either<Rejection, Candidate>> TechTest;
Func<Candidate, Either<Rejection, Candidate>> Interview;

Either<Rejection, Candidate> CheckEligibility(Candidate c)   ◄─── 将谓词转换为返回 Either 函数
{
    if (IsEligible(c)) return c;
    else return new Rejection("Not eligible");
}

Either<Rejection, Candidate> Recruit(Candidate c)
    => Right(c)
        .Bind(CheckEligibility)    ◄──── 应用 Bind
        .Bind(TechTest)
        .Bind(Interview);
```

我们现在需要在 IsEligible 测试的失败方面更加明确，所以将这个谓词转变为一个返回 Either 的函数 CheckEligibility，当谓词未通过时提供一个合适的 Left 值 (Rejection)。现在我们可使用 Bind 将 CheckEligibility 组合到工作流中。

注意基于 Either 的实现更详细，这是合理的，因为当我们选择 Either 时，我们需要明确失败条件。

6.2 链接操作可能失败

Either 特别适合表示一系列操作，任何操作都可能导致不理想的路径。例如，每隔一段时间，为你的男友或女友准备最喜欢吃的菜。工作流可能如下所示：

```
      o WakeUpEarly
    / \
  L   R ShopForIngredients
      / \
    L   R CookRecipe
       / \
     L    R EnjoyTogether
```

在这个过程中的每一步，都可能出现一些问题：你可能睡过头了，可能醒来后下起大雨，阻止了你去商店，你可能分心烧焦了菜……简而言之，只有当一切顺利时，你们才能快乐地聚餐，如图 6.3 所示。

图 6.3　只有当一切顺利时，才能快乐地聚餐

使用 Either，我们可对前面的工作流建模如下。

代码清单6.4　使用Bind来链接多个返回Either的函数

```csharp
Func<Either<Reason, Unit>> WakeUpEarly;
Func<Unit, Either<Reason, Ingredients>> ShopForIngredients;
Func<Ingredients, Either<Reason, Food>> CookRecipe;

Action<Food> EnjoyTogether;
Action<Reason> ComplainAbout;
Action OrderPizza;

void Start()
{
   WakeUpEarly()
      .Bind(ShopForIngredients)
      .Bind(CookRecipe)
      .Match(
          Right: dish => EnjoyTogether(dish),
          Left: reason =>
          {
             ComplainAbout(reason);
             OrderPizza();
          });
}
```

从 Bind 的定义可知，如果状态是 Left，就会传递 Left 的值。在前面的代码清单中，若执行到 ComplainAbout(reason)，则原因是前面的任何一个步骤失败了：没有醒来，没有成功地购物，等等。

前面的树状图是工作流的正确逻辑表示，即另一种观察方式，更接近于所实现的细节，如图 6.4 所示。

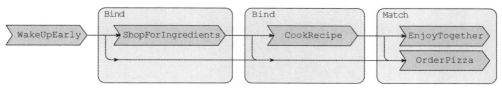

图 6.4　链接返回 Either 的函数

每个函数都返回一个包含两个部分的结构，即 Either，并通过 Bind 与下一个函数链接。通过链接多个返回 Either 的函数而获得的工作流可以被看成一个双轨系统：[3]

- 从 R1 到 Rn 有一条主轨道(理想路径)。
- 在 Left 一侧有一个平行的辅助轨道。
- 一旦你在 Left 轨道上，便会一直保持在上面，直至路的尽头。
- 如果你在 Right 轨道上，在每个函数应用程序中，你将要么继续沿着 Right 的轨道前行，要么被转移到 Left 轨道上。
- Match 是平行轨道发生分裂后所在的路的尽头。

虽然"最喜欢的菜"的例子是相当简单的，但代表了很多编程场景。例如，假设一个无状态的服务器，在收到请求时，必须执行以下步骤：

(1) 验证请求。

(2) 从数据库加载模型。

(3) 更新模型。

(4) 将更新持久化。

这些操作中的任何一个都可能失败，任何步骤的失败都将阻止工作流继续进行，并且响应应包括所请求操作成功或失败的详细信息。

接下来将在此种场景下研究 Either 的用法。

6.3　验证：Either 的一个完美用例

下面回顾一下请求汇款的场景，但在本示例中，我们将解决客户明确要求在

3　在这种错误处理风格的教程中，F#的传播者 Scott Wlaschin 建立了一个"铁道"的类比。我鼓励你去看看他的 Railway Oriented Programming 文章和视频讨论会，可在他的网站 http://fsharpforfunandprofit. com/rop/ 上找到。

未来某个日期进行转账的较简单情况。

应用程序应该执行以下操作：

(1) 验证请求。

(2) 存储转账的详细信息以备将来执行。

(3) 返回指示成功或任何失败的详细信息。

我们可以用 Either 来模拟操作可能会失败的事实。如果转账请求被成功存储，则不会将有意义的数据返回客户端，所以 Right 类型参数将为 Unit。那么 Left 类型应该是什么样呢？

6.3.1   为错误选择合适的表示法

下面来看几种可用来捕获错误细节的类型。我们看到通过 Map 或 Bind 将函数应用于 Either 后，Right 类型发生了变化，而 Left 类型则保持不变。所以一旦你为 Left 选择了一个类型，这个类型在整个工作流中将保持不变。

前面的一些例子中使用了 string，但其能做的事似乎很有限。你可能需要添加更多有关错误的结构化详情。Exception 如何呢？它是一个可被任意丰富的子类型扩展的基类。但用在这里，语义是错误的：Exception 意味着发生了异常。这里，我们正在编写"一切如常"的错误。

相反，我已经包含了一个非常简单的基类 Error，只公开一个 Message 属性。我们可将其子类化为具体错误。

代码清单6.5   表示失败的基类

```
namespace LaYumba.Functional
{
    public class Error
    {
        public virtual string Message { get; }
    }
}
```

但 Error 的表示形式严格来说是领域的一部分，这是一个十分常见的需求，因此我将该类型添加到函数式库中。建议为每个错误类型创建一个子类。

例如，下面的一些错误类型用来表示一些验证失败的情况。

代码清单6.6   独特的类型捕获有关特定错误的详细信息

```
namespace Boc.Domain
{
    public sealed class InvalidBic : Error
    {
        public override string Message { get; }
            = "The beneficiary's BIC/SWIFT code is invalid";
```

```
    }

    public sealed class TransferDateIsPast : Error
    {
        public override string Message { get; }
            = "Transfer date cannot be in the past";
    }
}
```

而且，为方便起见，我们将添加一个静态类 Errors，其中包含用于创建 Error 的特定子类的工厂函数：

```
public static class Errors
{
    public static InvalidBic InvalidBic
        => new InvalidBic();

    public static TransferDateIsPast TransferDateIsPast
        => new TransferDateIsPast();
}
```

这是一个技巧，将帮助我们保持代码的业务决策更清晰，如下所示。它还提供了良好的文档，使我们能浏览为该领域定义的所有特定错误。

6.3.2　定义一个基于 Either 的 API

下面假设转账请求的细节被捕获在一个类型为 BookTransfer 的数据传输对象中：这是从客户端接收到的数据，是工作流的输入数据。我们也已经确定了工作流应该返回一个 Either<Error, Unit>；也就是说，在成功的情况下没有什么可注意的，失败时则是具有详细失败信息的 Error。

这意味着我们需要实现的表示该工作流的主函数具有的类型是：

```
BookTransfer → Either<Error, Unit>
```

现在我们准备介绍该实现的框架。注意上面的签名在 Handle 中被捕获：

使用 Bind 来链接两个可能失败的操作

```
        public class BookTransferController : Controller
        {
            Either<Error, Unit> Handle(BookTransfer cmd)
              => Validate(cmd)
                  .Bind(Save);

            Either<Error, BookTransfer> Validate(BookTransfer cmd)
                => // TODO: add validation...

            Either<Error, Unit> Save(BookTransfer cmd)
                => // TODO: save the request...
        }
```

使用 Either 以承认验证可能失败

使用 Either 以承认持久化请求可能失败

Handle 方法定义了高层级的工作流：首先验证，然后持久化。Validate 和 Save

都返回一个 Either 以承认操作可能失败。还要注意 Validate 的签名是<Error, BookTransfer>。也就是说，我们需要右侧的 BookTransfer 指令，以便转账数据可用，并可被输送到 Save。

接下来添加一些验证。

6.3.3　添加验证逻辑

首先验证一下有关请求的两个简单条件：
- 转账日期确实是在将来
- 提供的 BIC 代码格式正确[4]

可让一个函数来执行每个验证。典型方案如下：

```
Regex bicRegex = new Regex("[A-Z]{11}");

Either<Error, BookTransfer> ValidateBic(BookTransfer cmd)
{
    if (!bicRegex.IsMatch(cmd.Bic))
        return Errors.InvalidBic;          ← 失败：错误将以 Left 状态
                                              被包装在一个 Either 中
    else return cmd;     ←
}           成功：原始请求将以 Right
            状态被包装在一个 Either 中
```

也就是说，每个验证器函数都将一个请求作为输入，并返回经过验证的请求或相应的错误。我通常在这里使用三元运算符，但对隐式转换来说，这种做法效果并不好。

每个验证函数都是一个跨界函数(从一个"正常"值 BookTransfer 到一个"高级"值 Either<Error, BookTransfer>)，所以我们可使用 Bind 来结合其中的多个函数。

代码清单6.7　使用Bind链接多个验证函数

```
                public class BookTransferController : Controller
                {
                    DateTime now;
                    Regex bicRegex = new Regex("[A-Z]{11}");
将指令提升到
Either 中           Either<Error, Unit> Handle(BookTransfer cmd)
         └──────→    => Right(cmd)
                        .Bind(ValidateBic)      通过 Bind 应用
                        .Bind(ValidateDate)     所有后续可能
                        .Bind(Save);            失败的操作

                    Either<Error, BookTransfer> ValidateBic(BookTransfer cmd)
                    {
                        if (!bicRegex.IsMatch(cmd.Bic))
```

4　BIC 码是银行分行的标准识别码，也称为 SWIFT 码。

```
            return Errors.InvalidBic;
        else return cmd;
    }

    Either<Error, BookTransfer> ValidateDate(BookTransfer cmd)
    {
        if (cmd.Date.Date <= now.Date)
            return Errors.TransferDateIsPast;
        else return cmd;
    }

    Either<Error, Unit> Save(BookTransfer cmd) => //...
}
```

总之，使用 Either 来承认一个操作可能失败，并使用 Bind 来链接多个可能失败的操作。但是，如果应用程序内部使用 Either 来表示输出，那么应该如何将输出提供给通过 HTTP 等协议与其通信的客户端应用程序？这是一个也适用于 Option 的问题。每当使用这些高级类型时，你需要在与其他应用程序通信时定义一个转换。接下来我们就来看一看。

6.4　将输出提供给客户端应用程序

现在你已经看到了很多使用 Option 和 Either 的用例。这两种类型都可表示输出：在 Option 示例中，None 可表示失败；而在 Either 示例中，则是 Left。我们已将 Option 和 Either 定义为 C#类型，但在本节，你将了解如何将它们转换到应用程序外部。

尽管我们已经为这两种类型定义了 Match，但我们很少使用它，而是依靠 Map、Bind 和 Where 来定义工作流。记住，这里的关键区别在于后者在抽象中所起的作用(例如，从 Option<T>开始，并以 Option<R>结束)。另一方面，Match 允许你离开抽象(从 Option<T>开始，并以 R 结束)。见图 6.5。

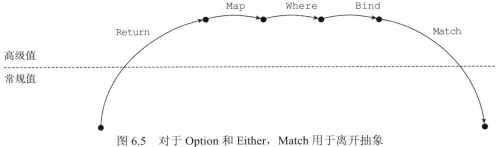

图 6.5　对于 Option 和 Either，Match 用于离开抽象

作为一般性规则，一旦引入诸如 Option 的抽象，最好尽量保持下去。"尽量"是什么意思呢？理想情况下，这意味着当你跨越应用程序边界时，你将离开抽象

世界。在包含服务和域逻辑的应用程序内核与包含一组适配器的外层(应用程序通过适配器与外界交互)之间设计应用程序是很好的做法。你可以看到应用程序是橙色的，其皮层由一层适配器组成，如图 6.6 所示。

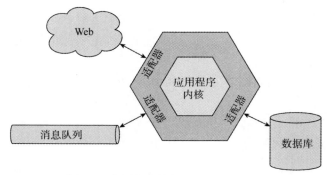

图 6.6   应用程序的外层由适配器组成

诸如 Option 和 Either 的抽象在应用程序内核中很有用，但它们可能无法很好地转换为与之交互的应用程序所期望的约定信息。因此，外层是你需要离开抽象的地方，并转换为客户端应用程序所期望的表示形式。

6.4.1   公开一个类似 Option 的接口

假设银行业务情景中有一个 API，给定一个 ticker(股票或其他金融工具的标识符，如 AAPL、GOOG 或 MSFT)，返回所请求的有关金融工具的详细信息。这些详细信息可能包括交易市场、当前价格水平等。

在应用程序内核中，可以有一个公开该功能的服务:

```
public interface IInstrumentService
{
    Option<InstrumentDetails> GetInstrumentDetails(string ticker);
}
```

我们无法得知给定的字符串 ticker 是否确实标识了一个有效工具，所以这是在具有 Option 的应用程序内核中被建模的。

接下来，让我们看看如何将这些数据向应用程序外部公开。我们将创建一个 API 端点，通过将其映射到扩展自 Controller 的类的方法来创建。控制器有效地作为应用程序内核和使用 API 的客户端之间的适配器。

API 返回的内容可基于 HTTP 的 JSON—— 一种在 Option 中未经处理的格式化协议——所以控制器是可将 Option "转换"成协议所支持的内容的最后一点。这将是我们使用 Match 的地方。可用下面的代码清单来实现控制器。

代码清单6.8 将None转换为状态码404

```
using Microsoft.AspNet.Mvc;

public class InstrumentsController : Controller
{
    Func<string, Option<InstrumentDetails>> getInstrumentDetails;

    [HttpGet, Route("api/instruments/{ticker}/details")]
    public IActionResult GetInstrumentDetails(string ticker)
        => getInstrumentDetails(ticker)
            .Match<IActionResult>(
                () => NotFound(),
                (result) => Ok(result));
}
```

None 被映射到 404 （指向 NotFound 行）
Some 被映射到 200 （指向 Ok 行）

其实，前面的方法体可以写得更加简洁：

```
=> getInstrumentDetails(ticker)
  .Match<IActionResult>(
    None: NotFound,
    Some: Ok);
```

还可以进一步简化，即不使用参数名。

无点的风格

这种省略显式参数(在本例中为result)的风格有时被称为"无点"，因为省略了"数据点"。这起初令人生畏，但一旦习惯后便会觉得其更清洁。

下面停下脚步，来了解为什么可写得这么简洁。请记住，Match 所期望的需求如下：

- 如果 Option 为 None，则调用一个无参函数。
- 如果 Option 为 Some，则调用一个接受 Option 内部值的类型的函数。

特别是在当前示例中，T 是 InstrumentDetails 且期望的结果类型是 IactionResult，我们需要以下这些类型的函数：

```
None : () → IActionResult
Some : InstrumentDetails → IActionResult
```

我们使用在 Controller 基类上定义的两个方法：

- HttpNotFound——将 None 转换为 404 响应。
- Ok——将 Option 的内部值转换为状态码为 200 的响应。

下面分析这些方法的类型：

```
HttpNotFound : () → HttpNotFoundResult
Ok : object → HttpOkObjectResult
```

由于 HttpOkObjectResult 和 HttpNotFoundResult 都实现了 IActionResult，

InstrumentDetails 理所当然是一个对象，所以这些类型是一致的。

现在，你已经了解到如何使用基于 Option 的接口来建模工作流，并通过 HTTP API 来公开它。接下来，让我们分析一个基于 Either 的接口。

6.4.2   公开一个类似 Either 的接口

就像使用 Option 一样，一旦将值提升到 Either 的高级界域，最好保持在该界域中直到工作流结束。但做事总要善始善终，所以在某些时候，你需要离开应用程序的领域，并将 Either 的表示向应用程序外部公开。

下面回到本章中的银行业务情景——即客户请求在将来的某个日期预定转账。服务层返回一个 Either<Error, Unit>，而我们必须将其转换，如转换成 HTTP 上的 JSON。

有一种方法与刚才所述的 Option 类似：我们可使用 HTTP 状态代码 400 来表示收到了错误请求。

代码清单6.9   将Left转换为状态码400

```
public class BookTransferController : Controller
{
    private IHandler<BookTransfer> transfers;

    [HttpPost, Route("api/transfers/future")]
    public IActionResult BookTransfer([FromBody] BookTransfer request)
        => transfers.Handle(request).Match<IActionResult>(
            Left: BadRequest,
            Right: _ => Ok());
}
```

这是可行的。唯一的缺点是业务验证与 HTTP 错误码的关联约定是非常不可靠的。有人会争辩说，400 表示语法上不正确的请求——而不是语义上不正确的请求，就像这里的示例一样。

在并发情况下，当请求发出时，是有效的请求，而在服务器接收到请求时，可能不再有效(例如，账户余额可能已经减少)。400 是否传达了这种情况？

与其试图找出哪个 HTTP 状态码最适用于特定的错误场景(毕竟，HTTP 不是用 RESTful API 设计的)，还不如选择另一种方法，即在响应中返回输出的表示形式。接下来将探讨该选择。

6.4.3   返回一个 DTO 结果

这种方法总会返回一个成功的状态代码(因为是在低层级上，响应被正确地接收和处理)，以及在响应主体中任意丰富的输出表示。

这种表示只是一个简单的数据传输对象(DTO)，代表了整个结果，包括左侧和右侧的组件。

代码清单6.10　一个表示输出的DTO，在响应中被序列化

```
public class ResultDto<T>
{
    public bool Succeeded { get; }
    public bool Failed => !Succeeded;

    public T Data { get; }
    public Error Error { get; }

    public ResultDto(T data) { Succeeded = true; Data = data; }
    public ResultDto(Error error) { Error = error; }
}
```

这个 ResultDto 和 Either 非常相似。但与 Either 不同，其内部值只能通过高阶
函数访问，DTO 公开了它们以便在客户端进行序列化和访问。

然后，可定义一个将 Either 转换为 ResultDto 的实用函数：

```
public static ResultDto<T> ToResult<T>(this Either<Error, T> either)
    => either.Match(
        Left: error => new ResultDto<T>(error),
        Right: data => new ResultDto<T>(data));
```

现在我们可在 API 方法中公开 Result，如下所示。

代码清单6.11　作为成功响应的有效载荷的一部分来返回错误细节

```
public class BookTransferController : Controller
{
    [HttpPost, Route("api/transfers/book")]
    public ResultDto<Unit> BookTransfer([FromBody] BookTransfer cmd)
        => Handle(cmd).ToResult();

    Either<Error, Unit> Handle(BookTransfer cmd) //...
}
```

总之，这种方法在控制器中意味着更少的代码。更重要的是，这意味着在结
果表示中你不依赖于 HTTP 协议的特性，而可创建最适合的结构来表示你选择为
Left 的任何条件。

最终，两种方法都是可行的，两者都用于第三方 API 中。对于选择哪种方法，
与 API 设计相比，函数式编程更重要。向客户端应用程序公开输出(可在应用程序
中使用 Either 对其进行建模)时，你通常必须做出一些选择。

我已经通过 HTTP API 的例子说明了从抽象中"降低"值；如果你公开另一
种端点，其概念并不会改变。总之，如果处在橙色的皮层中，使用 Match；如果
处在橙色的内核中，则保持适度的抽象。

6.5　Either 的变体

我们在 Either 对函数式错误处理的研究上耗费了很大一部分精力。异常会导致程序从堆栈中的任意函数中"跳出"正常的执行流程，并进入异常处理块；而 Either 则与异常相反，将保持正常的程序执行流程，并返回输出的表示。所以 Either 有很多令人喜欢的地方。还有一些可能的异议：

- Left 类型始终保持不变，那么如何组合返回"具有不同 Left 类型的 Either"的函数呢？
- 始终必须指定使代码过于冗长的两个泛型参数。
- Either、Left 和 Right 名称太过神秘。难道没有对用户更友好的方式吗？

本节将解决这些问题，并了解如何通过 Either 模式的某些变体来减轻这些顾虑。

6.5.1　在不同的错误表示之间进行改变

正如你所了解的，Map 和 Bind 允许你改变 R 的类型，但不能改变 L 的类型。虽然保持错误的同质表示是可取的，但未必合适。如果你编写一个 L 类型总是 Error 的库，而其他人编写了一个总是 string 的库？该如何集成这两个库呢？

事实证明，可简单地用 Map 的重载来解决，该重载允许你将一个函数应用到左边的值以及右边的值。该重载接受一个<L, R>，之后是两个函数：一个类型(L→LL)被应用于左侧的值(如果存在)，另一个类型(R→RR)被应用于右侧的值：

```
public static Either<LL, RR> Map<L, LL, R, RR>
    (this Either<L, R> either, Func<L, LL> left, Func<R, RR> right)
    => either.Match<Either<LL, RR>>(
        l => Left(left(l)),
        r => Right(right(r)));
```

这种 Map 的变体允许你任意改变这两种类型，这样你可在那些 L 类型不同的函数之间进行交互操作。[5]下面是一个例子：

```
Either<Error, int> Run(double x, double y)
    => Calc(x, y)
      .Map(
        left: msg => Error(msg),
        right: d => d)
      .Bind(ToIntIfWhole);

Either<string, double> Calc(double x, double y) //...
Either<Error, int> ToIntIfWhole(double d) //...
```

5　因为 FP 中不乏术语，所以采用这种形式中定义的函子(如 Map)被称为双函子(bifunctor)，而在没有方法重载的语言中，该函数被称为 BiMap。

最好避免噪音，并坚持对错误的一致表示，但不同的表示也无妨。

6.5.2 Either 的特定版本

下面分析在 C#中使用 Either 的其他缺点。

首先，有两个泛型参数会给代码添加噪音。[6]例如，假设你要捕获多个验证错误，为此，你选择了 IEnumerable<Error>作为 Left 类型。最终签名如下所示：

```
public Either<IEnumerable<Error>, Rates> RefreshRates(string id) //...
```

现在你只有通读三项(Either、IEnumerable 和 Error)，才能得到最有意义的部分，即期望的返回类型 Rates。如第 3 章所述，与签名相比，似乎我们走向另一个极端。

其次，Either、Left 和 Right 名称太抽象了。软件开发很复杂，所以我们应该选择最直观的名称。

这两个问题都可通过使用 Either 的更具体版本来解决，这些版本有一个固定类型来表示失败(即单个泛型参数)，并使用对用户更友好的名称。注意，Either 的变体是常见的，却不是标准化的。你会发现许多不同的库和教程，而每个库和教程在术语和行为上都有细微差别。

基于这个原因，我认为最好先来全面了解 Either，其普遍存在于文献中，你可掌握任何可能遇到的变体(然后，你可选择最适合的表示法，甚至可实现自己的类型来表示输出)。

LaYumba.Functional 包括以下两种表示输出的变体：

- **Validation<T>**——可将其视为特定于 IEnumerable<Error>的 Either：

```
Validation<T> = Invalid(IEnumerable<Error>) | Valid(T)
```

Validation 就像一个 Either，其中失败的情况被固定为 IEnumerable<Error>，使得捕获多个验证错误成为可能。

- **Exceptional<T>**——这里，失败被固定为 System.Exception：

```
Exceptional<T> = Exception | Success(T)
```

Exceptional 可用作基于异常的API和函数式错误处理之间的桥梁，如下例所示。表 6.2 显示了这些变体。

---

6 可将此看成 Either 或 C#的类型系统的一个缺点。Either 被成功地用于 ML 语言中，其中类型总是几乎可以被推断出来，所以即使是复杂的泛型类型也不会给代码添加任何噪音。这是一个典型例子，表明虽然 FP 的原则是独立于语言的，但需要根据每种特定语言的优缺点进行调整。

表 6.2 Either 的一些特定版本及其状态名称

类型	成功情况	失败情况	失败类型
Either<L, R>	Right	Left	L
Validation<T>	Valid	Invalid	IEnumerable<Error>
Exceptional<T>	Success	Exception	Exception

这些新类型的名称比 Either 更友好、更直观。接下来列举一个使用它们的例子。

6.5.3 重构 Validation 和 Exceptional

下面回到用户预定在将来执行汇款的情景。之前，我们使用 Either 来建模包含验证和持久化的简单工作流——两者都可能失败。现在让我们来看看如何使用更具体的 Validation 和 Exceptional 来改变该实现。

一个执行验证的函数自然会生成一个 Validation。在我们的场景中，其类型是：

```
Validate : BookTransfer → Validation<BookTransfer>
```

由于 Validation 与 Either 很像，特别是 Error 类型，所以除了签名的变化外，验证函数的实现将与之前基于 Either 的实现相同。示例如下：

```
DateTime now;

Validation<BookTransfer> ValidateDate(BookTransfer cmd)
{
    if (cmd.Date.Date <= now.Date)
        return Invalid(Errors.TransferDateIsPast);      ◄── 在 Validation 的 Invalid 状态下包装 Error

    else return Valid(cmd);      ◄── 在 Validation 的 Valid 状态下包装了指令
}
```

如往常一样定义隐式转换，所以在这个例子中，可省略 Valid 和 Invalid 的调用。

在基于异常的 API 和函数式错误处理间进行桥接

接下来分析持久化。与验证不同，此处的失败将指示基础架构或配置中的错误，或者另一个技术错误。我们认为此类错误是例外的，[7]因此可使用 Exceptional 对其进行建模：

```
Save : BookTransfer → Exceptional<Unit>
```

Save 的实现可能如下所示。

7　在本情景中，例外不一定意味着"很少发生"；表示一个技术错误，而不是从业务逻辑角度所看待的错误。

代码清单6.12　将基于Exception的API转换为Exceptional值

返回类型承认了发
生异常的可能性

```
string connString;
Exceptional<Unit> Save(BookTransfer transfer)
{
    try
    {
        ConnectionHelper.Connect(connString
            , c => c.Execute("INSERT ...", transfer));
    }
    catch (Exception ex) { return ex; }
    return Unit();
}
```

对引发异常的第三
方 API 的调用被包
装在了一个 try 中

Exception 状态下
的异常被包装在
Exceptional 中

Success 状态下产生的 Unit 结果
被包装在 Exceptional 中

注意，try/catch 的作用域应尽可能小：我们希望捕获连接到数据库时可能引发的任何异常，立即转换为函数式风格，并将结果封装在 Exceptional 中。如往常一样，隐式转换将创建一个合适且初始化过的 Exceptional。

注意该模式是如何让我们从一个第三方异常抛出的 API 转移到一个函数式 API 的，其中错误被当成有效载荷来处理，并且错误的可能性被反映在返回类型中。

失败的验证和技术错误应以不同的方式处理

使用 Validation 和 Exceptional 的好处在于它们具有不同的语义内涵：

- Validation 表明某些业务规则已被违反。
- Exception 表示意外的技术错误。

现在我们来分析如何使用这些不同的表示方式来适当地处理每个案例。我们仍然需要结合验证和持久化；以下是在 Handle 中完成的：

```
public class BookTransferController : Controller
{
    Validation<Exceptional<Unit>> Handle(BookTransfer cmd)
        => Validate(cmd)
            .Map(Save);

    Validation<BookTransfer> Validate(BookTransfer cmd)
        => ValidateBic(cmd)
            .Bind(ValidateDate);

    Validation<BookTransfer> ValidateBic(BookTransfer cmd) // ...
    Validation<BookTransfer> ValidateDate(BookTransfer cmd) // ...
    Exceptional<Unit> Save(BookTransfer cmd) // ...
}
```

结合验
证和持
久化

结合各种验
证的顶层验
证函数

因为 Validate 返回 Validation，而 Save 返回 Exceptional，所以我们不能用 Bind 来组合这些类型。但没关系：我们可改用 Map，并最终返回类型 Validation <Exceptional<Unit>>。这是一个嵌套类型，表示我们将验证的效应(也就是说，可能得到验证错误而非所需的返回值)与异常处理的效应结合起来(也就是说，即使验证通过，我们也可能得到一个异常，而不是返回值)[8]。

因此，通过"叠加"两个一元效应，Handle 承认由于业务以及技术原因，其操作可能失败。图 6.7 说明在这两种情况下，我们如何通过将它们包含在有效载荷中来表达错误。

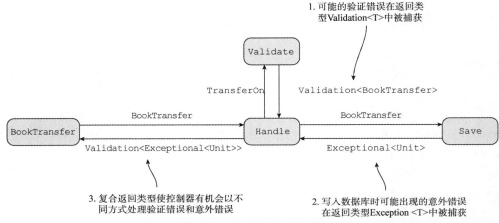

图 6.7　错误被视为返回的有效负载的一部分

为完成端到端的情景，我们只需要添加入口点。该入口点是控制器从客户端接收 BookTransfer 指令的地方，调用前面定义的 Handle，并将生成的 Validation <Exceptional<Unit >>转换为结果发送回客户端(见代码清单 6.13)。

代码清单6.13　验证错误和异常错误的不同处理

```
public class BookTransferController : Controller
{
    ILogger<BookTransferController> logger;

    [HttpPost, Route("api/transfers/book")]
    public IActionResult BookTransfer([FromBody] BookTransfer cmd)
        => Handle(cmd).Match(
            Invalid: BadRequest,                    ← 如果验证失败，则发送一个 400
            Valid: result => result.Match(
                Exception: OnFaulted,               如果持久化失败，则
                Success: _ => Ok()));               发送一个 500

    IActionResult OnFaulted(Exception ex)
    {
        logger.LogError(ex.Message);
        return StatusCode(500, Errors.UnexpectedError);
    }
```

拆解 Validation 中的值

拆解 Exceptional 中的值

8　请记住，这些是"一元效应"，而不是"副作用"，但在 FP 中，将它们简称为"效应"。

```
     Validation<Exceptional<Unit>> Handle(BookTransfer cmd) //...
}
```

这里使用两个嵌套的 Match 调用来首先拆解 Validation 中的值，然后拆解 Exceptional 中的值：

- 如果验证失败，我们发送一个 400，其中将包含验证错误的全部详细信息，以方便用户处理。
- 如果持久化失败，我们并不想将详细信息发送给用户。相反，我们返回一个更通用的错误类型 500；这也是对异常进行日志记录的好地方。

如你所见，涉及的每个函数都有一个明确的返回类型，可让你清楚地区分和定制如何处理与业务规则相关的失败，而不是那些与技术问题相关的失败。

总之，Either 提供了一个明确的函数式方式来处理错误，而不会引入副作用(与抛出/捕获异常不同)。但是，正如我们相对简单的银行场景所示，使用特定版本的 Either(如 Validation 和 Exceptional)，可带来更具表达性和可读性的实现。

6.5.4　保留异常

在本章中，你已对函数式的错误处理背后的思想有了深刻理解。[9]你可能觉得这与基于异常的方法背道而驰，事实确实如此。

我提到过抛出异常会扰乱正常的程序流程，从而引入副作用。实际上，它使代码更难维护和推理：如果函数抛出异常，分析该异常对应用程序的影响的唯一方法是跟踪所有可能通往函数的代码路径，然后查找堆栈中的第一个异常处理程序。在函数式错误处理中，错误只是函数返回类型的一部分，所以你仍可独立地推理该函数。

意识到使用异常的不利影响后，Go、Elixir 和 Elm 等几门较新的编程语言都认为错误应该简单地被视为值，所以 throw 和 try/catch 语句的对等语句很少被使用(Elixir)或者完全不使用(Go、Elm)。C#包含异常这一事实并不意味着你需要使用异常来处理错误；相反，你可在应用程序中使用函数式错误处理机制，并使用适配器函数将所调用的基于异常的 API 的输出转换为类似的 Exceptional，如之前所示。

是否有些情况下异常仍然有用呢？我相信是的：

- **开发错误**——例如，如果你尝试从空列表中删除项目，或者你将 null 值传递给需要该值的函数，则可使用函数或列表实现来抛出一个异常。这样的异常从来不是要在调用代码中被捕获和处理的；它表示应用程序逻辑出错了。

9　在第Ⅲ部分中，我们将在惰性和异步背景下重新审视错误处理，但本章已经涵盖了基本内容。

- **配置错误**——例如，假设应用程序依靠消息总线连接到其他系统，并且除非已连接，否则不能有效执行任何有用的操作；启动时无法连接到总线将导致异常。如果缺少像数据库连接这样的关键配置，这同样适用。这些异常只能在初始化时被抛出，并不意味着被捕获(在应用程序最外层处理程序的情况除外)，但应该正确地引起应用程序崩溃。

练习

1. 编写一个 ToOption 扩展方法将 Either 转换成 Option；如果左侧的值存在，则将其抛出。然后编写 ToEither 方法将 Option 转换成 Either，如果 Option 是 None，可调用一个适当参数来获得适当的 Left 值(提示：以箭头符号的形式来编写函数签名)。

2. 执行一个工作流，使用 Bind 来链接其中两个或多个返回 Option 的函数。然后改变第一个函数以返回一个 Either。这应该会导致编译失败。正如你在前面的练习中所见，Either 可被转换成 Option，所以为 Bind 编写扩展重载，这样返回 Either 和 Option 的函数可通过 Bind 来链接，并生成 Option。

3. 通过签名编写一个函数：

```
TryRun : (() → T) → Exceptional<T>
```

在 try/catch 中运行给定的函数，并返回一个适当填充的 Exceptional。

4. 通过签名编写一个函数：

```
Safely : ((() → R), (Exception → L)) → Either<L, R>
```

在 try/catch 中运行给定的函数，并返回一个适当填充的 Either。

小结

- 使用 Either 表示一个具有两种不同可能输出的操作结果，通常为成功或失败。一个 Either 可以是两种状态之一：
  - Left 表示失败并包含一个不成功操作的错误信息。
  - Right 表示成功并包含一个成功操作的结果。
- 使用已了解到的与 Option 对应的核心函数与 Either 进行交互：
  - Map 和 Bind 应用映射/绑定函数(如果 Either 是 Right 状态)；否则只传递 Left 值。
  - Match 的工作方式与 Option 的工作方式类似，可让你以不同方式处理

Right 和 Left 情况。

- Where 不很实用，所以应该改用 Bind 进行过滤，同时提供合适的 Left 值。

- Either 在使用 Bind 来结合多个验证函数时(或者更通俗地讲，结合多个都可以失败的操作时)特别有用。

- 因为 Either 是相当抽象的，且由于其两个泛型参数的语法开销，所以实际上最好使用一个特定版本的 Either，比如 Validation 和 Exceptional。

- 当使用函子和单子时，最好使用保持抽象的函数，如 Map 和 Bind。应尽量少用(或推迟使用)向下跨越的 Match 函数。

第 7 章

用函数构造一个应用程序

本章涵盖的主要内容：
- 偏函数应用和柯里化
- 消除方法类型推断的限制
- 依赖于每个函数层级的思想
- 应用程序的模块化及组合
- 将列表压缩为单个值

构建一个复杂且真实的应用程序并非易事。关于该主题有很多完整的书籍，本章并不提供详尽解释。我们将重点介绍可用来模块化和组合完全由函数组成的应用程序的技术，以及如何将结果与平时在 OOP 中完成的结果进行比较。

我们会逐步达到该目的。首先，你需要了解一个经典却相当低层级的函数式技术，称为偏函数应用。这使你可首先编写高度通用的函数(其行为被参数化)，然后提供参数，从而获取"预制"了所给定参数的更特定函数。

此后分析如何在实际中使用偏函数，以便首先指定在启动时可用的配置参数，然后指定纯运行时参数。

最后，我们将考虑如何进一步采取这种方法，使用偏函数进行依赖注入，以便利用函数组合整个应用程序，而不会损失所期望的粒度或解耦度(而在使用对象来组合应用程序时，则会出现此类情况)。

7.1　偏函数应用：逐个提供参数

假设你正在重新装修自家房子。你的室内设计师艾达给她信赖的涂料供应商弗雷德打了个电话，如图 7.1 所示。

图 7.1　类比示例

显然，为了履行订单，商店需要知道顾客想要购买的物品以及数量，在本示例中，信息是在不同的时间点给出的。为什么？因为艾达的责任是选择颜色和品牌(她不相信布鲁诺会记住她想要的确切颜色和品牌)。另一方面，布鲁诺的任务是测量表面并计算所需的涂料量，并从供应商那里取货。

我刚刚所描述的是偏函数应用在现实生活中的类比。在编程中，这意味着给出一个函数，并为其输入零碎的参数。就像在我的现实生活中的例子一样，与关注点分离有关：最好在应用程序生命周期的不同点和不同组件上提供函数所需的各种参数。

下面来看看代码。这里的思想是，你有一个函数需要多条信息来完成其工作(类似于涂料供应商弗雷德)。例如，下面的代码清单中有一个函数 greet，它接受一个通用的问候语和一个人名，并为给定的人名生成个性化的问候语。

代码清单7.1　映射到一个列表上的二元函数

```csharp
using Name = System.String;
using Greeting = System.String;
using PersonalizedGreeting = System.String;

Func<Greeting, Name, PersonalizedGreeting> greet
  = (gr, name) => $"{gr}, {name}";
```

```
Name[] names = { "Tristan", "Ivan" };

names.Map(g => greet("Hello", g)).ForEach(WriteLine);
// prints: Hello, Tristan
//         Hello, Ivan
```

在REPL中进行尝试

如果你以前从未用过偏函数，那么将本节中的示例输入REPL中以体验实际操作是非常重要的。

代码清单 7.1 顶部的 using 语句只使我们能在 string 类型的特定用途上附加一些语义，从而使函数签名更有意义。你可额外花费一些精力来定义特定类型(如第3 章所述)，从而确保一个 PersonalizedGreeting 不会被意外地作为 greet 函数的输入。但对于目前的讨论，我并不太考虑业务规则的执行——只考虑签名是否明确且有意义，因为我们更偏向于查看签名。因此 greet 的签名如下:

```
(Greeting, Name) → PersonalizedGreeting
```

然后，我们有一个名单列表，并将 greet 映射到列表上，以获得列表中每个人名的问候。注意，greet 函数总以"Hello"作为第一个参数来被调用，而第二个参数随列表中的人名而变化。

这感觉有点奇怪。我们有单个问候语和 n 个人名，但我们会重复这个问候语 n 次。不知何故，似乎我们正在重复自己。在 Map 的作用域之外"处理"问候语"Hello"不是更好吗?我们该如何表达这样一个事实，即决定"Hello"作为我们将用于列表中的所有人名的通用问候语，这是一个更通用的决定，可首先采纳;传递给 Map 的函数只需要使用人名?

在代码清单 7.1 中，我们还不能这样做，因为 greet 需要两个参数，而我们正在使用常规函数的应用程序。也就是说，我们用其所期望的两个参数来调用 greet(这就是所谓的"应用程序"，因为我们将函数 greet 应用到其参数上)。

可通过使用偏函数来解决这个问题。思想是使用一些代码来决定通用性问候语，将给予 greet 的问候语来作为其第一个参数(与艾达如何决定颜色一样)。这将生成一个已将"Hello"预制为问候语使用的新函数。然后一些其他的代码便可以使用人名来调用该函数。可通过几种方法做到这一点。你将首先看到如何编写支持偏函数的特定函数，以及如何定义一个通用的 Apply 函数以便为任意给定函数启用偏函数。

7.1.1　手动启用偏函数应用

独立提供参数的一种方法是重写如下函数:

```
Func<Greeting, Func<Name, PersonalizedGreeting>> greetWith
  = gr => name => $"{gr}, {name}";
```

这个新函数 greetWith 接受单个参数，即通用性问候语，并返回一个类型为 Name→Greeting 的新函数。注意，当该函数被其第一个参数 gr 调用时，该参数将被捕获到一个闭包中，并因此被"记住"，直到返回的函数被第二个参数 name 所调用。你会这样使用它：

```
var greetFormally = greetWith("Good evening");
names.Map(greetFormally).ForEach(WriteLine);
// prints: Good evening, Tristan
//         Good evening, Ivan
```

我们已经实现了在 Map 作用域之外处理问候语的目标。

注意，greet 和 greetWith 依赖于相同的实现，但它们的签名是不同的。下面比较一下：

```
greet     : (Greeting, Name) → PersonalizedGreeting
greetWith : Greeting → (Name → PersonalizedGreeting)
```

greetWith 是一个接受 Greeting 并返回一个函数的函数，在上面的签名中这应该是明确的。事实上，箭头符号是右联合的，所以第二种情况下的括号是多余的，而 greetWith 的类型通常会写成如下形式：

```
greetWith : Greeting → Name→ PersonalizedGreeting
```

greetWith 被称为柯里化形式；即，所有参数都通过函数调用被逐一提供 (注意在签名中没有以逗号分隔的参数列表)。

再次说明一下，greet 和 greetWith 依赖于同样的实现。而改变的是签名以及参数被独立提供并在闭包中被捕获的事实。这是一个很好的指标，使我们能按部就班地实现偏函数，而不需要重写函数，接下来分析如何做到这一点。

7.1.2　归纳偏函数应用

在下例中，你可看到一个通用 Apply 函数的实现，该函数提供一个给定的值作为二元和三元函数的第一个参数：

```
public static Func<T2, R> Apply<T1, T2, R>
    (this Func<T1, T2, R> f, T1 t1)
        => t2 => f(t1, t2);

public static Func<T2, T3, R> Apply<T1, T2, T3, R>
    (this Func<T1, T2, T3, R> f, T1 t1)
        => (t2, t3) => func(t1, t2, t3);
```

在第一个重载中，Apply 接受一个二元函数，将其部分地应用到给定的参数，并返回接受第二个参数的一元函数。如你所见，这很简单：提供的输入参数 t1 被捕获到一个闭包中，生成一个新函数，只要为其提供第二个参数便会调用原函数 f。

请注意表达式方法和 lambda 符号是如何为我们提供良好的语法支持来定义这种函数转换的。第二个重载与三元函数一样，可为更大元数的函数定义类似的重载。

你现在已经了解到，不需要手动创建像 greetWith 这样的函数，而可以使用 Apply 为原始 greet 函数提供第一个参数：

```
var greetInformally = greet.Apply("Hey");
names.Map(greetInformally).ForEach(WriteLine);
// prints: Hey, Tristan
//         Hey, Ivan
```

那么这里的模式是什么？我们基本上是从一个通用函数(如 greet)开始，并使用偏函数来创建该函数的特定版本(如 greetInformally)。现在这是一个可传递的一元函数，而使用其代码甚至不需要了解这个新函数是被部分应用的。

图 7.2 以图形方式总结了到目前为止所涉及的步骤。

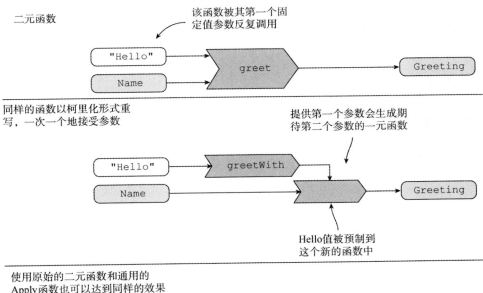

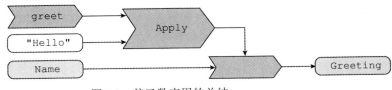

图 7.2　偏函数应用的总结

总之，偏函数应用总是从一般到具体。允许你定义非常通用的函数，然后通过给出参数来微调它们的行为。最终，编写这样的通用函数可提高抽象层级，并潜在地提高代码的复用性。

7.1.3 参数的顺序问题

函数 greet 展示了一个良好的参数顺序通常是什么样的：越通用的参数越可能在应用程序生命周期的早期被应用，所以应该首先出现，然后才是更具体的参数。我们在儿时便学会了说 Hello，但我们会持续遇到新朋友并问候他们，直到我们老去。

这是经验之谈，如果你将函数看成一个操作，其参数通常包含以下内容：

- **操作将影响到的对象** 接收时间可能晚一些，应该留在最后。
- **确定函数如何操作的一些选项，或函数执行时所需的依赖项** 这些可能提前确定，应该放在首位。

当然，确立参数的最佳顺序并非那么容易。即使参数的顺序对于你的预期用途来说是错误的，也可使用偏函数，如稍后所述。

总之，如果有一个多参函数，并且需要分离提供其所需的不同参数的职责，你便有了一个应用偏函数的良好用例。

但是，在更多地实际应用偏函数之前，我们首先应该解决一个问题，该问题与类型推断有关。

7.2 克服方法解析的怪癖

到目前为止，我们已可自由地使用方法、lambda 和委托来表示函数。然而，对于编译器来说，这些都是不同的东西，对方法的类型推断并不像我们希望的那样好。

下面先来看看事情顺利时会发生什么，例如使用 Option.Map：

```
Some(9.0).Map(Math.Sqrt) // => 3.0
```

这里，名称 Math.Sqrt 标识了一个方法，而 Map 需要一个类型为 Func<T, R> 的委托。更确切地说，Math.Sqrt 标识了一个"方法组"。由于方法重载，可能会有多个同名的方法。编译器是足够聪明的，不仅可选择正确的重载(在本示例中只有一个)，还可推断出 Func 的泛型类型，因此我们不必为 Map 指定类型参数：

```
Some(9.0).Map<double, double>(Math.Sqrt)
```

这一切都很好。它使我们不必在方法(或者 lambda)和委托之间进行转换，也不需要指定泛型类型，因为这些可从方法签名中推断出来。遗憾的是，对于接受两个或更多参数的方法, 所有这些优点都会消失。

　　下面分析如果试图将 greet 函数重写为一个方法的话会发生什么——这里将其称为 GreeterMethod。如下所示。

代码清单7.2　多参数方法的类型推断失败

```
PersonalizedGreeting GreeterMethod(Greeting gr, Name name)
    => $"{gr}, {name}";

Func<Name, PersonalizedGreeting> GreetWith(Greeting greeting)
    => GreeterMethod.Apply(greeting);
```

如果我们将问候
函数写成一个方
法……

……那么这个表
达式不会编译

　　这里将问候函数写成了一个方法, 现在我们需要一个 GreetWith 方法将其部分应用于给定的问候。遗憾的是, 该代码不能编译, 因为名称 GreeterMethod 标识了一个 MethodGroup, 而 Apply 需要一个 Func, 编译器不会自动进行推断。

局部函数中的类型推断

　　C# 7引入了"局部函数"——在方法的作用域内声明的函数——但它们实际上应该被称为"局部方法"。在内部, 它们被实现为方法(尽管这没有任何好处——你不能重载它们), 所以就类型推理而言, 它们具有与常规方法相同的特征。

　　如果要使用泛化的 Apply 为方法提供参数, 则必须使用下列形式中的一种。

代码清单7.3　将多参数方法用作HOF的参数需要使用杂乱的语法

```
PersonalizedGreeting GreeterMethod(Greeting gr, Name name)
    => $"{gr}, {name}";

Func<Name, PersonalizedGreeting> GreetWith_1(Greeting greeting)
    => FuncExt.Apply<Greeting, Name, PersonalizedGreeting>
        (GreeterMethod, greeting);

Func<Name, PersonalizedGreeting> GreetWith_2(Greeting greeting)
    => new Func<Greeting, Name, PersonalizedGreeting>(GreeterMethod)
        .Apply(greeting);
```

放弃扩展方法的
语法,并显式提供
所有泛型参数

调用 Apply 之前将该
方法显式转换为委托

　　我个人认为这两种情况下的语法噪音都是不可接受的。幸运的是, 这些问题都是特定于方法解析的。如果你使用委托(回顾一下 Func), 它们就会消失。

　　可采用多种不同方式创建一个委托。

代码清单7.4 获取一个委托实例的不同方式

```
public class TypeInference_Delegate
{
    string separator = "! ";

    // 1. field
    Func<Greeting, Name, PersonalizedGreeting> GreeterField
        = (gr, name) => $"{gr}, {name}";

    // 2. property
    Func<Greeting, Name, PersonalizedGreeting> GreeterProperty
        => (gr, name) => $"{gr}{separator}{name}";

    // 3. factory
    Func<Greeting, T, PersonalizedGreeting> GreeterFactory<T>()
        => (gr, t) => $"{gr}{separator}{t}";
}
```

声明和初始化一个委托字段；注意，你无法在此处引用 separator

一个只读属性的主体由 => 引入

作为函数工厂的方法可具有泛型参数

下面简要讨论这些可选择项。声明一个委托字段似乎是最自然的选择。但遗憾的是它不够强大。例如，如果将声明和初始化结合起来，如代码清单 7.4 所示，则不能在委托体中引用任何实例变量(如 separator)。

可使用属性来解决这个问题。在公开委托的类中，这相当于用"=>"替代"="来声明一个只读属性，这对于客户端代码来说是完全透明的。但最有效的方式是建立一个工厂方法：一个仅用于创建所需委托的方法。这里最大的区别是你也可以拥有泛型参数，这对于字段或属性来说是不可能的。

无论你以何种方式获得委托实例，类型解析都可正常工作，所以任何情况下你都可提供第一个参数，如下所示：

```
GreeterField.Apply("Hi");
GreeterProperty.Apply("Hi");
GreeterFactory<Name>().Apply("Hi");
```

从本节来看，如果要使用以多参函数作为参数的 HOF，有时最好不要使用方法，而是编写 Func——或返回 Func 的方法。尽管不像方法那样常用，但 Func 为你节省了显式指定类型参数的语法开销，使代码更具可读性。

现在你已经了解了偏函数应用，接下来让我们了解一个相关概念：柯里化。这是一种旨在简化偏函数应用的技术。

7.3 柯里化函数：优化偏函数应用

柯里化(currying)是以数学家 Haskell Curry 命名的，将一个接受参数 $t_1, t_2, ..., t_n$ 的 n 元函数转换为一个一元函数；这个一元函数接受 t_1 并生成一个接受 t_2 的新函数，以此类推，一旦参数全部给出，最后返回与 f 相同的结果。

换言之，n 元函数的签名：

```
(T1, T2, ..., Tn) → R
```

当被柯里化后，具有的签名为：

```
T1 → T2 → ... → Tn → R
```

在本章的第一节中你已经见过该例子：

```
Func<Greeting, Name, PersonalizedGreeting> greet
   = (gr, name) => $"{gr}, {name}";

Func<Greeting, Func<Name, PersonalizedGreeting>> greetWith
   = gr => name => $"{gr}, {name}";
```

我提到过，greetWith 与 greet 是一样的，只不过是柯里化形式而已。确实，签名比较如下：

```
greet      : (Greeting, Name) → PersonalizedGreeting
greetWith  : Greeting → Name → PersonalizedGreeting
```

这意味着可像下面这样调用柯里化的 greetWith 函数：

```
greetWith("hello")("world") // => "hello, world"
```

这是两个函数的调用，实际上与使用两个参数来调用 greet 相同。当然，如果你要同时传递所有参数，这是毫无意义的。但是，如果你对偏函数应用感兴趣，这会变得很有用。

如果一个函数被柯里化，只需要调用这个函数就可以实现偏函数应用：

```
var greetFormally = greetWith("Good evening");
names.Map(greetFormally).ForEach(WriteLine);
// prints: Good evening, Tristan
//         Good evening, Ivan
```

一个函数可被写成柯里化形式，如这里的 greetWith，这称为手动柯里化。或者，可定义一些泛化函数，它们将接受 n 元函数并对其进行柯里化。对于二元和三元函数，Curry 如下：

```
public static Func<T1, Func<T2, R>> Curry<T1, T2, R>
   (this Func<T1, T2, R> func)
   => t1 => t2 => func(t1, t2);

public static Func<T1, Func<T2, Func<T3, R>>> Curry<T1, T2, T3, R>
   (this Func<T1, T2, T3, R> func)
   => t1 => t2 => t3 => func(t1, t2, t3);
```

可为其他元数的函数定义类似的重载。作为一个练习，可用箭头符号写出上述函数的签名。

下面分析如何使用这样一个泛化的 Curry 函数来柯里化 greet 函数：

```
var greetWith = greet.Curry();
var greetNostalgically = greetWith("Arrivederci");

names.Map(greetNostalgically).ForEach(WriteLine);
// prints: Arrivederci, Tristan
//         Arrivederci, Ivan
```

当然，如果你想要使用泛化的 Curry 函数，则其关于方法解析的应用的说明与 Apply 相同。

偏函数应用与柯里化密切相关，却是截然不同的概念，这往往容易令人混淆。下面来阐明其差异：

- **偏函数应用**——传给函数的参数比函数所期望的要少，得到一个被目前所给到的参数值所具化的函数。
- **柯里化**——不需要传入任何参数；只需要将一个 n 元函数转换成一个一元函数，并依次给出参数，以最终得到与原函数相同的结果。

正如所见，柯里化并没有真正做任何事情；而为偏函数"优化"了一个函数。如前所述，你可通过使用泛化的 Apply 函数来应用偏函数，而不需要进行柯里化。另一方面，柯里化本身没有意义：你可柯里化一个函数(或将一个函数写成柯里化形式)，以便更容易地应用偏函数。

偏函数在 FP 中如此常用，以至于在许多函数式语言中，所有函数都默认为是柯里化的。由于这个原因，箭头符号中的函数签名在 FP 文献中是以柯里化形式给出的，如下所示：

```
T1 → T2 → ⋯ → Tn → R
```

在本书接下来的部分，我会一直使用柯里化符号，即使对于实际上并没有柯里化的函数也同样如此。

尽管在 C# 中函数默认是非柯里化的，但仍可利用偏函数，以通过参数化其行为来编写高度通用(并因此广泛复用)的函数，然后使用偏函数来随时创建所需的更具体函数。

正如到目前为止你所见到的，可通过不同方式来实现这一点：

- 将函数写成柯里化形式。
- 使用 Curry 将函数柯里化，然后用后续的参数调用已被柯里化的函数。
- 使用 Apply 逐个提供参数。

使用哪种技术是一种品味问题，我个人认为使用 Apply 是最直观的。

7.4　创建一个友好的偏函数应用 API

现在你已经了解到偏函数应用的基本机制，以及如何通过使用 Func(而不是方法)来解决糟糕的类型推断，我们可转到更复杂的场景，在这个场景中，将使用第三方库以及逼真的现实需求。

对于偏函数应用来说，一个好的场景是一个函数需要一些在启动时可用的且不会更改的配置，以及可能随每次调用而变化的更多瞬态参数。这种情况下，引导组件可提供配置参数，从而获得只期望特定于调用的参数的特定函数。然后，可将其提供给此功能的最终使用者，从而不必知道关于配置的任何信息。

在本节中，我们将研究这样一个例子：访问 SQL 数据库。假设有一个常见类型的应用程序，它需要使用不同的参数来执行大量查询，以从数据库中检索不同类型的数据。

下面从偏函数应用的角度来思考这个问题：

- 假设有一个用于检索数据的非常通用的函数。
- 可被特殊化以查询一个特定数据库。
- 可被进一步特殊化以检索给定类型的对象。
- 可被给定的查询和参数进一步特殊化。

下面通过一个简单例子来探索这个问题：假设我们希望通过 ID 来加载一个 Employee，或通过姓氏来搜索 Employee。我们需要实现以下这些类型的函数：

```
lookupEmployee : Guid → Option<Employee>
findEmployeesByLastName : string → IEnumerable<Employee>
```

实现这些函数是我们高层级的目的。在一个低层级上，我们将使用 Dapper 库来查询 SQL Server 数据库。[1]为检索数据，Dapper 使用以下签名来公开 Query 方法：

```
public static IEnumerable<T> Query<T>
    ( this IDbConnection conn
    , string sqlQuery
    , object param = null
    , SqlTransaction tran = null
    , bool buffered = true)
```

表 7.1 列出在调用 Query 时需要提供的参数，包括泛型参数 T。不必担心其余参数，默认值已能满足要求。

---

1 Dapper 是一个轻量级 ORM，由于它的快速和易用性(第 1 章中使用过它)而获得了很多人气。可在 GitHub 的 https://github.com/StackExchange/dapper-dot-net 上找到 Dapper 以及其他更多文档。

表 7.1   Dapper 的 Query 方法的参数

T	该类型应被通过查询而返回的数据所填充。在我们的例子中，将是 Employee——Dapper 会自动将列映射到字段
conn	用于连接数据库(注意，Query 是连接上的扩展方法，但就偏函数应用而言，它并不重要)
sqlQuery	这是要执行的 SQL 查询的模板，例如 SELECT * FROM EMPLOYEES WHERE ID = @Id——请注意@Id 占位符
param	一个对象，其属性将用于填充 sqlQuery 中的占位符。例如，前面的查询将需要相应的 param 对象来包含一个名为 Id 的字段，其值将在 sqlQuery(而不是@Id)中进行计算和呈现

这是参数顺序的一个好示例，因为连接和 SQL 查询可被用作应用程序设置的一部分，而 param 对象将特定于 Query 的每个调用。这正确吗？

其实，错了！SQL 连接是轻量级对象，应在每次执行查询时获取并处理。事实上，正如第 1 章所述，Dapper API 的标准用法遵循以下模式：

```
using (var conn = new SqlConnection(connString))
{
    conn.Open();
    var result = conn.Query("SELECT 1");
}
```

这意味着我们的第一个参数(即连接)不如第二个参数(即 SQL 模板)通用。但一切都不会丢失。请记住，如果你不喜欢你的 API，你可以改变它！这就是适配器函数的用途。[2]接下来，将编写一个能更好地支持偏函数的 API，以便创建专门的函数来检索我们感兴趣的数据。

7.4.1   可文档化的类型

读取数据最通用的参数是连接字符串。许多应用程序会连接到单个数据库，因此连接字符串在应用程序的整个生命周期都不会改变，并且可在应用程序启动时从配置中一次性读取。

下面应用第 3 章中介绍的思路——即，我们可使用类型使代码更具表现力——并为连接字符串创建专用类型。

代码清单7.5   连接字符串的自定义类型

```
public class ConnectionString
{
    string Value { get; }
```

---

2   第 1 章中讨论了适配器函数：如果你不喜欢一个函数的签名，你可定义一个调用另一个函数的函数并公开一个更适合自己需要的接口来改变它。

```
public ConnectionString(string value) { Value = value; }
public static implicit operator string(ConnectionString c)
    => c.Value;
public static implicit operator ConnectionString(string s)
    => new ConnectionString(s);

public override string ToString() => Value;
}
```

隐式转换为字符串以及从字符串转换

每当一个字符串不只是一个字符串，而且是一个数据库连接字符串时，我们会将其封装在一个 ConnectionString 中。这可通过隐式转换轻松完成。

例如，在启动时可从配置中对其进行填充，如下所示：

```
ConnectionString connString = configuration
  .GetSection("ConnectionString").Value;
```

该思想同样适用于 SQL 模板，所以我也沿着相同的路线定义了一个 SqlTemplate 类型。大多数强类型的函数式语言允许你使用一行代码来定义内置的自定义类型，如下所示：

```
type ConnectionString = string
```

在 C#中，这有点费力，但仍值得努力。首先，它使你的函数签名更有意义：你正在使用类型将函数文档化。例如，一个函数可声明其依赖于连接字符串，如下所示。

代码清单7.6　　当使用自定义类型时，函数签名将更明确

```
public Option<Employee> lookupEmployee
    (ConnectionString conn, Guid id) => //...
```

这将比单纯的字符串更明确。

第二个好处是你现在可在 ConnectionString 上定义扩展方法,而这对于字符串来说却没有意义。接下来你将看到这方面的内容。

7.4.2　具化数据访问函数

现在我们已经研究了如何表示以及获取连接字符串，下面来看以下内容，按从一般到具体的顺序列出：

- 我们想要检索的数据类型，如 Employee
- SQL 查询模板，如"SELECT * FROM EMPLOYEES WHERE ID = @Id"
- 将用于呈现 SQL 模板的 param 对象，如 new {Id="123"}

这就是解决方案的症结所在。我们可在 ConnectionString 上定义一个扩展方法，它接受我们所需要的参数。

代码清单7.7　更适合偏函数应用的一个适配器函数

```
using static ConnectionHelper;

public static class ConnectionStringExt
{
    public static Func<SqlTemplate, object, IEnumerable<T>>
    Query<T>(this ConnectionString connString)
        => (sql, param)
        => Connect(connString, conn => conn.Query<T>(sql, param));
}
```

注意我们依赖于第1章中实现的ConnectionHelper.Connect(在内部负责打开和处理连接)。如果你已不记得其实现细节，也无关紧要；只需要注意这里的通用且不变的连接字符串是第一个参数，而连接对象本身是短暂的，将在每个查询中创建。这是上述方法的签名：

```
ConnectionString → (SqlTemplate, object) → IEnumerable<T>
```

也就是说，一旦提供一个连接字符串，我们就得到一个函数，在返回一个所检索到的实体列表前仍等待两个参数。另外注意，将 Query 定义为扩展方法是一种技巧，允许我们在类型查询之前指定连接字符串。否则，就不可能"推迟"方法的类型参数的解析。

Query 的这个定义是 Dapper 的 Query 函数上的一个简单填充。提供了一个对偏函数友好的 API，原因有两个：

- 这次的参数是真正的"从一般到具体"。
- 所提供第一个参数会生成 Func，解决了应用后续参数时的类型推断问题。现在可逐个提供参数来获得我们要定义的函数。

代码清单7.8　提供参数以获得具有所需签名的函数

```
ConnectionString connString = configuration
  .GetSection("ConnectionString").Value;

SqlTemplate sel = "SELECT * FROM EMPLOYEES"
  , sqlById = $"{sel} WHERE ID = @Id"
  , sqlByName = $"{sel} WHERE LASTNAME = @LastName";

// (SqlTemplate, object) → IEnumerable<Employee>
var queryEmployees = conn.Query<Employee>();          // 连接字符串和检索的类型是固定的

// object → IEnumerable<Employee>
var queryById = queryEmployees.Apply(sqlById);        // 要使用的 SQL 查询是固定的

// object → IEnumerable<Employee>
var queryByLastName = queryEmployees.Apply(sqlByName);

// Guid → Option<Employee>
```

```
Option<Employee> lookupEmployee(Guid id)
   => queryById(new { Id = id }).FirstOrDefault();

// string → IEnumerable<Employee>
IEnumerable<Employee> findEmployeesByLastName(string lastName)
   => queryByLastName(new { LastName = lastName });
```

我们开
始实现
的函数

这里，通过参数化先前所讨论的 Query 方法来定义 queryEmployees，以使用特定的连接字符串并检索 Employee。仍然可对其进一步参数化，所以我们提供了两个不同的 SqlTemplate 来获取 queryById 和 queryByLastName。

我们现在有两个一元函数，它们需要一个 param 对象(包装了将用于替换 SqlTemplate 中的占位符的值)。剩下要做的就是用本节开头公开的签名定义 lookupEmployee 和 findEmployeesByLastName。这些只充当适配器函数，以将其输入参数转换为适当填充的 param 对象。

注意我们如何开始使用一个非常通用的函数来运行针对任何 SQL 数据库的任意查询(仅是 Dapper 的 Query 方法上的一个适配器，为我们提供更适合的 API)，并最终得到高度专业化的函数。

7.5 应用程序的模块化及组合

随着应用程序的增长，需要对其进行模块化并将其分解为组件。例如，在第 6 章中，你见到处理预定转账请求的端到端示例。我们将所有代码放在控制器中，最终控制器中的成员列表如下所示。

代码清单7.9　一个担负过多职责的控制器

```
public class BookTransferController : Controller
{
   DateTime now;
   static readonly Regex regex = new Regex("^[A-Z]{6}[A-Z1-9]{5}$");
   string connString;
   ILogger<BookTransferController> logger;

   public IActionResult BookTransfer([FromBody] BookTransfer request)

   IActionResult OnFaulted(Exception ex)

   Validation<Exceptional<Unit>> Handle(BookTransfer request)

   Validation<BookTransfer> Validate(BookTransfer cmd)
   Validation<BookTransfer> ValidateBic(BookTransfer cmd)
   Validation<BookTransfer> ValidateDate(BookTransfer cmd)

   Exceptional<Unit> Save(BookTransfer transfer)
}
```

如果这是一个现实中的银行应用程序,将不会有两个你,但有几十条规则来检查汇款请求的有效性。你还可使用身份和会话管理、检测等功能。简而言之,控制器很快就会变得臃肿不堪,你需要将其分解成独立组件,以承担更独立的职责。这使代码更模块化,更易于管理。

模块化的另一个驱动因素是代码复用。例如,会话管理或授权的逻辑可能需要几个控制器,因此应该放在单个组件中。将应用程序分解为组件后,需要将其组合在一起,以便所有必需的组件可在运行时进行协作。

在本节中,我们将研究如何处理模块化,以及 OO 和函数式方法在这方面有何不同。我们将通过重构 BookTransferController 来说明这一点。

7.5.1   OOP 中的模块化

OOP 中的模块化通常是通过将职责分配给不同的对象并用接口捕获这些职责来获得。例如,我们可定义一个用于验证的 IValidator 接口和一个用于持久化的 IRepository。

代码清单7.10   OOP中的接口捕获组件的职责

```
public interface IValidator<T>
{
    Validation<T> Validate(T request);
}

public interface IRepository<T>
{
    Option<T> Lookup(Guid id);
    Exceptional<Unit> Save(T entity);
}
```

控制器将依靠这些接口来完成工作,如图 7.3 所示。

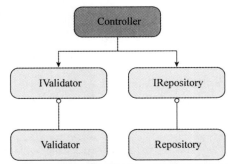

图 7.3   更高层级的组件通过接口使用更低层级的组件

这遵循一种称为"依赖倒转"的模式,根据这种模式,较高层级的组件(如控制器)不直接使用较低层级的组件，而是采用抽象方法；抽象通常被理解为表示接口，由较低层级组件(如验证器和存储库)实现。[3]这种方法有以下两个好处。

- **解耦**——可交换存储库实现(将其从写入数据库更改为写入队列)，而不会影响控制器。你只需要改变两者的连接方式(这通常在一些引导逻辑中定义)。
- **可测试性**——可通过注入一个假的 IRepository 对处理程序进行单元测试，而不必连接数据库。

与依赖倒转相关的成本也是相当高昂的：

- 接口数量急剧增加，增加了样板代码并导致代码难以浏览。
- 组成应用程序的引导逻辑通常不是微不足道的。
- 构建可测试性的假实现可能很复杂。

为管理这种额外的复杂性，通常使用第三方框架；即 IoC 容器和模拟框架。如果我们遵循这种方法，控制器的实现最终如下所示。

代码清单7.11　　在小型函数式以及在大型OO中的实现

```
public class BookTransferController : Controller
{
    IValidator<BookTransfer> validator;
    IRepository<BookTransfer> repository;        依赖项为对象

    public BookTransferController(IValidator<BookTransfer> validator
        , IRepository<BookTransfer> repository)
    {

        this.validator = validator;              在构造函数中注
        this.repository = repository;            入依赖项
    }

    [HttpPost, Route("api/transfers/book")]
    public IActionResult TransferOn([FromBody] BookTransfer cmd)
        => validator.Validate(cmd)
            .Map(repository.Save)                使用依赖项
            .Match(
             Invalid: BadRequest,
             Valid: result => result.Match<IActionResult>(
                Exception: _ => StatusCode(500, Errors.UnexpectedError),
                Success: _ => Ok()));
}
```

可以说上面的实现"在小型函数式和大型 OO 中"。主要组件(控制器、验证器、存储库)确实是对象，并且程序行为在这些对象的方法中编码。另一方面，许

　　3　注意"依赖注入"和"依赖倒转"之间的差异。依赖倒转更普遍，只意味着你正在注入一个类、方法或函数所需要的东西；例如，如果要注入一个具体实现、原始值或配置对象，则使用依赖注入，而不使用依赖倒转。依赖倒转依赖于依赖注入，但反过来并非如此。

多函数式概念随后用于方法的实现和定义它们的签名。

　　这种在一个整体 OO 软件架构内使用函数式技术将 FP 与 OOP 集成在一起的方式是完全有效的。也有可能推动函数式方法，以便在函数中捕获所有行为。

7.5.2　FP 中的模块化

　　OOP 的基本单位是对象，FP 中的基本单位是函数。FP 中的模块化是通过将职责分配给函数和组合函数来实现的。在函数式方法中，我们没有定义接口，因为函数签名已经提供了我们需要的所有接口。

　　例如，在第 2 章中介绍过，需要知道当前时间的验证器类并不需要依赖 "服务" 对象，只需要依赖返回当前时间的函数。

> **代码清单7.12　将函数注入为依赖项**

```
public class DateNotPast : IValidator<BookTransfer>
{
    Func<DateTime> clock;
    public DateNotPastValidator(Func<DateTime> clock) { this.clock = clock; }

    public Validation<BookTransfer> Validate(BookTransfer cmd)
        => cmd.Date.Date < clock().Date
            ? Errors.TransferDateIsPast
            : Valid(cmd);
}
```

　　毕竟，如果时钟(clock)不是一个可调用以获取当前时间的函数，那又是什么呢？让我们更进一步：为什么需要首先使用 IValidator 接口？如果验证器不是可供调用以查明给定对象是否有效的函数，那又是什么呢？下面用一个委托来表示验证：

```
// T → Validation<T>
public delegate Validation<T> Validator<T>(T t);
```

　　如果我们遵循这种方法，BookTransferController 不依赖于 IValidator 对象，而依赖于 Validator 函数。要实现一个 Validator，你甚至不需要拥有对象或将依赖项存储为字段；相反，依赖项可作为函数参数传递。

> **代码清单7.13　依赖项可作为参数传递给函数**

```
public static Validator<BookTransfer> DateNotPast(Func<DateTime> clock)
    => cmd
    => cmd.Date.Date < clock().Date
        ? Errors.TransferDateIsPast
        : Valid(cmd);
```

　　这里，DateNotPast 是一个 HOF，它接受一个函数 clock(需要依赖项以了解当前日期)并返回一个 Validator 类型的函数。注意此方法如何创建接口、在构造函数中完成注入，并将信息存储在字段中。

下面分析如何创建一个 Validator。当引导应用程序时，你将给 DateNotPast 提供一个从系统时钟读取时间的函数：

```
Validator<BookTransfer> val = DateNotPast(() => DateTime.UtcNow());
```

但出于测试的目的，你可提供一个返回固定日期的 clock：

```
var uut = DateNotPast(() => new DateTime(2020, 20, 10));
```

注意，这实际上是偏函数应用：DateNotPast 是一个二元函数(以当前形式)，需要一个时钟和一个命令来计算其结果。你在组合应用程序时(或在单元测试的安排阶段)提供第一个参数，并在实际处理接收到的请求时(或在单元测试的操作阶段)提供第二个参数。

除了验证器外，BookTransferController 还需要一个依赖项来持久化 BookTransfer 的请求数据。要使用函数，可使用下面的签名来表示：

```
BookTransfer → Exceptional<Unit>
```

同样，可通过一个非常通用函数来创建一个函数(向数据库写入内容)，签名如下：

```
TryExecute : ConnectionString → SqlTemplate → object → Exceptional<Unit>
```

然后，可使用来自配置的连接字符串和具有我们要执行的命令的 SQL 模板对其进行参数化。这与第 7.3 节介绍的代码非常相似，此处将省略全部细节。现在控制器的实现如下所示：

```
public class BookTransferController : Controller
{
   Validator<BookTransfer> validate;
   Func<BookTransfer, Exceptional<Unit>> save;

   [HttpPut, Route("api/transfers/book")]
   public IActionResult BookTransfer([FromBody] BookTransfer cmd)
      => validate(cmd).Map(save).Match( //...
}
```

如果采用这种方法得出逻辑结论，那么当我们使用的所有逻辑都可在如下类型的函数中捕获时，为什么需要一个控制器类？

```
BookTransfer → IActionResult
```

事实上，可在控制器的作用域之外定义这样一个函数，并配置 ASP.NET 请求管道，以便在接收到与相关路由匹配的请求时运行它。[4]这里不打算展示重构，因

4　为更好地理解 ASP.NET Core、应用程序管道以及配置方式，请参阅 https://docs.asp.net/en/latest/fundamentals/startup.html。

为篇幅有限，也因为 ASP.NET 目前不能很好地支持这种处理 HTTP 请求的风格。[5]所以在大多数情况下，使用控制器方法作为入口点更可取。

7.5.3　比较两种方法

在刚才展示的实现中，所有控制器的依赖项都是函数。请注意，采用这种方法，你仍可获得与依赖倒转相关的好处：

- **解耦**——控制器对其所使用的函数的实现细节一无所知。
- **可测试性**——测试一个控制器方法时，只需要传递返回一个可预测结果的函数即可。

还可减轻 OOP 版本中与依赖倒转相关的一些问题：

- 你不需要定义任何接口。
- 这使得测试更容易，因为你不需要设置假数据。

例如，本节中开发的用例的测试可能如下所示。

代码清单7.14　当依赖项是函数时，不必用假数据编写单元测试

```
[Test]
public void WhenCmdIsValid_AndSaveSucceeds_ThenResponseIsOk()
{
    var controller = new BookTransferController(
        validate: cmd => Valid(cmd),              注入返回可预测
        save: _ => Exceptional(Unit()));          结果的函数

    var result = controller.BookTransfer(new BookTransfer());

    Assert.AreEqual(typeof(OkResult), result.GetType());
}
```

到目前为止，函数式方法似乎更可取。还有一点需要指出。在 OO 实现中(代码清单 7.10)，控制器依赖于如下的 IRepository 接口：

```
public interface IRepository<T>
{
    Option<T> Lookup(Guid id);
    Exceptional<Unit> Save(T entity);
}
```

但请注意，控制器仅使用 Save 方法。这违反了接口隔离原则(ISP)，ISP 规定客户端不应该依赖于它们不使用的方法。例如，仅因相信 13 岁的儿子才让他带着房门钥匙，但这并不意味着他也应该有车门钥匙。实际上，IRepository 接口应该分解为两个单一方法接口，并且控制器应该依赖于较小接口，如下所示：

5　也就是说，你必须处理低层级的细节，例如序列化请求和响应主体以及设置响应的状态代码。当使用 MVC 控制器时，这些低层级细节便会被考虑到。

```
public interface ISaveToRepository<T>
{
    Exceptional<Unit> Save(T entity);
}
```

这进一步增加了应用程序中的接口数量。如果你尽力推动 ISP，那么最终会发现单一方法接口的普遍性，这些接口传递与函数签名相同的信息，最终使注入函数变得更简单，正如你在函数式方法中所见。

当然，如果控制器确实需要一个函数来读写，那么在函数式风格中，我们必须注入两个函数，增加依赖项的数量。像往常一样，函数式风格更明确。

7.5.4　组合应用程序

最后分析各个部分是如何连接起来的。这是一个 ASP.NET 应用程序，所以引导逻辑应该在 **IControllerActivator** 中定义；当收到一个被路由到控制器的请求时，框架会调用它。

代码清单7.15　组合完成BookTransfer请求所需的服务

```
public class ControllerActivator : IControllerActivator
{
    IConfigurationRoot configuration;

    public object Create(ControllerContext context)
    {
        var type = context.ActionDescriptor.ControllerTypeInfo;
        if (type.AsType().Equals(typeof(BookTransferController)))
            return ConfigureBookTransferController();

        //...
    }

    BookTransferController ConfigureBookTransferController()
    {
      ConnectionString connString = configuration
         .GetSection("ConnectionString").Value;

        var save = Sql.TryExecute                       设置持久化
           .Apply(connString)
           .Apply(Sql.Queries.InsertTransferOn);

        var validate = Validation.DateNotPast(() => DateTime.UtcNow); ←
        return new BookTransferController(validate, save);
    }                                                    设置验证
}
```

一些代码是 ASP.NET 专用的，配置其他类型的应用程序(如控制台应用程序或 Windows 服务)可能更容易。ConfigureBookTransferController()方法较有趣，这里使用偏函数来组合控制器所需的依赖项。

最后注意，传递了一个验证器(验证日期是否正确)。但真正需要的验证器要能确保多个验证规则(由特定函数表示)得到满足。

在 OOP 中，可使用组合验证器(实现 IValidator，并在内部使用一系列特定的IValidator)。我们要在 FP 中实现这一点，并使用 Validator 函数在内部组合多个Validator 的规则。下面首先回退一步，分析将列表压缩为单个值的一般模式。

7.6　将列表压缩为单个值

将值列表压缩为单个值是一种常见操作，但我们目前尚未讨论。在 FP 中，这种操作称为折叠或压缩，这些是在大多数语言或库以及 FP 文献中遇到的名称。在特征上，LINQ 使用不同的名称：Aggregate。如果你已经熟悉 Aggregate，可跳过下一节。

7.6.1　LINQ 的 Aggregate 方法

注意，我们迄今使用 IEnumerable 的大多数函数也返回一个 IEnumerable。例如，Map 接受 n 个事物的列表并返回 n 个事物的另一个列表，可能是不同类型的事物。Where 和 Bind 也保持抽象；也就是说，它们接受一个 IEnumerable 并返回一个IEnumerable，尽管列表的大小或元素的类型可能会有所不同。

Aggregate 与这些函数的不同之处在于接受了 n 个事物的列表，并返回完全一样的东西(就像你可能熟悉的 SQL 集合函数 COUNT、SUM 和 AVERAGE 一样)。

给定一个 IEnumerable <T>，Aggregate 将接受一个初始值，称为累加器(accumulator)，还有一个 reducer 函数——一个二元函数，其接受累加器和列表中的元素，并返回累加器的新值。然后 Aggregate 遍历列表，将函数应用于累加器的当前值和列表中的每个元素。

例如，你可列出一份柠檬清单，并将其聚合成一杯柠檬汁。累加器将是一个空杯子，如果柠檬清单是空的，这便是所返回的。reducer 函数接受一个玻璃杯和一个柠檬，并返回一杯挤入柠檬的玻璃杯。Aggregate 则遍历列表，将每个柠檬挤入玻璃，最后返回装有所有柠檬汁的玻璃杯。

Aggregate 的签名是：

```
(IEnumerable<T>, Acc, ((Acc, T)→Acc))→Acc
```

图 7.4 以图形方式对其进行了展示。如果列表为空，Aggregate 只返回给定的累加器，即 acc。如果其包含一个 t_0 项，将返回将 f 应用于 acc 和 t_0 的结果；让我们将该值称为 acc_1。如果其包含更多项，则将计算 acc_1，然后将 f 应用于 acc_1 和

t_1 以获得 acc_2，以此类推，最终返回 acc_N 结果。可将 acc 看成初始值，并使用给定函数将列表中的所有值都应用于其中。

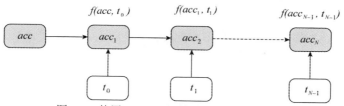

图 7.4 使用 Aggregate 将列表压缩为单个值

Sum 函数(在 LINQ 中可单独使用)是 Aggregate 的一个特例。空列表中所有数字的总和是多少？当然是 0！所以这就是我们的累加器值。二元函数只是加法，所以用如下方式来表示 Sum。

代码清单7.16 Sum作为Aggregate的一个特例

```
Range(1, 5).Aggregate(0, (acc, i) => acc + i) // => 15
```

这将扩展为：

```
(((( 0 + 1) + 2) + 3) + 4) + 5
```

更一般地，ts.Aggregate(acc,f)扩展为：

```
f(f(f(f(acc, t0), t1), t2), ... tn)
```

也可将 Count 看成 Aggregate 的一个特例：

```
Range(1, 5).Aggregate(0, (count, _) => count + 1) // => 5
```

注意，累加器类型不一定是列表项的类型。例如，假设有一个事物列表，并且我们想将它们添加到树中。列表中的类型应该是 T，累加器的类型应该是 Tree<T>。可从一个空树开始作为累加器，并在遍历列表时添加每个项目。

代码清单7.17 使用Aggregate来创建一个具有列表中所有项的树

```
Range(1, 5).Aggregate(Tree<int>.Empty, (tree, i) => tree.Insert(i))
```

在这个例子中，我假定 tree.Insert(i)返回一个具有新插入值的树。

Aggregate 是一种非常强大的方法，可用 Aggregate 来实现 Map、Where 和 Bind——我建议将其作为一个练习。

还有一个不太常见的重载，它没有接受一个累加器参数，而是使用列表的第一个元素作为累加器。这个重载的签名是：

```
(IEnumerable<T>, ((T, T) → T)) → T
```

使用这种重载时，结果类型与列表中的元素类型相同，而且列表不能为空。

7.6.2　聚合验证结果

现在你已经知道如何将值列表压缩为单个值，下面来应用这些知识，并了解如何将验证器列表"压缩"为单个验证器。

为此，我们需要实现一个具有类型的函数：

```
IEnumerable<Validator<T>> → Validator<T>
```

注意，因为 Validator 本身就是一个函数类型，所以前面的类型扩展为：

```
IEnumerable<T → Validation<T>> → T → Validation<T>
```

首先，我们需要决定组合的验证该如何工作：

- **快速失败**——如果验证应该针对效率进行优化，则只要其中一个验证器失败，那么组合验证就会失败，从而最大限度地减少资源的使用。如果你正在验证以编程方式从应用程序发出的请求，这是一个很好的方法。
- **收获错误**——你可能需要识别所有违规的规则，以便在发出另一个请求之前将其修复。验证用户通过表单提交的请求时，这是一种更好的方法。

快速失败策略更容易实现：每个验证器都返回一个 Validation，并且 Validation 公开一个 Bind 函数，该函数只在状态为 Valid 时才应用绑定函数(就像 Option 和 Either 一样)，所以我们可使用 Aggregate 来遍历验证器列表，并将每个验证器绑定到运行结果。

> **代码清单7.18　使用Aggregate和Bind来按顺序应用所有验证**

```
public static Validator<T> FailFast<T>
    (IEnumerable<Validator<T>> validators)
    => t
    => validators.Aggregate(Valid(t)
        , (acc, validator) => acc.Bind(_ => validator(t)));
```

注意，FailFast 函数接受一个 Validator 列表并返回一个 Validator，即一个函数，该函数需要一个类型为 T 的对象来验证。在接收到有效的 t 时，它使用 Valid(t) 作为累加器来遍历验证器列表(即，如果验证器列表为空，则 t 有效)，并将列表中的每个验证器应用于具有 Bind 的累加器。

从概念上讲，对 Aggregate 的调用扩展为：

```
Valid(t)
    .Bind(validators[0]))
    .Bind(validators[1]))
    ...
    .Bind(validators[n - 1]));
```

　　由于 Bind 是为 Validation 定义的，所以每当一个验证器失败时，后续验证器都将被跳过，且整体验证失败。

　　并非所有验证都同样昂贵。例如，验证 BIC 代码是否正确地使用正则表达式(如代码清单 6.7 所示)就非常廉价。假设你还需要确保给定的 BIC 代码标识了一个现有的银行分行。这可能涉及数据库查询或远程调用一个具有有效代码列表的服务，这显然更昂贵。

　　为确保整体验证的高效性，你需要相应地对验证器列表进行排序。在本示例中，你需要首先应用廉价的正则表达式验证，再应用昂贵的远程查找。

7.6.3　收获验证错误

　　相反的方法是优先考虑完整性；即包含所有失败验证的细节。在本示例中，你并不希望失败阻止进一步的计算；相反，你希望确保所有验证器都运行，并且收集所有错误(如果有)。

　　如果你正在验证具有大量字段的表单并希望用户看到他们需要修复的所有内容以便进行有效提交，这会非常有用。

　　下面分析如何重写组合不同验证器的方法。

代码清单7.19　从所有失败的验证器中收集错误

```
public static Validator<T> HarvestErrors<T>
   (IEnumerable<Validator<T>> validators)
   => t =>
{
   var errors = validators          ← 独立运行所有验证器
      .Map(validate => validate(t))
      .Bind(v => v.Match(
         Invalid: errs => Some(errs),
         Valid: _ => None))          ← 忽视通过的验证
      .ToList();

   return errors.Count == 0
      ? Valid(t)
      : Invalid(errors.Flatten());
};
```

（左侧标注）收集验证错误

（左侧标注）如果没有错误，则整体验证通过

　　这里不使用 Aggregate，而使用 Map 将验证器列表映射到"在验证的对象上运行验证器"的结果。这确保所有验证器都是独立调用的，并且最终得到 Validation 的 IEnumerable。

　　而我们有意收集所有错误。要做到这一点，应使用 Option：将 Invalid 映射到包装了错误的 Some，并将 Valid 映射到 None。还记得在第 4 章中，Bind 用来从 Option 列表中过滤掉 None，这就是我们在此获取所有错误的列表的过程。因为每个 Invalid 都包含错误列表，所以 errors 实际上是列表的列表。如果出现错误，我

们需要将其平铺到一维列表中并用其填充 Invalid。如果没有错误，我们将返回一个有效的 Valid。[6]

练习

1. 具有一个二元算术函数的偏函数应用：

   a. 编写一个函数 Remainder，用于计算整数除法的余数部分(并且适用于负的输入值！)。注意参数的预期顺序不是偏函数最需要的合适顺序(你更可能部分地应用除数)。

   b. 编写一个 ApplyR 函数，给出给定二元函数的最右边参数(在不查看 Apply 实现的情况下尝试实现)。以柯里化形式和非柯里化形式，用箭头符号书写 ApplyR 的签名。

   c. 使用 ApplyR 创建一个函数，该函数返回除以 5 的任何数字的余数。

   d. 编写一个 ApplyR 的重载，给出一个三元函数最右边的参数。

2. 三元函数：

   a. 定义一个包含三个字段的 PhoneNumber 类：数字类型(家庭电话、手机号，…)、国家代码('it'、'uk'，...)和编号。CountryCode 应该是一个隐式转换为字符串和从字符串转换的自定义类型。

   b. 定义一个三元函数，创建一个新编号，给出这些字段的值。你的工厂函数的签名是什么呢？

   c. 使用偏函数创建一个二元函数，用于创建 UK 编号，然后创建一个可创建 UK 手机号的一元函数。

3. 函数无处不在。你可能仍觉得对象最终比函数更强大。一个日志记录器对象就一定应该公开相关操作的方法，如 Debug、Info 和 Error 吗？要知道并不一定是这样，请挑战自己来编写一个非常简单的日志机制(记录到控制台即可)，不需要任何类或结构。你仍然应该能够将一个 Log 值注入使用者类或函数中，并公开 Debug、Info 和 Error 等操作，如下所示：

```
void ConsumeLog(Log log)
    => log.Info("look! no classes!");
```

4. 开放练习：在你的日常编码中，请开始更多地关注你所编写和使用的函数的签名。如参数的顺序是否合理；也就是说，它们是否从一般到具体？有没有一些参数总用相同的值来调用，使你可部分地应用它？你是否有时会编写相同代码

---

[6] 实际上有一种更简单的方法来完成此任务，即使用应用式(applicative，是加强版函子，或称可适用函子)和遍历(traverse)。第 13 章将介绍这种方法。

的类似变体，能否将它们泛化到一个参数化函数中？

5. 用 Aggregate 实现 IEnumerable 的 Map、Where 和 Bind。

小结

- 偏函数应用意味着给函数逐个提供参数，在给出每个参数的情况下有效地创建一个更专用的函数。

- 柯里化意味着改变一个函数的签名，以便一次只接受一个参数。

- 偏函数应用使你可通过参数化其行为来编写高度通用的函数，然后提供参数以获取愈发专业化的函数。

- 参数顺序的问题很重要：首先给出最左边的参数，以便函数按照“从一般到具体”的顺序声明其参数。

- 在 C#中使用多参函数时，方法解析可能出现问题，并产生语法开销。这可通过依赖 Func(而不是方法)来解决。

- 可通过参数声明方式来注入函数所需的依赖项。这使你可以完全用函数组成应用程序，而不会影响关注分离、解耦和可测试性。

第 8 章

有效地处理多参函数

本章涵盖的主要内容：
- 对高级类型使用多参函数
- 对任何单子类型使用LINQ语法
- 基于属性测试的基本原理

本章讲述如何在效果(effectful)类型的世界中使用多参函数，因此标题中的"有效"是双关语！记住，效果类型包括 Option(增加了可选性的效果)、Exceptional(异常处理)、IEnumerable(聚合)等。在第Ⅲ部分，你会看到更多与状态、惰性和异步相关的效果。

随着代码更趋函数式，你将严重依赖这些效果。你可能已经用过很多 IEnumerable。如果你认为 Option 这样的类型以及某种 Either 的变体可增强程序的稳健性，那么你很快就可在大部分代码中处理高级类型。

尽管你已经看到了 Map 和 Bind 等核心函数的强大功能，但还有一个你尚未见过的重要技术：鉴于 Map 和 Bind 都采用一元函数，如何将多参函数集成到工作流中？

事实证明，有两种可能的方法：应用式(applicative，即加强版函子，或称可适用函子)和单子(monad)方法。我们首先看一下应用式方法，该方法使用 Apply 函数——一种你尚未见过的模式。然后，将重新讨论单子，你将看到如何使用带有多参函数的 Bind，以及 LINQ 语法在该领域是多么重要。然后，我们将比较这两种方法，并了解为什么这两种方法在不同情况下都是有用的。

同时，还将介绍一些与单子和应用式有关的理论，并介绍一种称为"基于属性的测试"的单元测试技术。

8.1　高级界域中的函数应用程序

在本节中，我将介绍应用式方法，该方法依赖于一个新函数的定义，即 Apply，在高级界域中执行函数应用程序。Apply(如 Map 和 Bind)是 FP 中的核心函数之一。

要进行热身练习，请启动 REPL，像往常一样导入 LaYumba.Functional 库，然后输入以下内容：

```
Func<int, int> @double = i => i * 2;

Some(3).Map(@double) // => Some(6)
```

到目前为止，并没有什么新内容：你有一个包装在 Option 中的数字，而且你可使用 Map 将一元函数@double 应用于该数字。现在，假设你有一个二元函数，如乘法函数，并且你有两个数字，每个数字都被包装在一个 Option 中。你如何将这个函数应用于它的参数？

这里的关键概念是：柯里化(currying)(第 7 章中介绍过)允许你将任意 n 元函数转变成一个一元函数，当给定参数时，将返回一个(n-1)元函数。这意味着你可对任何函数使用 Map，只要该函数已被柯里化！下面在实践中了解这一点。

代码清单8.1　将一个柯里化函数映射到Option

```
Func<int, Func<int, int>> multiply = x => y => x * y;

var multBy3 = Some(3).Map(multiply);
// => Some(y => 3 * y))
```

请记住，当你将一个函数映射到一个 Option 上时，Map 会"提取"Option 中的值并将给定的函数应用于该值。在上述代码清单中，Map 将从 Option 中提取值 3 并提供给 multiply 函数：3 将替换变量 x，生成函数 y => 3 * y。

下面分析这些类型：

```
multiply :                    int →int →int
Some(3) :                     Option<int>
Some(3).Map(multiply) : Option<int →int>
```

因此，当映射一个多参函数时，该函数将被部分应用于包装在该 Option 中的参数。下面从更一般的观点来看待该问题。这里是函子 F 的 Map 的签名：

```
Map:F<T> →  (T → R) → F<R>
```

现在设想 R 的类型恰好是 T1 → T2，那么 R 实际上是一个函数。在本示例中，签名扩展到：

```
F<T> → (T →T1 → T2) → F<T1 → T2>
```

但看看第二个参数：T → T1 → T2，这是一个柯里化形式的二元函数。这意味着你可真正地对任何参数数量的函数使用 Map！为让调用者免于将函数柯里化，我的函数式库包含了可接受各种参数数量的函数的 Map 的重载，并处理了柯里化；例如：

```
public static Option<Func<T2, R>> Map<T1, T2, R>
    (this Option<T1> opt, Func<T1, T2, R> func)
    => opt.Map(func.Curry());
```

因此，下面的代码也可正常工作。

代码清单8.2　将一个二元函数映射到一个Option上

```
Func<int, int, int> multiply = (x, y) => x * y;

var multBy3 = Some(3).Map(multiply);
// => Some(y => 3 * y))
```

现在你知道如何有效地对多参函数使用 Map 了，我们再来看看结果值。这是你以前从未见过的内容：一个高级函数——一个包装在高级类型中的函数，如图 8.1 所示。

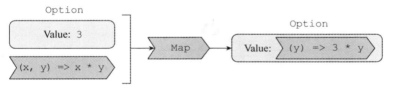

图 8.1　将一个二元函数映射到一个 Option 上，生成一个包装在 Option 中的一元函数

一个高级函数并没有什么特别之处。函数也仅是值，所以这只是将另一个值包装于一个常用容器中而已。

然而，你如何处理函数高级值呢？既然你有包装于 Option 中的一元函数，你该如何为其提供第二个参数呢？如果第二个参数也被包装于 Option 中呢？简单的方法是显式拆解这两个值，然后将函数应用于参数，如下所示：

```
Func<int, int, int> multiply = (x, y) => x * y;

Option<int> optX = Some(3)
          , optY = Some(4);

var result = optX.Map(multiply).Match(
    () => None,
    (f) => optY.Match(
      () => None,
      (y) => Some(f(y))
    )
);

result // => Some(12)
```

这段代码并不好：它让 Option 的高级界域应用该函数，只是将结果重新提升到 Option 中。是否可对其进行抽象，在不离开高级界域的情况下将多参数函数集成到工作流中呢？这确实是 Apply 函数的作用所在，接下来将对其进行讨论。

8.1.1 理解应用式

在讨论如何为高级值定义 Apply 之前，先简要回顾第 7 章中定义的 Apply 函数，该函数在常规值界域中执行偏函数应用。我们为 Apply 定义了各种重载函数，它接受一个 n 元函数和一个参数，并将应用函数的结果返回给参数。签名形式为：

```
Apply : (T → R ) → T →R
Apply : (T1 → T2 → R) →T1 v (T2 → R)
Apply : (T1 → T2 → T3 → R) → T1 → (T2 → T3 → R)
```

这些签名表示："给我一个函数和一个值，我会给出将该函数应用于该值的结果"，无论这是函数的返回值还是部分应用的函数。

在高级界域中，我们需要定义 Apply 的重载，其中输入值和输出值被包装于高级类型中。一般而言，对于可定义 Apply 的任何函子 A，Apply 的签名将如下所示：

```
Apply : A<T → R> → A<T> →A<R>
Apply : A<T1 → T2 → R> → A<T1> → A<T2 → R>
Apply : A<T1 → T2 → T3 → R> → A<T1> → A<T2 → T3 → R>
```

正如常规的 Apply 一样，在高级界域中："给我一个包装于 A 中的函数和一个包装于 A 中的值，我会给出将该函数应用该值的结果(当然也包装于一个 A 中)"。如图 8.2 所示。

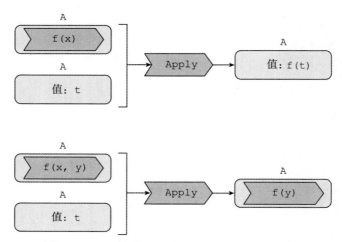

图 8.2 **Apply** 在高级界域中执行了函数应用程序

一个 Apply 的实现必须拆解函数、拆解值、将函数应用于值，然后将结果重新包装。当为一个函子 A 定义一个适用的 Apply 实现时，这被称为一个可适用函子，或简称为一个应用式。

下面来看如何为 Option 定义 Apply，使其成为一个应用式。

代码清单8.3　Option的Apply实现

```
public static Option<R> Apply<T, R>
    (this Option<Func<T, R>> optF, Option<T> optT)
    => optF.Match(
        () => None,
        (f) => optT.Match(
            () => None,
            (t) => Some(f(t))));
```
如果两个 Option 均为 Some，则仅将包装函数应用于包装值

```
public static Option<Func<T2, R>> Apply<T1, T2, R>
    (this Option<Func<T1, T2, R>> optF, Option<T1> optT)
    => Apply(optF.Map(F.Curry), optT);
```
柯里化包装函数并使用接受一个 Option 的重载来包装一个一元函数

第一个重载是最重要的。它接受一个包装于 Option 中的一元函数，以及一个应用于函数的参数(也被包装于一个 Option 中)。只有当两个输入都是 Some 时，实现才会返回 Some，其他情况下返回 None。

与往常一样，包装函数的各种元数都需要重载，但可根据一元函数的版本来定义重载，如第二次重载所示。

我们已经关注了包装和拆解的低级细节，现在分析如何对一个二元函数使用 Apply：

```
Func<int, int, int> multiply = (x, y) => x * y;

Some(3).Map(multiply).Apply(Some(4));
// => Some(12)
Some(3).Map(multiply).Apply(None);
// => None
```

简而言之，如果你有一个包装于容器中的函数，则 Apply 允许你为其提供参数。下面进一步讨论这一想法。

8.1.2　提升函数

在目前为止的所有例子中，你已经看到通过将多参函数映射到一个高级值将函数"提升"到一个容器中，如下所示：

```
Some(3).Map(multiply)
```

或者，你可通过简单地使用容器的 Return 函数将函数提升到容器中，就像使用任何其他值一样。毕竟，所包装的函数并不关心是如何到达那里的。所以你可编写如下代码：

```
Some(multiply)
  .Apply(Some(3))
  .Apply(Some(4))
// => Some(12)
```
将函数提升到一个 Option 中

使用 Apply 来提供参数

这可推广到任何参数数量的函数。与往常一样，你可获得 Option 的安全性，因此如果过程中有任何值为 None，则最终结果也将为 None：

```
Some(multiply)
  .Apply(None)
  .Apply(Some(4))
// => None
```

正如所见，在高级界域中有两种不同但等效的方式对一个二元函数求值。这两种方式如下。

代码清单8.4　在高级界域中实现函数应用程序的两种等效方式

首先对函数执行 Map 操作，然后执行 Apply 操作

```
Some(3)
  .Map(multiply)
  .Apply(Some(4))
```

首先提升函数，然后执行 Apply 操作

```
Some(multiply)
  .Apply(Some(3))
  .Apply(Some(4))
```

第二种方式是首先使用 Return 来提升函数，然后应用参数，其更易读且更直观，因为这与常规值界域中的偏函数应用类似，如代码清单 8.5 所示。

代码清单8.5　常规值和高级值界域中的偏函数应用

使用常规值的偏函数应用

```
multiply
  .Apply(3)
  .Apply(4)
// => 12
```

使用高级值的偏函数应用

```
Some(multiply)
  .Apply(Some(3))
  .Apply(Some(4))
// => Some(12)
```

就结果函子而言，无论是使用 Map 获得函数还是使用 Return 来提升函数都无关紧要。这是一个必要条件，且如果应用式正确实现，它将保持不变，所以有时称为应用式定律。[1]

---

[1]　实际上，正确的 Apply 和 Return 的实现必须满足四条定律。我在文中所提到的应用式定律是这些定律的结果，它在重构和实际使用方面比基本的四条定律更重要。这里不详细讨论这四条定律，但如果你想要了解更多，可在 https://hackage.haskell.org/package/base-4.9.0.0/docs/Control-Applicative.html 上查看 Haskell 中应用式模块的文档。

8.1.3　介绍基于属性的测试

我们可编写一些单元测试来证明用来处理 Option 的函数是否满足应用式定律吗？这种测试有一种特定的技术——即测试一个实现是否满足某些定律或属性。这称为"基于属性的测试"，并且一个称为 FsCheck 的支持框架可用于在.NET 中执行基于属性的测试。[2]

基于属性的测试是参数化的单元测试，其断言应该适用于任何可能的参数值。也就是说，你编写一个参数化测试，然后让诸如 FsCheck 的框架用大量随机生成的参数值，重复运行测试。

通过例子来理解这一点最容易。以下代码清单展示了一个应用式定律的属性测试。

代码清单8.6　一个基于属性的测试展示了应用式定律

```
using FsCheck.Xunit;
using Xunit;
// ...

Func<int, int, int> multiply = (i, j) => i * j;

[Property]
void ApplicativeLawHolds(int a, int b)
{
    var first = Some(multiply)
        .Apply(Some(a))
        .Apply(Some(b));

    var second = Some(a)
        .Map(multiply)
        .Apply(Some(b));

    Assert.Equal(first, second);
}
```

标记一个基于属性的测试

FsCheck 会随机生成大量输入值来运行测试

如果查看测试方法的签名，会发现它使用两个 int 值进行参数化。但这与你在第 2 章中见到的参数化测试有所不同，这里没有提供任何参数值。相反，我们只是用 FsCheck.Xunit 中定义的 Property 属性来修饰测试方法。[3]当运行测试时，FsCheck 将随机生成大量输入值，并使用这些值来运行测试。[4]这使你不必提供样

2　FsCheck 是用 F#编写的，且可免费获取(https://github.com/fscheck/FsCheck)。与为其他语言编写的许多类似框架一样，是 Haskell 的 QuickCheck 的一个端口。

3　这也具有将基于属性的测试与你的测试框架集成在一起的效果：当使用 dotnet 测试来运行测试时，所有基于属性的测试都将与常规的单元测试一样运行。虽然存在一个 FsCheck.NUnit 包，为 NUnit 公开了 Property 属性，但在撰写本章时该包与 NUnit 的集成性很差。

4　默认情况下，FsCheck 会生成 100 个值，但可自定义输入值的数量和范围。如果你开始认真使用基于属性的测试，那么能微调生成值的参数变得相当重要。

本输入，并让你更好地确信边缘情况已被覆盖。

此测试是通过的，但我们接受 int 作为参数并将它们提升到 Option 中，因此它仅说明了处于 Some 状态的 Option 的行为。我们还应该测试 None 的情况。我们的测试方法的签名其实应该是：

```
void ApplicativeLawHolds(Option<int> a, Option<int> b)
```

也就是说，理想情况下也会如 FsCheck 一样，随机生成 Some 或 None 状态下的 Option 并将它们提供给测试。

如果我们试图运行它，FsCheck 会抱怨它不知道如何随机生成一个 Option<int>。幸运的是，可教会 FsCheck 如何做到这一点。

代码清单8.7　教会FsCheck如何创建任意Option

```
static class ArbitraryOption
{
    public static Arbitrary<Option<T>> Option<T>()
    {
        var gen = from isSome in Arb.Generate<bool>()
                  from val in Arb.Generate<T>()
                  select isSome && val != null ? Some(val) : None;
        return gen.ToArbitrary();
    }
}
```

FsCheck 知道如何生成基本类型，如 bool 和 int，因此生成一个 Option<int> 应该很容易：生成一个随机 bool，然后是一个随机 int；如果 bool 为 false，则返回 None，否则将生成的 int 包装到一个 Some 中。这是定律代码的根本含义——不要担心此刻的确切细节。

现在我们只需要指示 FsCheck 在需要一个随机的 Option<T>时查看 ArbitraryOption 类。

代码清单8.8　使用任意Option来参数化基于属性的测试

```
[Property(Arbitrary = new[] { typeof(ArbitraryOption) })]
void ApplicativeLawHolds(Option<int> a, Option<int> b)
    => Assert.Equal(
        Some(multiply).Apply(a).Apply(b),
        a.Map(multiply).Apply(b)
    );
```

果然，FsCheck 现在能够随机生成该测试的输入，且是可通过的，并能精确地说明应用式定律。它是否证明了我们的实现始终满足应用式定律呢？不完全是，因为它只是测试了该属性适用于乘法函数，而该定律应该适用于任何函数。遗憾的是，与数字及其他值不同，不可能随机生成一系列有意义的函数。但这种基于属性的测试仍然给予我们很大的信心——当然比单元测试更好，甚至好于参数化测试。[5]

> **现实中基于属性的测试**
>
> 　　基于属性的测试不仅适用于理论性测试，而且可有效地应用于LOB应用程序。每当你有一个不变量时，你可编写属性测试来捕获它。下面是一个非常简单的例子：如果你有一个随机填充的购物车，并从中移除了随机数量的物品，则修改后的购物车物品总数必须始终小于或等于原购物车物品的总数。你可从这些简单的属性开始，然后添加其他属性，直到它们捕获模型的本质。

　　前面介绍了 Apply 函数的机制，下面将应用式与之前讨论的其他模式进行比较。一旦这样做了，我们就会用一个更具体的例子来观察应用式，以及如何将它们进行比较，尤其是与单子进行比较。

8.2　函子、应用式、单子

　　下面回顾一下迄今为止所见到的三种重要模式：函子、应用式和单子。[6]请记住，函子是由 Map 的一个实现所定义的，单子由 Bind 和 Return 的一个实现所定义，而应用式则由 Apply 和 Return 的一个实现所定义，表 8.1 进行了总结。

表 8.1　核心函数的总结及其如何定义模式

模式	所需函数	签名
函数(Functor)	Map	F<T> → (T → R) → F<R>
应用式(Applicative)	Return	T → A<T>
	Apply	A<(T → R)> → A<T> → A<R>
单子(Monad)	Return	T → M<T>
	Bind	M<T> → (T → M<R>) → M<R>

　　首先，为什么 Return 是单子和应用式的必要条件，而不是函子的必要条件？因为你需要一种方式将一个值 T 放入一个函子 F<T>中；否则你不能创建用于对一个函数执行 Map 操作的任何内容。问题的关键在于函子定律(即 Map 应该观察的属性)不依赖于 Return 的定义，而单子和应用式定律则都依赖于 Return 的定义。所以，这主要是一个技术性问题。

　　更有趣的是，你可能想知道这三种模式之间的关系。在第 5 章中你了解到单子比函子更强大。应用式也比函子更强大，因为你可用 Return 和 Apply 来定义

　　5　有关如何通过属性来捕获业务规则的更多灵感，请参阅 Scott Wlaschin 的文章"为基于属性的测试选择属性(Choosing properties for property-based testing)"，网址为 https://fsharpforfunandprofit.com/posts/property-based-testing-2/。

　　6　正如第 4 章中所指出的那样，在一些语言(如 Haskell)中，这些模式可用"类型类"显式捕获，其类似于接口但更强大。C#类型系统不支持这些泛型抽象，因此你不能在一个接口中习惯性地捕获 Map 或 Bind。

Map。Map 接受一个高级值和一个常规函数，所以你可使用 Return 来提升函数，然后使用 Apply 将其应用于高级值。对于 Option 来说，其如下所示：

```
public static Option<R> Map<T, R>
    (this Option<T> opt, Func<T, R> f)
    => Some(f).Apply(opt);
```

任何其他应用式的实现都是相同的，使用相应的 Return 函数而不是 Some。最后，单子比应用式更强大，因为你可以用 Bind 来定义 Apply，如下所示：

```
public static Option<R> Apply<T, R>
    (this Option<Func<T, R>> optF, Option<T> optT)
    => optT.Bind(t => optF.Bind<Func<T, R>, R>(f => f(t)));
```

这使我们能够建立一个层次结构，其中函子是最通用的模式，应用式则位于函子和单子之间，如图 8.3 所示。

可将其看作成一个类图：如果函子是一个接口，应用式就会扩展它。此外，第 7 章中讨论了 fold 函数(或在 LINQ 中称为 Aggregate)，这是它们中最强大的一个，因为你可用它来定义 Bind。

应用式并不像函子和单子那样常用，所以为什么还要劳神呢？事实证明，尽管 Apply 可用 Bind 来定义，但它通常会得到自

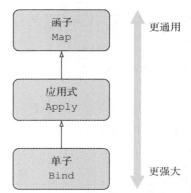

图 8.3　函子、应用式和单子间的关系

己的实现，既是因为效率，又因为 Apply 在用 Bind 定义时会失去其有趣的行为。本书将展示两个单子，其中 Apply 的实现具有这样的有趣行为：Validation(稍后将进行介绍)和 Task(在第 13 章中介绍)。

接下来，让我们回到单子的主题，来看看如何使用具有多参函数的 Bind。

8.3　单子定律

现在将讨论第 4 章中所承诺的单子定律，在那一章我首先介绍了单子(monad)这个术语。如果你对该理论不感兴趣，请跳至第 8.3.4 节。

请记住，单子是一个类型 M，且为其定义了以下函数：

- **Return**，接受一个 T 类型的常规值并将其提升到 M<T>类型的单子值中
- **Bind**，接受一个单子值 m 和跨界函数 f，并从 m 中"提取"其内部值 t，然后将 f 应用于该值。

Return 和 Bind 应该有以下三个属性：

(1) 右恒等元

(2) 左恒等元

(3) 结合律

对于目前的讨论，我们主要关注第三定律(即结合性)，前两个很简单，我们只会顺便介绍。

8.3.1　右恒等元

右恒等元的属性表明，如果将 Return 函数绑定到一个单子值 m 上，最终会得到 m。换言之，以下内容应该成立：

```
m == m.Bind(Return)
```

如果你仔细观察上述等式，在右侧，Bind 展开了 m 中的值，并应用了 Return，将值重新提升回 m，因此，对于其净效应是零也就不足为奇了。

代码清单8.9　一个基于属性的测试，证明了适用于Option类型的右恒等元

```
[Property(Arbitrary = new[] { typeof(ArbitraryOption) })]
void RightIdentityHolds(Option<object> m)
  => Assert.Equal(
      m,
      m.Bind(Some)
    );
```

8.3.2　左恒等元

左恒等元属性表明，如果你首先使用 Return 来提升一个 t，然后在结果上绑定一个函数 f，这应该相当于将 f 应用于 t：

```
Return(t).Bind(f) == f(t)
```

如果你看一下这个等式，在左侧你用 Return 来提升 t，然后在将它提供给 f 之前，让 Bind 来提取它。因此，该定律表明这种提升和提取应该没有副作用，也不应以任何方式来影响 t。

代码清单8.10　一个基于属性的测试，说明了IEnumerable的左恒等元

```
Func<int, IEnumerable<int>> f = i => Range(0, i);

[Property] void LeftIdentityHolds(int t) => Assert.Equal(
    f(t),
    List(t).Bind(f)
);
```

综上所述，左右恒等元确保了在 Return 中所执行的提升操作和作为 Bind 的

一部分所发生的拆解是中性操作，它们没有副作用而且不会篡改 t 的值或 f 的行为，无论包装和拆解是发生在一个值被提升到单子之前(左)还是之后(右)。我们可编写一个单子，它可在内部保存一个 Bind 的被调用次数，否则，会生成一些随机噪音，从而破坏此属性。

简而言之，Return 应该尽可能地愚钝：没有副作用，没有条件逻辑，不会对给定的 t 起作用。仅满足签名 T → C<T>所需的最小工作量。

下面来看一个反例。看看以下基于属性的测试，按照推测举例说明了 Option 的左恒等元：

```
Func<string, Option<string>> f = s => Some($"Hello {s}");

[Property] void LeftIdentityHolds(string t) => Assert.Equal(
    f(t),
    Some(t).Bind(f)
);
```

事实证明，当 t 的值为 null 时，上述属性失败。这是因为我们的 Some 的实现"太聪明"，如果给定的值为 null，则会抛出异常，而这个特定的函数 f 是可容忍 null 的并且生成 Some("Hello")。

如果你想让左恒等元适用于任何值(包括 null)，则需要改变 Some 的实现将 null 提升到 Some 中。这将是一个非常糟糕的主意，因为当实际上没有数据时，Some 会指示数据的存在。

8.3.3　结合律

现在让我们继续讨论第三条定律，这对于我们目前的讨论来说是最有意义的。我将以一个提醒开始，即加法的结合律的含义是什么：如果你需要将两个以上的数字相加，那么如何对它们进行分组将无关紧要。换言之，对于任何数字 a、b 和 c，以下都是正确的：

```
(a + b) + c == a + (b + c)
```

Bind 也可以被认为是一个二元运算符，可用符号>>=来表示，以替代 m.Bind(f)，你可用符号将其表示成 m >>= f，其中 m 表示一个单子值，f 表示一个跨界函数。符号>>=是 Bind 的一个相当标准的符号，形象地反映了 Bind 的作用：提取左操作数的内部值并将其提供给右操作数的函数。

事实证明，Bind 在某种意义上也是可结合的，所以你应该能够写出下面的等式：

```
(m >>= f) >>= g == m >>= (f >>= g)
```

下面分析左侧：这里你计算了第一个 Bind 操作，然后使用生成的单子值作为下一个 Bind 操作的输入。将其扩展为 m.Bind(f).Bind(g)，这就是我们通常使用 Bind 的方式。

现在分析右侧。在编写时，语法上是错误的: (f >>= g)不能正常工作，因为 >>=期望其左侧的操作数是单子值，而 f 是函数。但请注意，f 可扩展为 lambda 形式，即 x => f(x)，因此可按如下所示重写右侧:

```
m >>= (x => f(x) >>= g)
```

Bind 的结合律可用下面的等式来总结:

```
(m >>= f) >>= g == m >>= (x => f(x) >>= g)
```

或者，如果愿意，可使用以下方式:

```
m.Bind(f).Bind(g)  ==  m.Bind(x => f(x).Bind(g))
```

下面将其翻译成代码，即通过一个基于属性的测试来说明可结合的属性如何适用于 Option。

代码清单8.11　一个基于属性的测试，用来说明Option的Bind的结合律

```
using Double = LaYumba.Functional.Double;

Func<double, Option<double>> safeSqrt = d
  => d < 0 ? None : Some(Math.Sqrt(d));

[Property(Arbitrary = new[] { typeof(ArbitraryOption) })]
void AssociativityHolds(Option<string> m)
  => Assert.Equal(
      m.Bind(Double.Parse).Bind(safeSqrt),
      m.Bind(x => Double.Parse(x).Bind(safeSqrt))
    );
```

公开一个返回 Option 的 Parse 函数

就像在 m.Bind(f).Bind(g)中那样，当我们结合到左边时，可提供更可读的语法，而且是一个迄今为止我们所使用的语法。而如果结合到右边，并将 g 扩展为其 lambda 形式，我们可得到:

```
m.Bind(x => f(x).Bind(y => g(y)))
```

有趣的是，这里的 g 不仅具有 y 的可见性，而且具有 x 的可见性。这就是你能将多参函数集成到一个单子流(我的意思是一个链接多个使用 Bind 的操作的工作流)的原因。接下来将对其进行一些讨论。

8.3.4　对多参函数使用 Bind

下面分析如何在前一个 Bind 调用中调用 Bind，以便集成多参函数。例如，设想两个参数都是可选的乘法，因为这两个参数必须从字符串中解析。在这个例子中，Int.Parse 接受一个字符串并返回一个 Option<int>：

```
static Option<int> MultiplicationWithBind(string strX, string strY)
    => Int.Parse(strX).Bind(x => Int.Parse(strY)
        .Bind<int, int>(y => multiply(x, y)));
```

这有效，却完全不可读。设想一下，如果你有一个接受三个或更多参数的函数。对 Bind 的嵌套调用会使代码非常难以阅读，所以你当然不希望像这样去编写或维护代码。应用式的语法会更清晰。

事实证明，编写嵌套 Bind 的应用程序有更好的语法，并且该语法被称为 LINQ。

8.4　通过对任何单子使用 LINQ 来提高可读性

根据上下文，名称 LINQ 用于指示不同的事项：

- 可简单地引用 System.Linq 库。
- 可表示可用于表达查询各种数据的特殊 SQL 类语法。实际上，LINQ 代表语言级集成查询(Language-Integrated Query)。

当然，二者是关联的，它们都是在 C# 3 中串联引入的。到目前为止，本书中所见的 LINQ 库的所有用法都使用了常规的方法调用，但有时使用 LINQ 语法可能导致更多可读的查询。

例如，在 REPL 中输入以下两个表达式来查看它们是否等价。

代码清单8.12　LINQ是表达查询的专用语法

常规的方法调用	LINQ 表达式

`Enumerable.Range(1, 100).`
`    Where(i=>i%20==0).`
`    OrderBy(i => -i).`
`    Select(i => $"{i}%")`
	`from i in Enumerable.Range(1, 100)`
	`where i %20==0 orderby -i`
	`select $"{i}%"`

这两个表达式在生成相同结果的意义上不仅仅是等价的；它们实际上被编译为相同的代码。当 C#编译器发现一个 LINQ 表达式时，它将其子句翻译为基于模式的方法调用——稍后你会更详细地了解到这意味着什么。

这意味着你可为自己的类型实现查询模式，并使用 LINQ 语法来处理它们，这可显著提高可读性。

接下来，我们将着眼于实现 Option 的查询模式。

8.4.1　对任意函子使用 LINQ

最简单的 LINQ 查询具有单个 from 和 select 子句，并且它们解析为 Select 方法。例如，以下是使用范围(range)作为数据源的简单查询：

```
using System.Linq;
using static System.Linq.Enumerable;

from x in Range(1, 4)
select x * 2;
// => [2, 4, 6, 8]
```

Range(1, 4)生成一个值为[1,2,3,4]的序列，这是 LINQ 表达式的数据源。然后，我们通过将数据源中的每一项 x 映射到 x * 2 来创建一个"投影"，以生成结果。这背后发生了什么呢？

给定与前面类似的一个 LINQ 表达式，编译器将查看数据源的类型(在本示例中，Range(1, 4)的类型为 RangeIterator)，并查找名为 Select 的实例或扩展方法。编译器使用正常策略进行方法解析，将作用域中最具体的匹配排定为优先级，在本例中是定义为 IEnumerable 扩展方法的 Enumerable.Select。

在下面你可看到 LINQ 表达式及其翻译。请注意 Select 中给定的 lambda 如何将 from 子句中的标识符 x 和 select 子句中的选择器表达式 x * 2 结合在一起。

代码清单8.13　具有单个 from 子句的LINQ表达式及其翻译

```
from x in Range(1, 4)                Range(1, 4).
select x * 2                             Select(x => x * 2)
```

第 4 章中讲过，LINQ 中的 Select 相当于 FP 中更广为人知的操作 Map。LINQ 的基于模式的方法意味着你可为需要的任何类型定义 Select，并且只要发现该类型是作为一个 LINQ 查询的数据源，编译器就会使用它。下面为 Option 做这样的事情：

```
public static Option<R> Select<T, R>
    (this Option<T> opt, Func<T, R> f)
    => opt.Map(f);
```

上面的代码实际上只是将 Map 的别名指定为 Select，这是编译器查找的名称。这就是你在一个简单的 LINQ 表达式中使用 Option 需要的全部内容！这里列举一些例子：

```
from x in Some(12)
select x * 2
// => Some(24)

from x in (Option<int>)None
select x * 2
// => None

(from x in Some(1) select x * 2) == Some(1).Map(x => x * 2)
// => true
```

总之，通过提供合适的 Select 方法，你可对任何函子使用具有单个 from 子句的 LINQ 查询。当然，对于这样简单的查询，LINQ 符号并不是真正有利的；标准方法调用甚至可节省几个击键。下面分析更复杂的查询会发生什么。

8.4.2   对任意单子使用 LINQ

下面来看使用多个 from 子句的查询——结合来自多个数据源的数据的查询。下面是一个示例:

```
var chars = new[] { 'a', 'b', 'c' };
var ints = new [] { 2, 3 };

from c in chars
from i in ints
select (c, i)
// => [(a, 2), (a, 3), (b, 2), (b, 3), (c, 2), (c, 3)]
```

正如所见,这有点类似于两个数据源上的嵌套循环,你可能认为你可以用 Bind 完成相同的实现。

确实,你可使用 Map 和 Bind 来编写一个等效的表达式,如下所示:

```
chars
  .Bind(c => ints
    .Map(i => (c, i)));
```

或等价地使用标准的 LINQ 方法名(Select 而不是 Map,以及 SelectMany 而不是 Bind):

```
chars
  .SelectMany(c => ints
    .Select(i => (c, i)));
```

注意,你可构造一个包含来自两个数据源数据的结果,因为你"封盖"了变量 c。

你可能会猜测,如果查询中存在多个 from 子句,则会使用对 SelectMany 的相应调用进行解释。你的猜测是正确的,但有一点不同。出于性能原因,编译器并不执行上述翻译,而是翻译一个具有不同签名的 SelectMany 的重载:

```
public static IEnumerable<RR> SelectMany<T, R, RR>
  ( this IEnumerable<T> source
  , Func<T, IEnumerable<R>> bind
  , Func<T, R, RR> project)
{
    foreach (T t in source)
      foreach (R r in bind(t))
        yield return project(t, r);
}
```

这意味着如下 LINQ 查询:

```
from c in chars
from i in ints
select (c, i)
```

将被翻译为:

```
chars.SelectMany(c => ints, (c, i) => (c, i))
```

下面比较与 Bind 具有相同签名的 SelectMany 普通型实现和其扩展的重载(参见代码清单 8.14)。

代码清单8.14　SelectMany需要两个重载来实现查询模式

```
// plain vanilla SelectMany
public static IEnumerable<R> SelectMany<T, R>        ◄——— 普通型 SelectMany,
   ( this IEnumerable<T> source                           相当于 Bind
   , Func<T, IEnumerable<R>> func)
{
   foreach (T t in source)
      foreach (R r in func(t))
         yield return r;
}

// SelectMany that actually gets called
public static IEnumerable<RR> SelectMany<T, R, RR>   ◄——— SelectMany 的扩展重载,
   ( this IEnumerable<T> source                           在用多个 from 子句翻译
   , Func<T, IEnumerable<R>> bind                          一个查询时使用
   , Func<T, R, RR> project)
{
   foreach (T t in source)
      foreach (R r in bind(t))
         yield return project(t, r);
}
```

比较两者的签名, 你会看到第二个重载是通过调用一个选择器函数“挤压”普通型 SelectMany 得到的; 不是通常的 T→R 形式的选择器, 而是一个接受两个输入参数(每个数据源对应一个参数)的选择器。

这样做的好处是, 通过 SelectMany 这种更精细的重载, 不再需要将一个 lambda 嵌套在另一个 lambda 中, 从而提高了性能。[7]

扩展后的 SelectMany 比我们认为等同于单子 Bind 的普通型版本更复杂, 但功能上仍然等同于 Bind 和 Select 的结合。这意味着我们可为任何单子定义一个 LINQ 风格的 SelectMany 的合理实现。下面分析 Option:

```
public static Option<RR> SelectMany<T, R, RR>
   (this Option<T> opt, Func<T, Option<R>> bind, Func<T, R, RR> project)
   => opt.Match(
      () => None,
      (t) => bind(t).Match(
```

———————————

7　LINQ 的设计者注意到, 在查询中使用多个子句时, 性能会迅速恶化。

```
() => None,
(r) => Some(project(t, r))));
```

如果你想要一个具有三个或更多 from 子句的表达式，那么编译器还需要 SelectMany 的普通型版本，可通过为 Bind 指定 SelectMany 别名来简单提供。

现在可用多个 from 子句来编写 Option 上的 LINQ 查询。例如，下面是一个简单程序，它提示用户输入两个整数并计算总和，使用返回 Option 的函数 Int.Parse 来验证输入是有效整数：

```
WriteLine("Enter first addend:");
var s1 = ReadLine();

WriteLine("Enter second addend:");
var s2 = ReadLine();

var result = from a in Int.Parse(s1)
             from b in Int.Parse(s2)
             select a + b;

WriteLine(result.Match(
    Some: r => $"{s1} + {s2} = {r}",
    None: () => "Please enter 2 valid integers"));
```

下面从上例中获取查询，并看看 LINQ 语法如何与可替代的方法进行比较以编写相同的表达式。

代码清单8.15   两个可选整数相加的不同方式

```
// 1. using LINQ query
from a in Int.Parse(s1)
from b in Int.Parse(s2)
select a + b

// 2. normal method invocation
Int.Parse(s1)
  .Bind(a => Int.Parse(s2)
    .Map(b => a + b))

// 3. the method invocation that the LINQ query will be converted to
Int.Parse(s1)
  .SelectMany(a => Int.Parse(s2)
    , (a, b) => a + b)

// 4. using Apply
Some(new Func<int, int, int>((a, b) => a + b))
  .Apply(Int.Parse(s1))
  .Apply(Int.Parse(s2))
```

毫无疑问，在此方案中，LINQ 提供了最可读的语法。因为你必须指定希望将投影函数用作 Func，[8]所以相比之下 Apply 显得特别差。你可能发现使用 SQL 之类的 LINQ 语法来执行与查询数据源无关的操作不常见，但此种用法是完全合法的。LINQ 表达式提供了一种处理单子的便捷语法，它们是在函数式语言中的等效构造之后被建模的。[9]

8.4.3　let、where 及其他 LINQ 子句

除了迄今为止见到的 from 和 select 子句外，LINQ 还提供了其他一些子句。let 子句对于存储中间计算的结果很有用。例如，下面来看一个计算直角三角形斜边的程序，它提示用户输入直角边的长度。

代码清单8.16　对Option使用let子句

公开一个返回 Option 的 Parse 函数

```
using Double = LaYumba.Functional.Double;

string s1 = Prompt("First leg:")
    , s2 = Prompt("Second leg:");

var result = from a in Double.Parse(s1)
          let aa = a * a
          from b in Double.Parse(s2)
          let bb = b * b
          select Math.Sqrt(aa + bb);

WriteLine(result.Match(
    () => "Please enter two valid numbers",
    (h) => $"The hypotenuse is {h}"));
```

假定 Prompt 是一个便捷函数，从控制台读取用户输入

let 子句允许存储中间结果

let 子句允许你在 LINQ 表达式的作用域内放置一个新变量，如本例中的 aa。为此，它依赖于 Select，所以不需要额外的工作就可以使用 let。

可对 Option 使用的另一个子句是 where 子句。where 子句解析为我们已经定义的 Where 方法，所以这种情况下不需要额外工作。例如，对于斜边的计算，你不仅应该检查用户的输入是不是有效数字，还应该检查它们是否为正数。

代码清单8.17　对Option使用where子句

```
string s1 = Prompt("First leg:")
    , s2 = Prompt("Second leg:");

var result = from a in Double.Parse(s1)
          where a >= 0
```

8 这是因为 lambda 表达式可用来表示 Expression 和 Func。
9 例如，Haskell 中的 do 块体或 Scala 中的 for 推导式。

```
          let aa = a * a

          from b in Double.Parse(s2)
          where b >= 0
          let bb = b * b

          select Math.Sqrt(aa + bb);
WriteLine(result.Match(
    () => "Please enter two valid, positive numbers",
    (h) => $"The hypotenuse is {h}"));
```

如这些示例所示，LINQ 语法允许你简洁地编写查询，而这些查询作为相应的 Map、Bind 和 Where 函数的调用组合来编写将非常麻烦。

LINQ 还包含其他各种子句，例如在上例中见到的 orderby。这些子句对于集合是有意义的，但没有诸如 Option 和 Either 的对应结构。

总之，对于任何单子，你可通过为 Select(Map)、SelectMany(Bind)以及你见过的 SelectMany 的三元重载等提供实现来实现 LINQ 查询模式。某些结构可能具有可被包含在查询模式中的其他操作，例如 Option 情况下的 Where。

现在你已了解到 LINQ 如何提供"对多参函数使用 Bind"的轻量级语法，下面回过头来比较 Bind 和 Apply，不仅比较可读性，还比较实际功能。

8.5   何时使用 Bind 或 Apply

LINQ 为使用 Bind 提供了非常棒的语法(即使对于多参函数也是如此)，甚至比对普通方法调用使用 Apply 的效果更好。我们还应该关心 Apply 吗？事实证明，某些情况下，Apply 可能有一些有趣行为，其中一个例子就是验证——接下来你便会知晓原因。

8.5.1   具有智能构造函数的验证

考虑以下 PhoneNumber 类的实现。你能看出它有什么问题吗？

```
public class PhoneNumber
{
    public string Type { get; }
    public string Country { get; }
    public long Nr { get; }
}
```

答案应该是显而易见的：类型是错的！该类允许你创建一个 PhoneNumber，例如：

```
 Type = "green'、Country = "fantasyland" 以及 Nr = -10。
```

你在第 3 章了解到如何定义自定义类型，以免让无效数据蔓延到系统中。以下是 PhoneNumber 类的定义，它遵循这种原则：

```
public class PhoneNumber
{
    public NumberType Type { get; }
    public CountryCode Country { get; }
    public Number Nr { get; }

    public enum NumberType { Mobile, Home, Office }
    public struct Number { /* ... */ }
}

public class CountryCode { /* ... */ }
```

现在 PhoneNumber 的三个字段都有特定类型，它们应该确保只能表示有效的值。CountryCode 可能在应用程序中的其他地方被使用，但其余两种类型是特定于电话号码的，因此是在 PhoneNumber 类中定义的。

我们仍然需要提供一种构建 PhoneNumber 的方式。为此，可定义一个私有构造函数和一个公共工厂函数 Create：

```
public class PhoneNumber
{
    public static Func<NumberType, CountryCode, Number, PhoneNumber>
    Create = (type, country, number)
      => new PhoneNumber(type, country, number);

    PhoneNumber(NumberType type, CountryCode country, Number number)
    {
        Type = type;
        Country = country;
        Nr = number;
    }
}
```

现在假设我们给出了三个字符串作为原始输入，要基于它们来创建一个 PhoneNumber。每个属性都可被独立验证，因此可定义三个具有以下签名的智能构造函数：

```
validCountryCode  : string → Validation<CountryCode>
validNnumberType  : string → Validation<PhoneNumber.NumberType>
validNumber       : string → Validation<PhoneNumber.Number>
```

这些函数的实现细节并不重要(如果你想了解更多信息，请参阅代码示例)。要点是 validCountryCode 只有在给定的字符串表示一个有效的 CountryCode 时才会接受一个 string 并返回一个处于 Valid 状态的 Validation。其他两个函数是相似的。

8.5.2　使用应用式流来收集错误

给定三个输入字符串后，可在创建 PhoneNumber 的过程中结合这三个函数。通过应用式流，可将 PhoneNumbers 工厂函数提升到 Valid 中，并应用其三个参数。

代码清单8.18　使用一个应用式流的验证

```
              Validation<PhoneNumber> CreatePhoneNumber
                (string type, string countryCode, string number)
将工厂函数       => Valid(PhoneNumber.Create)                          提供参数，每个参
提升到一个           .Apply(validNumberType(type))                    数也被包装在一个
Validation 中      .Apply(validCountryCode(countryCode))             Validation 中
                   .Apply(validNumber(number));
```

如果用于验证单个字段的任何函数生成 Invalid，此函数将生成 Invalid。下面给出各种不同的输入，来观察其行为：

```
CreatePhoneNumber("Mobile", "ch", "123456")
// => Valid(Mobile: (ch) 123456)

CreatePhoneNumber("Mobile", "xx", "123456")
// => Invalid([xx is not a valid country code])

CreatePhoneNumber("Mobile", "xx", "1")
// => Invalid([xx is not a valid country code, 1 is not a valid number])
```

第一个表达式展示一个 PhoneNumber 的成功创建。第二种情况下，我们正在传递无效的国家代码并按预期得到一个失败。第三种情况下，国家代码和电话号码都无效，所以得到一个带有两个错误的验证——记住，一个 Validation 的 Invalid 情况精确地包含一个 IEnumerable<Error>，以捕获多个错误。

但是，最终结果中所收集的两个错误如何被不同函数返回呢？这归因于 Validation 的 Apply 实现。

代码清单8.19　Validation的Apply实现

```
public static Validation<R> Apply<T, R>
    (this Validation<Func<T, R>> valF, Validation<T> valT)
    => valF.Match(
      Valid: (f) => valT.Match(                          如果两个输入均有效，则将所
        Valid: (t) => Valid(f(t)),                       包装的函数应用于所包装的参
        Invalid: (err) => Invalid(err)),                 数，并将结果提升到一个处于
      Invalid: (errF) => valT.Match(                     Valid 状态的 Validation 中
        Valid: (_) => Invalid(errF),
        nvalid: (errT) => Invalid(errF.Concat(errT))));
```

如果两个输入都有错误，则会返回一个处于 Invalid 状态的 Validation，同时收集来自 valF 和 valT 的错误

正如所料，只有两者都有效的情况下，Apply 才会将所包装的函数应用于所包装的参数。但有趣的是，如果两者都无效，将返回一个 Invalid，将来自两个参数的错误结合起来。

8.5.3　使用单子流来快速失败

现在使用 LINQ 来创建一个 PhoneNumber。

代码清单8.20　使用一个单子流的Validation

```
Validation<PhoneNumber> CreatePhoneNumberM
    (string typeStr, string countryStr, string numberStr)
    => from type    in validNumberType(typeStr)
       from country in validCountryCode(countryStr)
       from number  in validNumber(numberStr)
       select PhoneNumber.Create(type, country, number);
```

下面使用与以前相同的测试值来运行这个新版本：

```
CreatePhoneNumberM("Mobile", "ch", "123456")
// => Valid(Mobile: (ch) 123456)

CreatePhoneNumberM("Mobile", "xx", "123456")
// => Invalid([xx is not a valid country code])

CreatePhoneNumberM("Mobile", "xx", "1")
// => Invalid([xx is not a valid country code])
```

前两种情况与以前一样，但第三种情况有所不同：只出现第一个验证错误。为弄清原因，下面来分析 Bind 的定义方式(LINQ 查询实际上调用 SelectMany，但这是通过 Bind 实现的)。

代码清单8.21　Validation的Bind实现

```
public static Validation<R> Bind<T, R>
    (this Validation<T> val, Func<T, Validation<R>> f)
    => val.Match(
       Invalid: (err) => Invalid(err),
       Valid: (r) => f(r));
```

如果给定的单子值是 Invalid，则不对给定的函数求值。在该代码清单中，validCountryCode 返回 Invalid，所以 validNumber 永远不会被调用。因此，在单子版本中，我们没机会积聚错误，因为沿途的任何错误都会导致后续函数被绕过。

如果比较 Apply 和 Bind 的签名，则能更清楚地了解差异：

```
Apply : Validation<(T → R)> → Validation<T> → Validation<R>
Bind  : Validation<T> → (T → Validation<R>) → Validation<R>
```

对于 Apply，两个参数的类型都是 Validation；也就是说，在调用 Apply 前，

Validation 和它们包含的任何可能的错误都已被独立求值。由于来自两个参数的错误都存在，因此在结果值中收集它们是有意义的。

对于 Bind，只有第一个参数具有类型 Validation。第二个参数是一个生成 Validation 的函数，但尚未被求值，所以如果第一个参数为 Invalid，Bind 的实现就可以完全避免调用该函数。[10]

因此，Apply 是关于结合两个独立计算的高级值的；Bind 是关于排序可生成高级值的顺序计算的。因此，单子流允许短路：在此过程中，如果一个操作失败，将跳过后续操作。

我认为 Validation 的例子所表明的是，尽管函数式模式及其定律表面上严苛，但仍有改进空间，以按照适应偏函数特定需求的方式来设计高级类型。鉴于 Validation 的实现以及创建一个有效 PhoneNumber 的当前场景，可使用单子流来快速失败，而使用应用式流来收集错误。

总之，你已看到了三种在高级界域中使用多参函数的方式：好的、坏的以及丑陋的。嵌套调用 Bind 的方式肯定是丑陋的，最好避免使用。而其他两个的好坏则取决于你的需求：如果你有一个具有一些理想行为的 Apply 的实现，如你在 Validation 中所见到的一样，则使用应用式流；否则，对 LINQ 使用单子流。

练习

- 为 Either 和 Exceptional 实现 Apply。
- 为 Either 和 Exceptional 实现查询模式。尝试写出 Select 和 SelectMany 的签名而不查看任何示例。对于实现，只需要遵循类型——如果进行类型检查，则可能是正确的！
- 提出一个场景，使用 Bind 将其中各种返回 Either 的操作链接在一起(如果你缺乏创意，可使用第 6 章中的炒菜例子)。请使用 LINQ 表达式来重写代码。

小结

- Apply 函数可用于在高级界域(如 Option 的界域)中执行函数应用程序。
- 通过 Return 可将多参函数提升到高级界域中，然后可通过 Apply 提供参数。
- 可定义 Apply 的类型称为应用式。应用式比函子更强大，但没有单子强大。

---

10   当然，可提供一个 Bind 的实现，它不执行任何这样的短路，但总执行绑定函数并收集任何错误。这是有可能的，但违反直觉，因为它破坏了我们期望来自类似类型的行为，如 Option 和 Either。

- 因为单子更强大，你还可对 Bind 使用嵌套调用以在高阶界域中执行函数应用程序。
- LINQ 提供了一个轻量级语法来处理单子，它的读取性能优于嵌套调用 Bind。
- 要将 LINQ 与自定义类型一起使用，则必须实现 LINQ 查询模式，特别是提供具有适当签名的 Select 和 SelectMany 的实现。
- 对于多个单子，Bind 具有短路行为(给定函数在某些情况下不适用)，Apply 却不是这样(不是给定一个函数，而是一个高级值)。出于这个原因，你有时可将理想的行为嵌入应用式中，例如在 Validation 的情况下收集验证错误。
- FsCheck 是一个基于属性测试的框架。允许你使用大量随机生成的输入来运行一个测试，从而高度确信测试的断言适用于任何输入。

第 **9** 章

关于数据的函数式思考

本章涵盖的主要内容：
- 状态突变的陷阱
- 表示非突变的变化
- 强制不可变性
- 函数式数据结构

古希腊哲学家赫拉克利特曾说过，我们不能两次踏进同一条河流；因为河水川流不息，所以刚才在那里的那条河流再也没有了。许多程序员是不赞同的，并提出反对的理由，认为它是同一条河流，只不过其状态现在已经改变了而已。而函数式程序员试图忠于赫拉克利特的思想，并会在每一次观察中创建一条新河流。

大多数程序都是为了表示真实世界中的事物和过程而建立的，而且由于世界的不断变化，程序必须以某种方式表示这种变化。问题是我们如何表示变化。用命令式风格编写的商业应用程序的核心就是状态突变：对象表示业务领域的实体，而世界的变化则通过改变这些对象的状态来模拟。

首先讨论在使用突变时在程序中引入的弱点。然后讲述如何在源代码中避免这些问题：通过在不使用突变的情况下表示变化，并且更紧贴实际，说明如何在 C#中强制不可变性。最后，因为我们的大部分程序数据都存储在数据结构中，所以我们将介绍函数式数据结构背后的概念和技术，这些概念和技术也是不可变的。

9.1　状态突变的陷阱

状态突变是指内存在原位置的更新，而其中一个重要问题是并发访问"共享的可变状态"是不安全的。第 1 章和第 2 章中的一些示例演示了由于并发更新而导致的信息丢失；现在下面来看一个更具面向对象特点的场景。假设有一个包含 Inventory 字段的 Product 类，该类表示库存数量：

```
public class Product
{
    public int Inventory { get; private set; }
    public void ReplenishInventory(int units) => Inventory += units;
    public void ProcessSale(int units) => Inventory -= units;
}
```

如果 Inventory 是可变的，就像本例中一样，并且你有并发线程来更新其值，这就是所谓的竞争条件，其结果可能是不可预测的。假设有一个线程用来补充库存，而另一个线程正在处理销售(会相应地减少库存)，如图 9.1 所示。如果两个线程同时读取该值，并且销售线程拥有最后一次的更新，则最终库存会总体减少。

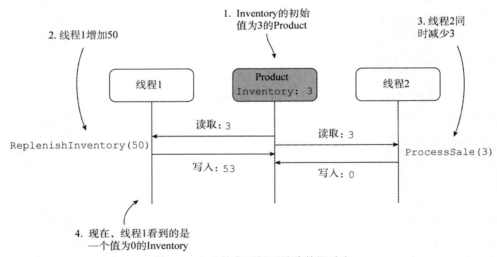

图 9.1　由于并发更新而导致数据丢失

不仅补充库存的更新丢失了，而且现在第一个线程可能面临着一个完全无效的状态：刚补充了产品却没有库存。[1]

考虑更新的实体涉及更新多个字段的情况,此时设置单个变量可能导致失败。

---

[1]　如果你已经完成过一些基本的多线程，你可能会想："简单！只需要使用 lock 语句在关键部分将更新包装到 Inventory 中即可。"而事实证明，此解决方案只适用于此类简单情况，随着系统复杂度的增加，这可能成为一些非常棘手的 bug 的来源(销售不仅会影响库存，还会影响销售订单、公司资产负债表等)。

例如，假设在更新库存时，还设置一个标志，以指示产品库存是否不足。

代码清单9.1　由非原子更新而引起的暂时不一致性

```
class Product
{
    int inventory;

    public bool IsLowOnInventory { get; private set; }
    public int Inventory
    {
        get { return inventory; }
        private set
        {
            inventory = value;

            IsLowOnInventory = inventory <= 5;
        }
    }
}
```

此时，从读取其属性的
任何线程的角度看，对
象可能处于无效状态

在单线程设置中，上述代码没有任何问题。但在多线程的设置中，另一个线程可能正在读取此对象的状态，就像更新正在发生一样；小窗口中的 Inventory 已更新但 IsLowOnInventory 尚未更新。对于另一个线程，该对象似乎处于无效状态。当然，这种情况很少发生，而且很难重现。这是竞争条件所造成的 bug 之所以难以诊断的部分原因。

事实上，众所周知，竞争条件已经导致软件行业中一些最严重的失败。如果你的系统具有并发性和状态突变性，就无法证明系统摆脱了竞争条件。[2]换句话说，如果你想要的是并发性(并且，鉴于当今多核处理器和分布式计算的趋势，你几乎没有选择)以及正确性的有力保证，只需要放弃突变即可。

缺乏安全的并发访问可能是共享的可变状态的最大缺陷，但并非唯一缺陷。另一个问题是引入耦合的风险——系统的不同部分之间高度依赖。在代码清单 9.1 中，Inventory 是被封装过的，这意味着只能在类中被设置，另外根据面向对象(OOP)的理论，这应该给予你一种舒适感。但在 Product 类中有多少个方法可设置库存值呢？又有多少条代码路径通向这些方法，以便它们最终影响 Inventory 的值呢？应用程序的多少个部分可获得同一 Product 实例，并依赖于 Inventory 的值？如果引入一个导致 Inventory 变化的新组件，又会有多大影响呢？

对于一个意义重大的应用程序来说，完全回答这些问题是非常困难的。因此，可变状态会耦合读取或更新该状态的各种组件的行为，从而难以推断整个系统的行为。

最后，共享的可变状态意味着纯洁性的损失。如第 2 章所述，使全局状态突变(记住，这是一个函数的非局部状态，包括私有变量)会构成副作用。所以如果

2　上面的例子提到了多线程，但如果并发性的来源是异步或是并行，则会出现同样的问题。

你通过改变系统中的对象来表示世界的变化，你将失去函数纯洁性带来的好处。

由于这些原因，在进行函数式编码时，最好避免状态突变。在本章中，你将学习如何处理不可变数据。这是一项重要技术，但请记住，仅表示随时间而变化的实体是不够的。为此，你还需要学习其他技术，我们将在第 10、12 和 14 章中进行介绍。

> **局部突变是可接受的**
>
> 并非所有的状态突变都同样有害。使局部状态(仅在函数作用域内可见的状态)突变虽不优雅却是良性的。例如，考虑以下函数：
>
> ```
> int Sum(int[] ints)
> {
>     var result = 0;
>     foreach (int i in ints) result += i;
>     return result;
> }
> ```
>
> 虽然我们正在更新结果，但这在函数的作用域以外不是可见的。因此，Sum 的这种实现实际上是一个纯函数：从调用函数的角度看，没有可观察的副作用。
>
> 当然，该代码也是非常低级的。你通常可通过内置函数(如Sum、Aggregate 等)来获得想要的功能。在实践中，很少会发现使局部变量突变的合法情况。

9.2　理解状态、标识及变化

下面进一步了解变化和突变。"变化"是指现实世界的变化，例如当有 50 个库存可供出售时。"突变"是指数据就地更新；如你在 Product 类中所见，当更新 Inventory 值时，之前的 Inventory 值会丢失。

在 FP 中，非突变的变化表示：值不是就地更新。作为代替，我们创建了表示具有预期变化的数据的新实例。"目前的库存水平为 53"这一事实并没有抹杀它以前是 3 的事实，如图 9.2 所示。

图 9.2　在 FP 中，可通过创建新版本的数据来表示变化

因此，在 FP 中，我们使用不可变的值：一旦定义了一个值，该值便不会被更新。为改善对此的直觉，有必要区分变化的事物和不变的事物。

9.2.1 有些事物永远不会变化

我们认为有些事物是天生不变的。例如，你的年龄会从 30 变为 31，但 30 仍然是 30，31 仍然是 31。

这是在框架中建模的，所有原始类型都是不可变的。那么更复杂的类型呢？比如日期就是一个很好的例子。即使你可能将日期从 3 月 3 号改为 4 号，但 3 月 3 号仍然是 3 月 3 号。这也体现在框架中，因为 DateTime 是不可变的。通过在 REPL 中输入以下内容，你可亲自查看：

```
var momsBirthday = new DateTime(1966, 12, 13);
var johnsBirthday = momsBirthday;                    ← 约翰和妈妈的生日在同一天

// some time goes by...
johnsBirthday = johnsBirthday.AddDays(1);            ← 然后你意识到约翰的生日实际上
                                                        是一天之后
johnsBirthday // => 14/12/1966
momsBirthday // => 13/12/1966                         ← 妈妈的生日没有受到影响
```

在上例中，我们首先表明妈妈和约翰的生日在同一天，所以为 momsBirthday 和 johnsBirthday 赋予相同的值。然后当使用 AddDays 创建一个较晚的日期并将其赋给 johnsBirthday 时，momsBirthday 并不受影响。在该例中，我们为让日期免于突变而进行了双重保护：

- 因为 System.DateTime 是一个结构体，在赋值时被拷贝，所以 momsBirthday 和 johnsBirthday 是不同的实例。
- 即使 DateTime 是一个类，从而 momsBirthday 和 johnsBirthday 会指向同一个实例，但行为依然相同，因为 AddDays 创建了一个新实例，并不会影响底层实例。

另一方面，如果 DateTime 是一个可变类，并且 AddDays 使其实例的日期突变，则 momsBirthday 的值将作为一个结果而被更新，或者更新为 johnsBirthday 的副作用。

.NET框架中的不可变类型

框架中的几个引用类型是不可变的。这些是最常用的：

- DateTime, TimeSpan, DateTimeOffset
- Delegate
- Guid
- Nullable<T>

- String
- Tuple<T1>, Tuple<T1, T2>, ...
- Uri
- Version

此外，框架中的所有原始类型都是不可变的。

现在让我们自定义一个不可变类型。假设 Circle 的表示方式如下：

```
struct Circle
{
   public Point Center { get; }
   public double Radius { get; }

   public Circle(Point center, double radius)
   {
      Center = center;
      Radius = radius;
   }
}
```

你可能对此表示认同，由于是一个完全抽象的几何实体，所以一个圆变大还是缩小是没有意义的。这反映在上述实现中，其中 Radius 和 Center 是只能在构造函数中设置其值的只读的自动属性。也就是说，一旦创建，圆的状态便永远不会改变。[3]

结构体应该是不可变的

注意，我已将Circle定义为了一个值类型。因为值类型在函数之间传递时会被拷贝，所以结构体应该是不可变的。这不是由编译器强制的，所以你可以创建一个可变结构体。如果这样做了，则对结构体所做的任何修改都会向下传播，但不会传播到调用堆栈。

如果你有一个圆，并且你想要一个大小为该圆两倍的圆，则可定义函数来创建一个基于现有圆的新圆。以下是一个例子：

```
static Circle Scale(this Circle circle, double factor)
   => new Circle(circle.Center, circle.Radius * factor);
```

好吧，到目前为止，我们尚未用过突变，而且这些例子非常直观。数字、日期和几何实体之间有何共同之处呢？它们的值捕获标识，它们是值对象。如果你更改一个日期的值，那么它会标识一个不同日期！

当我们认为对象的值和标识是不同事物时，问题便出现了。接下来将对此进行探讨。

3　实际上，仍可通过使用反射使只读变量突变。但将字段设置为只读对于代码的任何客户端都是一个明确的信号，即该字段不应该被突变。

9.2.2　表示非突变的变化

许多真实世界的实体随着时间而变化：你的银行账户、日历、联系人列表等都会随着时间而变化(如图 9.3)。

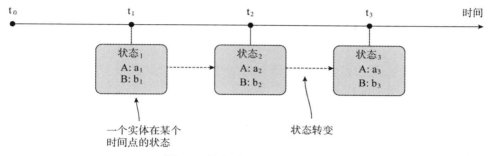

图 9.3　状态随时间变化的实体

对于这样的实体，标识并没有被它们的值所捕获，因为标识是保持不变的，而它们的值随着时间而变化。反而，标识在不同的时间点与不同的状态有关。你的年龄和薪水可能变化，但你的身份(即标识)却不会。

为表示这样的实体，程序不仅要对实体的状态(这是简单的部分)进行建模，还要对从一个状态到另一个状态的转变进行建模，并且通常还要对标识与实体的当前状态的关联建模。

我们已在一定程度上解释了为什么突变为管理状态转变提供了一个不完善的机制。在 FP 中，状态不发生突变；它们是快照，就像一部电影的画面一样，代表不断变化的现实，但本身却是静态的。

下面通过 AccountState 来阐明该思想，我们将使用它来表示 BOC 应用程序中银行账户的状态。我们将从简单处入手，只以几个字段开始。

代码清单9.2　一个简单的银行账户的状态模型

```
public enum AccountStatus
{ Requested, Active, Frozen, Dormant, Closed }

public class AccountState
{
    public AccountStatus Status { get; set; }
    public CurrencyCode Currency { get; set; }
    public decimal AllowedOverdraft { get; set; }
    public List<Transaction> TransactionHistory { get; set; }

    public AccountState()
        => TransactionHistory = new List<Transaction>();
}
```

在这种方法中，我们使用了一个空的构造函数和公开(public)的 setter。这允许我们用对象初始化器语法优雅地创建新实例，如下面的代码清单所示。

代码清单9.3　使用便捷的对象初始化器语法

```
var account = new AccountState
{
    Status = AccountStatus.Active
};
```

这将创建一个显式设置 Status 属性的新账户；其他属性被初始化为合理的默认值。注意，对象初始化语法调用了 AccountState 中定义的无参数构造函数和公开的 setter。

如果想要表示一个状态变化，例如账户被冻结，我们将创建一个具有新 Status 的新 AccountState。可通过在 AccountState 上添加一个便捷方法来做到这一点。

代码清单9.4　定义一个拷贝方法

```
public class AccountState
{
    public AccountState WithStatus(AccountStatus newStatus)
        => new AccountState
    {
        Status = newStatus,
        Currency = this.Currency,
        AllowedOverdraft = this.AllowedOverdraft,
        TransactionHistory = this.TransactionHistory
    };
}
```

更新的字段 →

所有其他字段都从当前状态拷贝而来

WithStatus 是一个方法，返回实例的一个副本；除了给定的 Status，该副本与原始内容完全相同。这与我们之前通过在 DateTime 实例上调用 AddDays 来获得新日期类似。

诸如 WithStatus 的方法被称为拷贝方法或 with 方法，因为约定将它们命名为"With[Property]"。然后，表示账户状态的变化如下所示。

代码清单9.5　获取对象的一个修改后的版本

```
var newState = account.WithStatus(AccountStatus.Frozen);
```

每次你想改变一个属性时，都应该创建一个新实例。你可能会想"这难道不是非常低效吗？"事实上，这并不低效，下面的补充说明详细地解释了这一点。

使用不可变对象的性能影响

使用不可变对象意味着要创建修改后的副本，而非使对象就地突变。这意味着创建修改后的副本会产生较小的性能损耗,以及创建了大量最终需要进行垃圾回收的对象。这也是FP在缺乏自动内存管理的语言中不实用的原因。

性能的影响比人们想象的要小,因为像WithStatus这样的典型拷贝方法会创建一个浅拷贝。也就是说,原始对象引用的对象不会被拷贝;只有引用被拷贝。换句话说,除了正在更新的字段外,新对象是原始对象的一个按位副本。如图9.4所示。

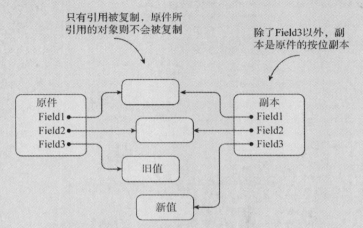

图9.4   因为只拷贝顶层级的引用,所以可以较低成本创建更新版本

例如,当通过调用WithStatus来创建一个新的AccountState时,不会拷贝交易列表。相反,新对象将引用交易的原始列表(如稍后所述,这也必须是不可变的,所以两个不同的实例可共享它)。

如果你应用这个原则,拷贝方法是很快捷的。当然,就地更新则更快,因此需要在性能和安全性之间进行权衡。大多数情况下,创建浅拷贝的性能损耗可忽略不计,所以我的建议是首先考虑安全性,然后根据需要进行优化。

9.3   强制不可变性

上一节展示的实现中使用属性设置器(setter)来初始填充一个对象,并使用拷贝方法来获取已更新的版本。这种方法按约定称为不可变性:使用约定和规则来避免突变。这些设置器是公开的,但它们绝对不应该在对象初始化后被调用。

但这并不能阻止一个调皮的同事在不可变性的情况下直接设置字段:

```
account.Status = AccountStatus.Frozen;
```

要防止这一点,必须通过完全删除属性设置器使对象不可变。然后通过将所有值作为参数传递给构造函数来填充新实例。

代码清单9.6 重构为不可变性：移除所有设置器

```
public class AccountState
{
    public AccountStatus Status { get; }
    public CurrencyCode Currency { get; }
    public decimal AllowedOverdraft { get; }
    public List<Transaction> Transactions { get; }

    public AccountState(CurrencyCode Currency
        , AccountStatus Status = AccountStatus.Requested
        , decimal AllowedOverdraft = 0
        , List<Transaction> Transactions = null)
    {
        this.Status = Status;
        this.Currency = Currency;
        this.AllowedOverdraft = AllowedOverdraft;
        this.Transactions = Transactions ?? new List<Transaction>();
    }

    public AccountState WithStatus(AccountStatus newStatus)
        => new AccountState(
            Status: newStatus,
            Currency: this.Currency,
            AllowedOverdraft: this.AllowedOverdraft,
            Transactions: this.TransactionHistory
        );
}
```

在构造函数中，使用了命名参数和默认值，这样就可创建一个新实例，其语法与我们之前使用的对象初始化语法非常相似。现在可创建一个具有如下合理值的新账户：

```
var account = new AccountState
(
    Currency: "EUR",
    Status: AccountStatus.Active
);
```

可像往常一样调用拷贝方法 WithStatus。

注意，我们现在已经强制规定必须为货币提供一个值，这在使用对象初始化器语法时是无法做到的。因此，我们保持了可读性，同时使实现更健壮。

使用构造函数来执行业务规则

强制客户端代码使用构造函数或工厂函数来实例化对象可提高代码的健壮性，因为此时可强制执行业务规则，从而避免创建处于无效状态的对象(如没有货币的账户)。

9.3.1　永远不可变

我们尚未完成，因为一个对象是不可改变的，所以它的所有组成部分也必须是不可变的。这里使用一个可变列表，所以你的调皮同事仍可通过以下方式来有效地使账户状态突变：

```
account.Transactions.Clear();
```

防止这种情况最有效的方式是创建提供给构造函数的列表的一个副本，并将其内容存储在不可变列表中，为此可使用 System.Collections.Immutable 库中的 ImmutableList 类型：[4]

```
using System.Collections.Immutable;
// ...
                                            将该类标记为 sealed
public sealed class AccountState          以防止可变的子类
{
    public IEnumerable<Transaction> TransactionHistory { get; }

    public AccountState(CurrencyCode Currency
        , AccountStatus Status = AccountStatus.Requested
        , decimal AllowedOverdraft = 0
        , IEnumerable<Transaction> Transactions = null)
    {                                                        创建并存储给
        // ...                                               定列表的一个
        TransactionHistory = ImmutableList.CreateRange        防御性副本
            (Transactions ?? Enumerable.Empty<Transaction>());
    }
}
```

当创建新的 AccountState 时，给定的交易列表被拷贝并存储在 ImmutableList 中。这称为防御性副本。现在，任何使用者都不能更改 AccountState 的交易列表，即使稍后修改构造函数中所提供的列表，也不受影响。幸运的是，CreateRange 足够聪明，如果给它提供一个 ImmutableList，它只是返回，所以拷贝方法不会产生额外开销。

此外，Transaction 和 Currency 也必须是不可变类型。我还将 AccountState 标记为 sealed 以防止创建可变的子类。现在 AccountState 是真正不可变的了。从理论上讲，人们在实践中仍可使用反射使实例突变，[5]所以你的调皮同事仍占上风。但至少现在没有空间来错误地使对象突变。

4　System.Collections.Immutable 库由 Microsoft 开发，以补充框架中的可变集合。它不属于框架的一部分，所以你必须从 NuGet 中获得。

5　System.Reflection 中的实用工具允许你在运行时查看和修改任何字段的值，包括 private 和 readonly 字段，以及自动属性的支持字段。

如何向列表中添加新交易呢？你是不知道的。你创建了一个新列表，其中包含新交易以及所有现有的交易，这将成为新的 **AccountState** 的一部分。

代码清单9.8　为将一个子项添加到不可变对象中，需要创建一个新的父对象

```
using LaYumba.Functional;          ◄── Prepend 是 IEnumerable
                                       上的扩展方法
public sealed class AccountState
{
    public AccountState Add(Transaction t)           一个新的 IEnumerable,
        => new AccountState(                          包括现有值和正在添加
            Transactions: TransactionHistory.Prepend(t), ◄── 的值
            Currency: this.Currency,
            Status: this.Status,              其他所有字段
            AllowedOverdraft: this.AllowedOverdraft   均照常拷贝
        );
}
```

注意，在这种特殊情况下，我们将交易添加到列表前面。这是特定于领域的；大多数情况下，你对最新交易最感兴趣，所以将最新交易保存在列表前面是最有效的。

每次添加或删除单个元素时都拷贝列表可能看起来非常低效，但情况并非如此。第 9.4 节将讨论原因。

9.3.2　无样板代码的拷贝方法的可行性

我们已经设法正确地实现了一个不可变类型的 AccountState，现在我们面对一个痛点：编写拷贝方法很无趣！假设有一个包含 10 个属性的对象，所有这些属性都需要拷贝方法。如果有任何集合，你需要将它们拷贝到不可变集合中，并添加将项目添加到集合的拷贝方法或从这些集合中删除它们。样板代码数量极大！

缓解这种情况的一种方式是编写一个具有命名的可选参数的 With 方法，就像使用它们来定义 AccountState 的构造函数一样。

代码清单9.9　一个可设置任何属性的With方法

```
public AccountState With
    ( AccountStatus? Status = null          null 表示未指定该字段
    , decimal? AllowedOverdraft = null)
    => new AccountState(
        Status: Status ?? this.Status,
        AllowedOverdraft: AllowedOverdraft ?? this.AllowedOverdraft,  如果未指定值，则使
        Currency: this.Currency,                                      用当前实例的值
        Transactions: this.TransactionHistory
    );
可防止任意更改
```

默认值为 null 表示该值未被指定，这种情况下，当前实例的值用于填充副本。对于值类型字段，可使用参数类型的相应可空类型来允许默认值为 null。由于默认值 null 表示该字段未被指定，因此将使用当前值，所以不可能使用此方法将字段设置为 null，但基于第 3 章中关于 null 与 Option 的讨论，你可能发现这无论如何都不是一个好主意。

注意，在代码清单 9.9 中，我们只允许更改两个字段，因为假设永远不能更改银行账户的币种或对交易的历史记录进行任意更改。这种方法使我们可减少样板代码，同时保留对想要允许的操作的细粒度控制。用法如下：

```
public static AccountState Freeze(this AccountState account)
   => account.With(Status: AccountStatus.Frozen);

public static AccountState RedFlag(this AccountState account)
   => account.With
   (
     Status: AccountStatus.Frozen,
     AllowedOverdraft: 0m
   );
```

与使用经典的 With[Property]方法相比，这不仅非常清晰，并可提供更好的性能：如果需要更新多个字段，则会创建单独的新实例。我绝对推荐使用这个单独的 With 方法为每个字段定义一个拷贝方法。

另一种方法是定义一个通用的执行拷贝和更新的帮助器，而不需要任何样板代码。我已在 LaYumba.Functional.Immutable 类中实现了这样一个通用的 With 方法，可按如下方式使用。

```
using LaYumba.Functional;

var oldState = new AccountState("EUR", AccountStatus.Active);
var newState = oldState.With(a => a.Status, AccountStatus.Frozen);

oldState.Status      // => AccountStatus.Active
newState.Status      // => AccountStatus.Frozen
newState.Currency    // => "EUR"
```

这里，With 是 object 的一个扩展方法，它接受一个标识要更新的属性的 Expression，以及新值。使用反射，然后创建原始对象的按位副本，标识指定属性的支持字段，并将其设置为给定值。

简而言之，可做到我们所想要的，但并不是对于任何字段以及任何类型都可以。从正面看，它解救了我们必须编写的繁杂乏味的拷贝方法。但反过来看，反射速度相对较慢，当我们显式选择哪些字段可在 With 中被更新时，我们会失去可利用的细粒度控制。

正如所见，强制不变性是一件棘手的事，而且这是在 C#中进行函数式编程时的最大障碍之一。

9.3.3　利用 F#处理数据类型

还有第三种选择，即使用 F#来模拟数据对象。在进行函数式编码时，将数据与行为分开是很自然的事情：数据被编码为几乎没有行为的数据类型(它们通常表示领域的事件、视图模型、数据传输对象、实体和值对象)，而行为被编码在转换数据或执行副作用的函数中。

通过这种划分，可很容易地在 C#中编写程序行为，同时利用 F#的类型系统来定义数据对象。学习 F#似乎是一个令人望而生畏的前景(将现有的 C#代码库迁移到 F#更是如此)，我并不建议你这么做：我建议只编写 F#中的数据类型。这是很容易的。

用于声明类型的 F#语法非常简洁明了，最重要的是，不需要任何额外的工作即可使所有类型都是不可变的。[6]例如，AccountState 类型及其所有子类型可在 F#中进行定义，如下所示。

代码清单9.11　在F#中编写领域模型

使用"可区分的联合 (discriminated union)"而不是 enum →

```fsharp
namespace Boc.Domain          ← 等同于 C#中的 using 语句
open System

type AccountStatus =
    Requested | Active | Frozen | Dormant | Closed

type CurrencyCode = string     ← 一个"类型别名"

type Transaction = {           ← 使用"记录类型"而不是类
    Amount: decimal
    Description: string
    Date: DateTime
}

type AccountState = {
    Status: AccountStatus
    Currency: CurrencyCode
    AllowedOverdraft: decimal
    TransactionHistory: Transaction list
}
```

这个模型相当于之前所展示的 C#实现，所以应该很容易看出它是什么。

F#以拷贝和更新表达式的形式内置了拷贝方法。这使你可轻松地使用可从 C#

6　除非使用 CLIMutable 属性另行指定，否则 F#中的所有类型都是不可变的。如果你正在使用依赖属性设置器的反序列化器，这一点会特别有用。

代码调用的拷贝方法来丰富 AccountState，如下所示。

代码清单9.12　　使用F#拷贝和更新表达式

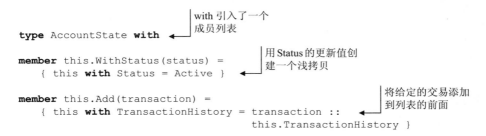

代码的第一行引入一个成员列表，这些成员是将被"附加"到 AccountState 类型的函数——可将它们视为扩展方法。因此，WithStatus 和 Add 将作为来自 C#代码的 AccountState 上的方法来显示。它们的实现只依赖于拷贝和更新表达式(使用 with 关键字)。

正如所见，你不需要成为一名熟练的 F#程序员来利用 F#强大的类型系统：上述几个列表中的语法元素几乎是你用 F#编写领域模型需要了解的所有东西。因为本书是关于 C#的，所以我并不推行这种方法，但在现实项目中，混合这两种语言是值得考虑的选择。

9.3.4　比较不变性的策略：一场丑陋的比赛

总结一下，避免突变和强制不可变是不同的事情，尽管我劝你系统化地避免突变，但强制不可变性不是那么容易做到的——如果你考虑使用反射，那么根本不可能做到。我们已经讨论了几种不同的方法，每种方法都有各自的优缺点：

- **约定不可变性**——在此方法中，你不需要做任何额外的工作来防止突变；你只需要避免即可，例如你可能避免使用 goto、不安全的指针访问、按位操作。如果你是独立开发，或所在的团队从一开始就使用了此方法的话，这可能是一个可行的选择。当然，缺点是突变可能会蔓延。
- **在 C#中定义不可变对象**——此方法将提供一个更健壮的模型，以便向其他开发人员传达该对象不应该发生变化。如果你正在开发一个项目，而该项目中的不可变性并没有被广泛使用，那么这种方法更适合。与约定不可变性相比，在定义构造函数时至少需要做一些额外的工作。
- **使用 F#编写数据对象**——鉴于实现这一点所需的 F#知识很少，以及使用 F#类型系统所带来的优势，这会是一个非常有吸引力的选择，也许是迄今为止最好的选择。主要的注意事项是，这可能影响组件结构，因为 F# 的对象需要进入它们自己的程序集。

避免 C#中的突变如此困难的主因(无论是强制还是通过约定)是需要定义拷贝方法。如果使用 F#编写对象，则可利用拷贝和更新表达式。在 C#中，可使用代码清单 9.10 所示的基于反射的泛化 With 方法来避免拷贝方法的样板代码。对于性能影响明显的特定情况，或你希望更细致地控制哪些字段可能受影响以及控制受影响的方式(例如，允许将交易添加到账户，但不允许将其从账户删除)，可手动定义拷贝方法。

如果你因为缺乏一个明确的解决方案而感到沮丧，那么说明你也犯了同样的错误。事实上，更复杂的是，第三方库可能对你的选择有所限制。传统上，.NET 的反序列化器和 ORM 使用空构造函数及可设置属性来创建和填充对象。如果你依赖于具有这些要求的库，约定不可变性可能是你唯一的选择。

从正面看，这是一个不断发展的领域。改进对不变性的支持对于未来语言版本来说非常重要(记住，C# 6 中的只读自动属性已在这个方向上做了改进)。[7]反序列化程序库也在不断发展和改进，以支持在没有属性设置器的情况下通过构造函数创建对象。

你已经了解了不可变对象，现在让我们来了解不可变数据结构的设计背后的一些原理。你会了解到原理是一样的——毕竟，对象也是临时数据结构。

9.4　函数式数据结构简介

处理数据结构时，突变的缺陷特别明显：因为处理一个大型集合比更新单个对象需要更长时间，所以在不同线程之间并发访问同一集合时发生竞争条件的可能性更大。你在第 1 章中见过这种例子。

如果你只承诺处理不可变数据，则所有数据结构也应该是不可变的。例如，你不应将元素添加到列表中，或更改其结构，而是创建一个具有所需更改的新列表。

这最初可能会让你感到不解："要将项目添加到列表中，我需要将所有现有元素与额外项目一起拷贝到新列表中？这是多么低效？"

为让你了解这为什么未必低效，下面来看一些简单的函数式数据结构。你会发现向集合中添加新元素确实会生成新集合，但这不涉及拷贝原始集合中的每个项目。

> **注意**
>
> 本节中所展示的实现是非常不成熟的。它们有助于理解基本概念，但不适用于生产环境。对于真实世界的应用程序，请使用经过验证的库，如System. Collections.Immutable。

7　最重要的是，C# 7 的一个提案是引入记录类型。与 F# 中的记录类型一样，将是不可变的，并为拷贝和更新表达式提供新语法。尽管未将此特性纳入 C# 7 中，但我们有望在将来的版本中见到它。

9.4.1　经典的函数式链表

我们将从经典的函数式链表开始。虽然看似简单，但它是你可在大多数函数式语言的核心库中找到的基本表。用符号表示，可将其描述为：

```
List<T> = Empty | Cons(T, List<T>)
```

换言之，一个 T 型的 List 可以是以下两种之一：

- **Empty**——表示空列表的特殊值
- **Cons**——由两个值"构建"的非空列表：
  - 单个 T，称为头部(head)，表示列表中的第一个元素
  - 另一个 T 型的 List，称为尾部(tail)，表示其他所有元素

依次类推，尾部可以是 Empty 或 Cons，因此，List 是递归类型(一种根据自身而定义的类型)的一个例子。只有两种情况下，我们可满足任何长度的列表。

例如，包含 ["a", "b", "c"] 的列表的结构如下：

```
Cons("a", Cons("b", Cons("c", Empty)
```

可用如图 9.5 所示的图形表示，其中每个 Cons 被表示为一个具有一个值(头部)的框和一个指向列表其余部分的指针(尾部)。

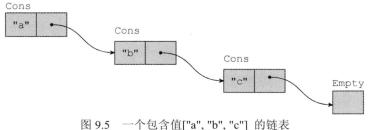

图 9.5　一个包含值["a", "b", "c"] 的链表

下面分析如何在 C#中实现此操作。将简单地使用一个 bool 来表示我们是否处于 Empty 情况。

代码清单9.13　实现一个函数式单向链表

```csharp
public sealed class List<T>
{
    readonly bool isEmpty;
    readonly T head;
    readonly List<T> tail;

    internal List() { isEmpty = true; }          ← 创建一个空列表

    internal List(T head, List<T> tail)          ← 创建一个非空列表
    {
        this.head = head;
```

```
        this.tail = tail;
    }

    public R Match<R>(Func<R> Empty, Func<T, List<T>, R> Cons)
        => isEmpty ? Empty() : Cons(head, tail);
}
```

这看起来太简单了。与列表交互的唯一方式是使用 Match，它将根据列表是否为空来执行不同路径。如果列表非空，则提供给 Match 的函数被赋予列表的头部和尾部。

实际上，我们可按 Match 方式来实现列表中所有期望的常用操作，它们总是依赖于类型的递归定义。例如，如果你想知道列表的长度，可使用 Match 方法：空列表明显长度为 0，而非空列表的长度为其尾部长度加 1：

```
public static int Length<T>(this List<T> list)
    => list.Match(
        Empty: () => 0,
        Cons: (head, tail) => 1 + tail.Length());
```

你可能已经注意到这两个构造函数都被标记为内部的。如往常一样，我会通过一个静态类来公开工厂函数。

许多情况下，使用新的 List("a", new List("b", ... 来显式创建整个结构会很乏味，所以我们添加了一个列表初始化器，这样就可以传递一些硬编码项：

```
public static class LinkedList
{
    public static List<T> List<T>(T h, List<T> t)
        => new List<T>(h, t);

    public static List<T> List<T>(params T[] items)
        => items.Reverse().Aggregate(new List<T>()
            , (acc, t) => List(t, acc));
}
```

第一个工厂函数只是调用了 List 的构造函数，它接受一个头部和一个尾部。随后的函数是一个便利列表初始化器。params 关键字已将所有参数都收集到一个数组中，所以只需要将数组"转换"为 Empty 和 Cons 的一个适当组合即可。这是用 Aggregate 来完成的，使用 Empty 作为累加器，并在 reducer 函数中创建一个 Cons。由于 List 将项目添加到列表的前面，因此我们首先必须反转列表。

现在你已见到主要的构建块，下面在 REPL 中玩转 List 吧。本节讨论的数据结构在 LaYumba.Functional.Data 程序集中定义，因此你需要先导入该程序集及相关的命名空间：

```
#r "functional-csharp-code\LaYumba.Functional.Data\bin\Debug\netstandard1.6\
➡ LaYumba.Functional.Data.dll"
using LaYumba.Functional.Data.LinkedList;
using static LaYumba.Functional.Data.LinkedList.LinkedList;

var empty = List<string>();
```

```
// => []

var letters = List("a", "b");
// => [a, b]

var taxi = List("c", letters);
// => [c, a, b]
```

此代码演示如何创建一个空的或已预填充的列表，以及如何通过将单个项目添加到现有列表来创建一个 Cons。

常用的列表操作

现在分析如何使用此列表来执行一些常见操作，正如我们对 IEnumerable 已变得习以为常一样。例如，以下是 Map 的操作：

```
public static List<R> Map<T, R>(this List<T> list, Func<T, R> f)
   => list.Match(
      () => List<R>(),
      (head, tail) => List(f(head), tail.Map(f)));
```

Map 接受一个列表和一个要映射到列表的函数。然后使用模式匹配：如果列表为空，则返回一个空列表；否则，将该函数应用到头部，并递归地将该函数映射到尾部，并返回两者的 Cons。

如果我们有一个整数列表并且想要获得总和，可使用相同的方式来实现：

```
public static int Sum(this List<int> list)
   => list.Match(
      () => 0,
      (head, tail) => head + tail.Sum());
```

如你所知，Sum 是 Aggregate 的一个特例，所以让我们来看看如何为 List 实现更通用的 Aggregate：

```
public static Acc Aggregate<T, Acc>
   (this List<T> list, Acc acc, Func<Acc, T, Acc> f)
   => list.Match(
      () => acc,
      (head, tail) => Aggregate(tail, f(acc, head), f));
```

提醒一下，对于模式匹配，在 Cons 情况下，我们将 reducer 函数 f 应用于累加器和头部。然后用新的累加器和列表的尾部递归调用 Aggregate。

> **警告**
>
> 这里所展示的实现不是堆栈安全的。也就是说，如果列表足够长，将导致 StackOverflowException。

上面研究了如何处理链表，下面分析"修改"列表的操作。

修改不可变列表

假设我们想将一个项目"添加"到现有列表(自然意味着我们将获得一个新列表和一个额外项目)。对于单向链表,自然的做法是将项目添加到前面:

```
public static List<T> Add<T>(this List<T> list, T value)
    => List(value, list);
```

给定一个现有的列表和一个新值,我们只是构建了一个具有新头部的新列表。新列表的头部将是一个列表节点,其中包含新值和一个指向原始列表头部的指针。就是这样!没必要拷贝所有元素,因此我们可在恒定时间内添加一个元素,仅创建一个新对象。

以下是添加到不可变链表的示例:

```
var fruit = List("pineapple", "banana");
// => ["pineapple", "banana"]

var tropicalMix = fruit.Add("kiwi");
// => ["kiwi", "pineapple", "banana"]

var yellowFruit = fruit.Add("lemon");
// => ["lemon", "pineapple", "banana"]
```

fruit 列表是通过两个元素项初始化的。此后,我们"添加"了第三个水果,以获得一个新列表 tropicalMix。由于该列表是不可变的,所以原始的 fruit 列表并未改变,仍然包含两项。这是显而易见的,因为我们可重复使用它来创建一个包含黄色水果的修改版的新列表。[8]

图 9.6 提供以上代码创建的对象的图形表示,并展示了在创建具有已添加项目的新列表时,不会更改原始水果列表,也不需要拷贝其元素。

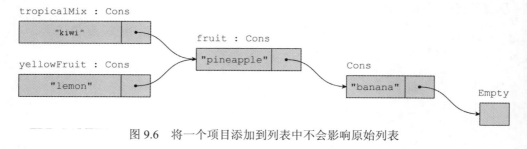

图 9.6　将一个项目添加到列表中不会影响原始列表

8　不可变的数据结构通常称为持久化数据结构。该上下文中的术语"持久化"并不表示对某些媒体的持久化,而仅是对内存的持久化:原始数据结构不受任何创建新版本的操作(如添加或删除元素)的影响。此外,适用于数据结构的术语"持久化"意味着其在某些操作的运行时间方面提供了某些保证。也就是说,操作在持久化的数据结构中应该与相应的可变结构中一样高效,或者至少在相同的数量级内。这深入到数据结构和算法设计方面,所以我仅肯定了不可变/函数式数据结构/集合中的术语。

思考一下这在解耦方面意味着什么：当你有一个不可变的列表时——更一般地说，一个不可变的对象——你可公开它，而不必担心其他组件会对该数据做些什么。它们根本无法对数据做任何事情！

那么删除一个项目呢？单向链表偏向于使用第一个项目，所以我们将删除第一个项目(头部)并返回列表的其余部分(尾部)：

```
public static List<T> Tail<T>(this List<T> list)
    => list.Match(
        () => { throw new IndexOutOfRangeException(); },
        (_, tail) => tail);
```

提醒一下，我们可在恒定时间内从列表中删除第一个元素，而不必更改原始列表(注意，这是抛出异常的极少数地方之一，因为在空列表中调用 Tail 是一个开发错误。如果列表可能为空，则正确的实现应该使用 Match 而不是调用 Tail)。

你可能发现这些示例非常有限，因为我们只与列表的第一个元素进行了交互。但实际上，这可用来涵盖相当多的用例。例如，如果你需要一个堆栈，这是一个完美的起点。对于长度为 n 的列表，诸如 Map 和 Where 的常见操作就是 O(n)，就像任何其他列表一样。

你可定义函数来插入或删除索引为 m 的元素，这些操作为 O(m)，因为它们需要遍历 m 个元素并创建 m 个新的 Cons 对象。如果你需要经常在长列表的末尾追加或删除(例如，如果需要实现队列)，则可使用不同的数据结构。

9.4.2　二叉树

树也是常见的数据结构。除链表之外的大多数列表实现都使用树作为其底层表示，因为这样可更有效地执行某些操作。我们只看一个非常基本的二叉树，[9]其定义如下：

```
Tree<T> = Leaf(T) | Branch(Tree<T>, Tree<T>)
```

也就是说，一个树可以是一个 Leaf(树叶)，是一个终端节点并包含一个 T；或者可以是一个 Branch(树枝)，一个包含两个孩子或"子树"的非终端节点，孩子或子树又可以是树叶或树枝，依次递归下去。

对于 List，我使用了单一类来表示 Empty 和 Cons 案例。这里，一个树的可能值有点复杂，所以将用不同类型来表示每种情况：

```
public abstract class Tree<T> { }
internal class Leaf<T> : Tree<T>
{
    public T Value { get; }
```

9　这里的"二叉"表示每个分支都有两个子树。

```
}
internal class Branch<T> : Tree<T>
{
    public Tree<T> Left { get; }
    public Tree<T> Right { get; }
}
```

换句话说，并不使用布尔值，而使用类型系统来了解一个特定的树是一个 Branch 还是一个 Leaf。我们仍然需要一个 Match 的实现以在每种情况下执行不同的代码并访问树的内部值。可使用如下实现：

```
public abstract class Tree<T>
{
    public abstract R Match<R>
        (Func<T, R> Leaf, Func<Tree<T>, Tree<T>, R> Branch);
}
public class Leaf<T> : Tree<T>
{
    public override R Match<R>
        (Func<T, R> Leaf, Func<Tree<T>, Tree<T>, R> Branch)
        => Leaf(Value);
}
public class Branch<T> : Tree<T>
{
    public override R Match<R>
        (Func<T, R> Leaf, Func<Tree<T>, Tree<T>, R> Branch)
        => Branch(Left, Right);
}
```

这里已经在抽象的 Tree 类中声明了一个具有所需签名的 Match 方法；每个子类都提供了一个调用相应函数的实现。然后，运行时将决定执行哪个重载。[10]

从调用者的角度看，就是通常的 Match：

```
myTree.Match(
    Leaf: t => $"It's a leaf containing '{t}'",
    Branch: (left, right) => "It's a branch");
```

我省略了通常的创建模板：构造函数和工厂函数 Leaf 和 Branch。这些包含在代码示例中，它们允许你采用如下方式在 REPL 中创建一个树：

```
using static LaYumba.Functional.Data.BinaryTree.Tree;

Branch(
    Branch(Leaf(1), Leaf(2)),
    Leaf(3)
)
```

10　你可能不喜欢基类"知悉"子类的事实。如果你从继承的角度来考虑该代码，这确实违反了开闭原则：如果你添加了一个新的子类，则必须修改基类。但在本示例中，继承是一个实现细节，并且 Tree 不准备用于扩展。除了 Leaf 和 Branch 外，不应该有 Tree 的任何子类(遗憾的是，该语言无法让我们表达这一点)。Match 方法只是 C#中缺少模式匹配的良好语法的替代品。提醒一下，有迹象表明，这将在未来版本中进行改进。

这将代表如图 9.7 所示的树。

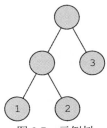

图 9.7　示例树

现在分析一些常见操作。**Map** 的工作方式是什么？尽量不要直接查看以下解决方案，先写下你认为 Map 可能的工作方式。当然，Map 应该创建一个新树。你可进行模式匹配，如果有一个树叶，那么可提取它的值，将函数应用到该树叶上，并将其包装在一个新的树叶中。否则，你将创建一个新树枝，其左右子树是将函数映射到原始子树上的结果：

```
public static Tree<R> Map<T, R>(this Tree<T> tree, Func<T, R> f)
   => tree.Match(
      Leaf: t => Leaf(f(t)),
      Branch: (left, right) => Branch
         (
            Left: left.Map(f),
            Right: right.Map(f)
         )
   );
```

Map 生成一个与原始树同构的新树，并将映射函数应用于原始结构中的每个值，如图 9.8 所示。

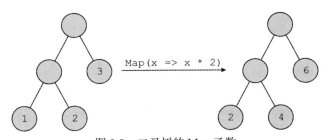

图 9.8　二叉树的 Map 函数

定义一个 Aggregate 函数也是合理的，该函数可将树中的所有值压缩为单个值：

```
public static Acc Aggregate<T, Acc>
   (this Tree<T> tree, Acc acc, Func<Acc, T, Acc> f)
   => tree.Match(
      Leaf: t => f(acc, t),
```

```
Branch: (l, r) =>
{
    var leftAcc = l.Aggregate(acc, f);
    return r.Aggregate(leftAcc, f);
});
```

更有趣的是，我们来看改变一个树的结构的操作，比如插入一个元素。下面是一个非常简单的实现。

```
public static Tree<T> Insert<T>(this Tree<T> tree, T value)
    => tree.Match(
        Leaf: _ => Branch(tree, Leaf(value)),
        Branch: (l, r) => Branch(l, r.Insert(value)));
```

如往常一样，代码使用了模式匹配。如果树是一个树叶，则会创建一个树枝，其两个孩子是树叶本身，并创建一个插入了值的新树叶；如果它是树枝，则会将新值插入到右边的子树中。例如，如果你从包含{1,2,3,7}的树开始并插入值9，则结果如图 9.9 所示。这是一个更常见的结构共享思想的例子；即，更新后的集合会尽可能多地与原始集合共享结构。

将一个项目插入一个树中会创建多少个新项目呢？数量相当于到达一个树叶所需的数量。如果从具有 n 个元素的平衡树开始，[11]则一次插入操作涉及 $\log n + 2$ 个对象的创建，这是非常合理的。[12]

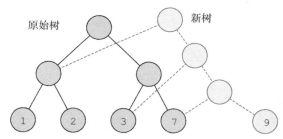

图 9.9   已添加值的树与原始树共享结构的一部分

当然，代码清单 9.14 中的实现最终会导致一个非常不平衡的树，因为它总是向右侧添加元素。为保证有效插入，我们需要改进树的表示以包含自平衡机制。这当然是可能的，但这超出了本书的讨论范围。

开发高效的函数式数据结构是一个吸引人的庞大主题，我们只是触及了皮毛

---

11   如果一个树从其树根到树叶的所有路径具有相同的长度，或最多相差一个，则该树是平衡的。

12   log 的底数将是树的元数：每个节点有多少个孩子。基于一个列表表示形式的树的实际实现可能具有的元数为 32，所以在插入 100 万个对象后，树可能仍然只有 2 或 3 级的深度。

而已。[13]尽管如此，在本节中你已经对函数式数据结构的内部工作原理和结构共享的思想有了一些了解，这些使得不可变的数据结构安全且表现良好。

函数式程序可能在拷贝数据时产生一些性能损失，原因是它并不是原地更新，而命令式程序可能必须引入锁定和防御性副本以确保正确性。因此，函数式程序在许多场景中往往表现得更好。不过，对于大多数实际应用而言，性能不是关键问题，相反，通过拥抱不变性可获得更高的可靠性。

练习

1. 列表——实现函数以处理本章中定义的单向链表：
   a. InsertAt 在给定的索引处插入一个项目。
   b. RemoveAt 删除给定索引处的项目。
   c. TakeWhile 接受一个谓词并遍历列表，生成所有项目，直至谓词失败的那一项。
   d. DropWhile 以类似方式工作，但不包括列表前面的所有项目。
   e. 这四种函数有何复杂性？需要多少个新对象以创建新的列表？
   f. 在处理已排序的列表且你希望获得大于或小于某个值的所有项目时，TakeWhile 和 DropWhile 是非常有用的。请编写接受一个 IEnumerable(而不是一个 List)的实现。
2. 树：
   a. 是否可为本章所展示的二叉树的实现定义 Bind？如果是，实现 Bind；否则解释为什么不可能(提示，首先编写签名，然后绘制二叉树，并说明如何将一个返回树的函数应用于树中的每个值)。
   b. 实现一个 LabelTree 类型，其中每个节点都有一个 string 类型的标签和一个子树列表。这可用来模拟网站中的一个典型导航树或类别树。
   c. 假设你需要在导航树中添加本地化。给你一个 LabelTree，其中每个标签的值都是一个键，以及一个字典(它映射键，翻译为网站必须支持的语言之一)。你需要计算本地化的导航/类别树(提示，为 LabelTree 定义 Map)。
   d. 对上述实现进行单元测试。

13　关于该主题的参考书是由 Chris Okasaki 撰写的 *Purely Functional Data Structures*(剑桥大学出版社，1999)。遗憾的是，代码示例采用了标准 ML。

小结

- FP 范式阻止了状态突变，消除了与状态突变相关的几个弊端，例如缺乏线程安全性、耦合和不纯洁性。
- 不变的事物用不可变的对象表示。
- 在 FP 中，变化的事物也用不可变的对象来表示；这些不可变的快照表示一个实体在给定点处的状态。通过创建一个具有所需变化的新快照来表示变化。
- 在 C#中强制不变性是可行的，但很费力；使用约定不变性，或对 F#中的领域对象建模是值得考虑的。
- 与对象一样，集合也应该是不可变的，这样已存在的集合便永远不会被改变，而是创建具有所需变化的新集合。
- 不可变的集合既安全又高效，因为一个更新后的版本与原始集合共享大部分结构，却不会影响它。

第10章

事件溯源：持久化的函数式方法

本章涵盖的主要内容：
- 关于持久化数据的函数式思考
- 事件溯源的概念和实现
- 事件溯源系统的架构

在上一章中，你了解到在 FP 中如何避免状态突变，尤其是全局状态。我应该还没有提及数据库也是有状态的，所以也应该是不可变的。从概念层面上讲，数据库只是一个数据结构。对于数据库存储在内存还是磁盘上，最终都只是一个实现细节。

你了解到函数式数据结构虽然是不可变的，但可以"演变"。也就是说，可为任何给定的结构创建新的"状态"或"视图"，这些结构基于原始结构但不改变原始结构。我们就对象、列表和树进行了探索，这一思想自然也适用于内存中的数据(与存储的数据一样)，这就是应用程序在不发生突变的情况下表示变化的方式(即使是在数据库级别)。

目前对于实现仅追加数据存储的这种思想有两种方法：
- **基于断言**——将数据库视为不断增长的集合的事实，这些事实在特定时间点是真实的(true)。
- **基于事件**——将数据库视为不断增长的集合的事件，这些事件发生于特定时间点。

两种情况下，数据都不会被更新或删除，只会被追加。[1]本章最后将详细比较这两种方法，但本章的大部分内容都将讨论基于事件的方法，这通常被称为事件溯源(ES)。这是因为所使用的各种支持存储的手段更易于理解和实现，并且在.NET社区中其已被广泛采用。

10.1　关于数据存储的函数式思考

当今许多服务器应用程序本质上都是无状态的；也就是说，当它们收到一个请求时，会从数据库中检索所需的数据，然后做一些处理，并持久化相关的变化(见图 10.1)。绝大多数服务器应用程序都遵循这种方法。

事实上，这种方法已被证明是有效的，因为状态是复杂性的主要来源。如果在你需要时可凭空获取数据，那么很多难题便会迎刃而解。实质上，这是无状态的服务器进程。

这也意味着在无状态服务器中避免状态突变相对容易：只需要创建更新

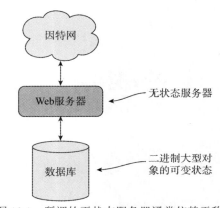

图 10.1　所谓的无状态服务器通常依赖于称为数据库的一个二进制大型对象的可变数据

版本的数据，并将其持久化到数据库。但如果我们认为正在进行函数式开发，而数据库中的值正在更新或删除，我们就是自欺欺人了。无论何时使用 CRUD 方法开发应用程序(即就地更新存储的数据)，我们本质上是使用数据库作为全局可变状态的一个二进制大型对象。

10.1.1　为什么数据存储只能追加

关系数据库已经使用了大约 40 年。它们是在磁盘空间稀缺的时代所构思出来的，因此有效地使用磁盘是非常重要的。通常只存储"当前状态"。当客户改变地址时，旧地址被新地址所覆盖——我们今天仍然有这样一种思维模式，尽管其现在已经完全过时了。

今天，在大数据时代，这些表变成了：存储是廉价的，数据是很有价值的。覆盖数据就像将钱扔出窗外。假设一位顾客从他们的购物篮中清除了一件物品，

1　关系数据库的传统函数是 CRUD 操作：创建、读取、更新和删除。数据存储的函数式方法是 CRA：创建、读取、追加。

你会怎么做呢？你是否会删除数据库中的一行记录？如果你这样做了，那么你删除了有用的信息，该信息可确定某些物品不能按期销售的原因。也许客户经常在购买过程中放弃某些物品，并使用建议清单中的便宜物品来替换它们。如果你删除了数据，则永远不能运用这种分析。

这就是"仅追加存储"的思想赢得青睐的原因所在：永不删除或覆盖任何数据，只添加新数据。例如，思考用于存储代码的版本控制系统：当你提交新的更改时是否覆盖现有代码？

仅追加存储具有另一大优点：它消除了数据库争用问题。数据库引擎在内部使用锁定来确保修改同一单元的并发连接不会相互冲突。例如，假设你有一个电子商务网站，并且某个特定产品的购买量很大。如果该产品的库存计数被建模为随着订单的预定而更新的数据库单元中的值，则会将争用置于该单元上，从而导致数据库访问效率低下。诸如事件溯源的"仅追加"方法消除了这个问题。

下面分析事件溯源代码是什么样的。

10.1.2　放松，并忘却存储状态

我们过于关注表示状态。实际上，我们理所当然地认为，必须将状态持久化。但这种默许的设想是没有事实根据的：这只是关系数据库半个世纪内的盛行所产生的影响。

第 9 章的一个重要思想是状态与实体的关系。状态是特定时间点的实体快照；相反，一个实体是一系列逻辑相关的状态。状态转换导致一个新状态与实体相关联，或更直观地说，导致实体从一个状态转到另一个状态。

例如，你的银行账户现在处于一种状态，并且由于某些事件(如存款、提款或利息费用等)，导致账户从一个状态转到下一个状态，所以明天将处于不同的状态。如图 10.2 所示。

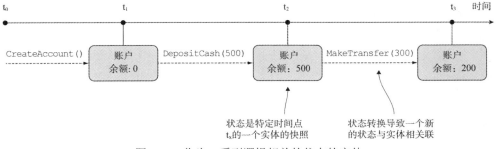

图 10.2　作为一系列逻辑相关的状态的实体

在关系数据库中，我们倾向于只存储实体的最新状态而覆盖之前的状态。当

我们真正需要了解过去时，通常会使用历史记录表，以在其中存储所有快照。这种方法效率低下，因为我们拷贝了快照之间没有改变的所有数据，如果我们要计算出导致变化的原因，则必须运行复杂的逻辑来比较两个状态。

事件溯源(ES)则使该情况有所好转：它将焦点从"状态"转移到"状态转换"。它不是存储有关状态的数据，而是存储有关事件的数据：通过"重播"影响实体的所有事件，始终可重建一个实体的当前状态。

图 10.3 与上一个相同，但焦点已经改变。我们不再关注状态：状态是次要的。实际上，一个实体的状态(字面上)是其事件历史的一个函数。

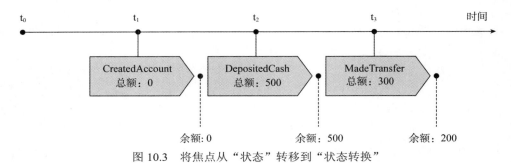

图 10.3   将焦点从"状态"转移到"状态转换"

给定两个状态，以计算出是什么事件可能导致了转换，这是很困难的，但是给定一个事件和先前的状态后，就很容易计算出新状态。因此，在 ES 中，我们将捕获了有关事件细节(而不是状态)的数据持久化。

10.2   事件溯源的基础知识

接下来，我们将分析如何在实践中应用这些思想，并通过 BOC 情景对其进行说明。你会了解到：

- 事件可表示为简单的、不可变的数据对象，捕获所发生的细节。
- 状态也表示为不可变的数据对象，尽管它们可能比事件拥有更复杂的结构。
- 状态转换表示为接受一个状态和一个事件并生成一个新状态的函数。

最后，你会看到如何根据事件历史重新创建一个实体的状态。

10.2.1   表示事件

事件必须非常简单。它们只是简单的数据对象，能够捕获所需的最少量信息，以忠实地表示发生了什么。例如，以下是一些表示可能影响银行账户的事件。

代码清单10.1　影响银行账户的一些事件

```
public abstract class Event
{
    public Guid EntityId { get; }          ◄──── 标识受影响的实
    public DateTime Timestamp { get; }           体(在本例中是一
}                                                个账户)

public sealed class CreatedAccount : Event
{
    public CurrencyCode Currency { get; }
}

public sealed class DepositedCash : Event
{
    public decimal Amount { get; }
    public Guid BranchId { get; }
}

public sealed class DebitedTransfer : Event
{
    public string Beneficiary { get; }
    public string Iban { get; }
    public string Bic { get; }

    public decimal DebitedAmount { get; }
    public string Reference { get; }
}
```

上述事件只是可能影响账户的一部分事件(最明显的是，我们缺少现金提取和贷记转账)，但它们具有足够的代表性，通过这些例子，你可计算出其他任何事件的处理方式。

事件应该被看成不可变的：它们代表过去发生的事情，但并不改变过去。它们将被持久化到存储中，所以也必须是可序列化的。

10.2.2　持久化事件

如果你以一个要将其保存到数据库中的视角来查看代码清单 10.1 中的示例事件，将立即注意到所有事件都有不同的结构、不同的字段，因此你无法将它们存储在一个固定格式的结构中(比如一个关系表)。

存储事件有多种选择。按优先顺序，你应该考虑使用以下内容：

- 一个专门的事件数据库，如 Event Store(https://geteventstore.com)。
- 一个文档型数据库，如 Redis、MongoDB 等。这些存储系统不会对其所存储的数据结构做任何假定。
- 一个传统的关系数据库，如 SQL Server。

> **事件存储(event store)与Event Store**
>
> 无论你使用何种存储来持久化事件，通常都将其称为事件存储。不要将此与
> Event Store混淆，Event Store是一个包含事件存储和相关功能的特定产品。

如果你选择将事件存储在一个关系数据库中，那么你需要一个包含 EntityId
和 Timestamp 等标题列的事件表，你需要这些标题列才能查询实体的事件历史(已
排序，并可能按照时间戳进行过滤)。事件的有效载荷被序列化为一个 JSON 字符
串并存储到一个宽列中，如表 10.1 所示。

表 10.1   事件数据可存储在关系数据库表中

EntityId	Timestamp	事件类型	数据
abcd	2016-07-22 12:40	CreatedAccount	{ "Currency": "EUR" }
abcd	2016-07-30 13:25	DepositedCash	{ "Amount": 500, "BranchId": BOCLHAYMCKT" }
abcd	2016-08-03 10:33	DebitedTransfer	{ "DebitedAmount": 300, "Beneficiary": "Rose Stephens", ...}

所有这三种存储的选择都是可行的；只取决于你的需求以及现有的基础结构。
如果大部分数据已经存在于关系数据库中，并且你只想事件溯源某些实体，那么
使用相同的数据库是合理的，因为这样仅涉及较少的操作开销。

10.2.3   表示状态

我们用了很多篇幅来讨论如何表示状态，所以我们已经处于一个非常有利的
位置。但是，如果我们使用事件来进行持久化，那么这些状态或快照的存在目的
究竟是什么？事实证明，之所以需要它们，是因为各种完全独立的目的：
- 需要快照来决定如何处理命令。例如，如果收到一个指示我们应该进行转账
  的命令，并且账户被冻结或余额不足，那么我们必须拒绝该命令。
- 还需要快照以向用户显示。我将这些视为视图模型。[2]

下面从第一种类型的快照开始。我们需要一个能够捕获所需内容的对象，以便做
出关于如何处理命令的决定。下面的代码清单展示了这样一个模拟账户状态的对象。

代码清单10.2   一个简化的实体状态模型

```
public sealed class AccountState
{
    public AccountStatus Status { get; }
```

---

2   对存储为事件的数据运行复杂分析可能效率低下，因此你也可能因此决定存储快照。这些快照称为
投影(projection)，并在事件发生时进行更新，以使数据可用于以有效格式进行查询。它与视图模型没有根
本区别——更确切地说，你可将视图模型视为投影——所以我不会在本书中专门处理投影。

```
public CurrencyCode Currency { get; }
public decimal Balance { get; }
public decimal AllowedOverdraft { get; }

public AccountState WithStatus(AccountStatus newStatus) // ...

public AccountState Debit(decimal amount)
    => Credit(-amount);

public AccountState Credit(decimal amount)
    => new AccountState(
        Balance: this.Balance + amount,
        Currency: this.Currency,
        Status: this.Status,
        AllowedOverdraft: this.AllowedOverdraft
    );
}
```

这是我们平常的、笨拙的，不可变的数据对象，具有只读属性、一些拷贝方法(如 WithStatus)以及更有意义的 Debit 和 Credit 方法，这些方法也只是拷贝方法并且不包含业务逻辑。

你会注意到，与上一章中所展示的示例相比，它有所简化。例如，我没有交易清单，因为我假设当前的余额和账户状态足以决定如何处理任何命令。交易可能会显示给用户，但在处理命令时并不需要它们。

10.2.4　一个模式匹配的插曲

在继续讨论前，我们必须绕路来讨论模式匹配。根据所发生的事件类型，我们希望它具有不同的行为，但 C#对此缺乏良好支持；因此，本节会离题。如果你想继续关注 ES，请跳到 10.2.5 节，稍后再阅读本节。

C#为模式匹配所提供的初期支持

模式匹配是一种语言特性，允许你根据某些数据的"形态"执行不同的代码——最重要的是其类型。它是函数式语言的主要部分。你可将经典 switch 语句视为模式匹配的一个非常有限的形式，因为你只能匹配一个表达式的确切值。如果你想匹配一个表达式的类型该怎么办？

例如，假设你有以下简单的领域：

```
enum Ripeness { Green, Yellow, Brown }

abstract class Reward { }

class Peanut : Reward { }
class Banana : Reward { public Ripeness Ripeness; }
```

直到 C# 6，只能通过以下代码计算一个给定 Reward 的描述。

代码清单10.3　在C# 6中匹配一个表达式的类型

```
string Describe(Reward reward)
{
    Peanut peanut = reward as Peanut;
    if (peanut != null)
        return "It's a peanut";

    Banana banana = reward as Banana;
    if (banana != null)
        return $"It's a {banana.Ripeness} banana";

    return "It's a reward I don't know or care about";
}
```

对于这样一个简单操作来说，以上方式显得过于繁杂和嘈杂。C# 7引入了对模式匹配的一些有限支持，因此上述代码可缩减成如下形式。

代码清单10.4　在C# 7中使用is来匹配类型

```
string Describe(Reward reward)
{
    if (reward is Peanut _)
        return "It's a peanut";

    else if (reward is Banana banana)
        return $"It's a {banana.Ripeness} banana";

    return "It's a reward I don't know or care about";
}
```

或者二者择一，使用如下 switch 语句。

代码清单10.5　在C# 7中使用switch来匹配类型

```
string Describe(Reward reward)
{
    switch (reward)
    {
        case Peanut _:
            return "It's a peanut";
        case Banana banana:
            return $"It's a {banana.Ripeness} banana";
        default:
            return "It's a reward I don't know or care about";
    }
}
```

这仍然相当尴尬，特别是因为在 FP 中，我们想使用表达式，而 if 和 switch 却需要每个分支中的语句。

基于表达式模式匹配的一个自定义解决方案

在未来版本的 C #中有对模式匹配进行改进的计划，[3]但我不想等待那么久，

3　目前可访问 https://github.com/dotnet/roslyn/blob/master/docs/features/patterns.md 浏览该文档。

所以我将一个 Pattern 类包含到 LaYumba.Functional 中以提供帮助。使用该实现，上述函数可重写为如下形式。

泛型参数指定了调用 Match 时
将返回的类型

一个函数列表；第一个具有匹配类型的将被求值

```
string Describe(Reward reward)
  => new Pattern<string>
  {
    (Peanut _) => "It's a peanut",
    (Banana b) => $"It's a {b.Ripeness} banana"
  }
  .Default("It's a reward I don't know or care about")
  .Match(reward);
```

可选择性地添加默认值或处理程序

提供要匹配的值

效果不如第一类语言好，但仍然是一个改进。首先要设置处理每种情况的函数(在内部，Pattern 本质上是一个函数列表，所以我使用了列表初始化器语法)。如果找不到匹配的函数，可选择调用 Default 来提供一个默认值或处理程序。最后，使用 Match 来提供匹配的值；这将对输入类型与给定值的类型匹配的第一个函数求值。

还有一个 Pattern 的非泛型版本，其中 Match 的返回是动态的。你可在上例中通过简单地省略<string>来使用它，使得语法依然清晰。

注意，到目前为止，你见过的所有 Match 方法(对于 Option、Either、List，Tree 等)只是简单地模仿用支持它的语言进行模式匹配所能做的事情。只有你一开始就知道需要处理的所有情况时(例如，Option 只能是 Some 或 None)，定义这样的方法才有意义。相比之下，Pattern 类对于"为继承所开放的类型"是有用的，比如 Event 或 Reward，你可考虑在系统的发展期添加新的子类。

匹配一个列表的结构

有时，不仅要匹配所讨论的类型，还要匹配其内部结构。例如，你可能想要根据列表是否为空来执行不同代码。你了解过如何使用函数式链表来执行此操作，为此将 Match 定义为对 Empty 和 Cons 情况使用不同的处理程序。提醒一下，以下是一个使用 Match 来计算列表长度的例子：

```
public static int Length<T>(this List<T> list)
  => list.Match(
    () => 0,
    (_, tail) => 1 + tail.Length());
```

一个具有相同语义的 Match 方法可被定义为适用于任何 IEnumerable，并且可采用如下实现方式。

如果列表不为空，则用列表的头部
和尾部调用 Otherwise 处理程序

如果列表为空，
则 Head 返回
None；否则，
将列表的头部
包装于 Some 中

如果列表为空，则调
用 Empty 处理程序

```
public static R Match<T, R>(this IEnumerable<T> list
  , Func<R> Empty, Func<T, IEnumerable<T>, R> Otherwise)
  => list.Head()
    .Match(
      None: () => Empty(),
      Some: (head) => Otherwise(head, list.Skip(1))
    );

public static Option<T> Head<T>(this IEnumerable<T> list)
{
    var enumerator = list.GetEnumerator();
    return enumerator.MoveNext()
      ? Some(enumerator.Current) : None;
}
```

　　这里的 Match 接受一个 IEnumerable 为空情况下的处理程序，另一个处理程序接受其头部和尾部。当根据事件历史计算一个实体的状态时，你将看到一个使用示例：历史记录为空的列表的实体不存在，因此应该接受特殊处理。

　　拥有了合适的模式匹配工具后，下面回到 ES 的讨论中。

10.2.5　表示状态转换

　　现在让我们来看看状态转换中的状态和事件是如何结合的。一旦你有一个状态和一个事件，即可通过将事件应用到状态来计算下一个状态。这种计算称为状态转换，它是一个函数，签名具有以下通用形式：

state → event → state

　　换句话说，"给我一个状态和一个事件，我会在事件发生后计算新的状态"。对我们的场景来说，该签名变得特殊化：

AccountState → Event → AccountState

　　这里，Event 是基类，所有事件都从 Event 派生，因此一个实现必须对事件类型进行模式匹配，然后使用相关的变化来计算一个新的 AccountState。

　　还有一个特殊的状态转换，即首次创建账户时。这种情况下，我们有一个事件，但没有先前的状态，所以签名的格式如下：

event → state

　　以下代码清单展示了场景的实现。

代码清单10.7　对状态转换进行建模

```
public static class Account
{
```

```
public static AccountState Create(CreatedAccount evt)
   => new AccountState
      (
         Currency: evt.Currency,
         Status: AccountStatus.Active
      );

public static AccountState Apply(this AccountState account, Event evt)
   => new Pattern
      {
         (DepositedCash e) => account.Credit(e.Amount),
         (DebitedTransfer e) => account.Debit(e.DebitedAmount),
         (FrozeAccount _) => account.WithStatus(AccountStatus.Frozen),
      }
      .Match(evt);
}
```

CreatedAccount 是一个特例，因为没有先前状态

根据事件的类型调用相关转换

第一个方法是创建的特例，它接受一个 CreatedAccount 事件并新建一个 AccountState(用来自事件的值填充)。这里也存在一些业务逻辑：账户一旦创建，便处于 Active 状态。

Apply 方法是状态转换的一般公式，将处理其他所有事件类型，对事件类型进行模式匹配：如果事件是 FrozeAccount，则返回状态为 Frozen 的一个新状态；如果事件是 DepositedCash，则调用 Credit；Credit 返回一个新状态，且余额相应增加，以此类推。在真实应用程序中，你将获得更多事件类型。

10.2.6　从过去的事件中重建当前状态

现在你已经了解到如何表示状态和事件，以及如何将它们与状态转换结合在一起，也已经做好了准备来了解如何从过去影响该实体的事件的历史记录中计算出实体的当前状态。

代码清单10.8　根据事件历史复原实体的当前状态

提供事件历史

```
public static Option<AccountState> From(IEnumerable<Event> history)
   => history.Match(
      Empty: () => None,
      Otherwise: (created, otherEvents) => Some(
         otherEvents.Aggregate(
            seed: Account.Create((CreatedAccount)created),
            func: (state, evt) => state.Apply(evt))));
```

应用每个后续事件

从第一个事件中创建一个新账户，并将其用作累加器

下面先来分析签名。我们正在接受一个序列事件：实体的历史记录。这是你为一个给定的 EntityID 查询所有事件时从数据库获取的事件列表。我假定序列是

排过序的：所发生的第一个事件应该位于列表顶部。从数据库中检索事件时，必须执行此操作，而且这通常不需要额外处理：因为事件在发生时会被持久化，所以会按顺序追加它们，并且检索时通常会保留此顺序。

所期望的返回值是一个 AccountState，但这里它被封装在一个 Option 中。这是之前讨论的 IEnumerable 的 Match 的实现可派上用场的地方。如果历史记录为空，这意味着该实体没有记录的历史，则该实体不存在于系统中，因此代码返回 None。否则，序列必须在列表头部包含一个 CreatedAccount，而尾部包含所有之后的事件。在本示例中，代码从 CreatedAccount 事件中创建初始状态，并将其作为累加器用于 Aggregate，以将所有后续事件应用于该状态，最终获得当前状态。

注意，如果你不想查看账户的当前状态，而是查看过去任何时间点的状态，则可通过对完全相同的函数求值，仅采用过滤方式排除超过期望日期的事件来轻松完成此操作，如图 10.4 所示。出于这个原因，当你需要一个审计追踪并查看一个实体如何随时间变化时，事件溯源是一种非常有价值的模式。

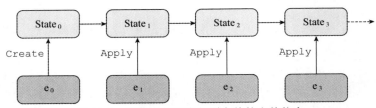

图 10.4   根据事件历史复原实体的当前状态

现在你已经了解到事件溯源如何为持久化提供一个可行的"仅追加"模型，从中你可轻松计算出现在或过去的状态，下面从高级架构的角度来分析事件溯源系统是什么样的。

10.3   事件溯源系统的架构

事件溯源系统中的数据流与传统系统中的数据流不同，后者的数据通过关系存储来备份。如图 10.5 所示，在面向 CRUD 的系统中，程序在实体中进行处理，或在状态中会处理得更好。状态被保存在数据库中，由服务器检索，并被发送给客户端。"模型"(存储在数据库中的数据)和"视图模型"(发送给客户端的数据)之间的转换通常非常少。

在事件溯源系统中，则完全不同。我们持久化的是事件。但用户并不希望看到事件日志，因此供用户查看的数据必须以有意义的方式进行结构化。出于这个原因，可将事件溯源系统巧妙地分成两个独立部分：

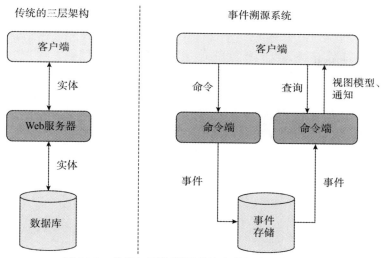

图 10.5　传统与事件溯源系统中数据流的高级比较

- **命令端**——此端负责写数据，主要包括验证接收自用户的命令。有效的命令将导致事件被持久化并传播。
- **查询端**——此端负责读数据。视图模型取决于你希望在客户端显示的内容，查询端必须用存储的事件来填充这些视图模型。当新事件导致视图改变时，查询方也可选择向客户端发布通知。

命令和查询端之间的这种自然分割导致了更小、更集中的组件。也提供了灵活性：命令和查询端可以是完全独立的应用程序，因此可独立进行缩放和部署。当你认为查询端的负载可能比命令端的负载大得多时，这是有利的。例如，思考关于访问 Twitter 或 Facebook 等网站时所发布的数据与你所检索的数据量的比较。

相反，在命令端，你可能需要同步写入以防止发生并发变化。如果有命令端的单个实例，这更容易完成。因此，这种分离(名为 CQRS，用于命令/查询的责任分离)，可让你轻松地缩放数据密集型查询端，以满足需求，同时保留较少实例甚至是命令端的单个实例。

命令和查询端不必是单独的应用程序。两者都可存在于同一个应用程序中。但如果你使用事件溯源，那么双方仍然内部分离。下面分析如何从命令端开始实现它们。

10.3.1　处理命令

如果你喜欢的话，命令可以是最早的数据源。命令由用户(或其他系统)发送到你的应用程序，并由命令端处理，命令端必须执行以下操作：

- 验证命令
- 将命令转换为一个事件
- 持久化事件并将其发布给相关方

下面首先比较类似但不同的"命令"和"事件":

- "命令"是来自用户或其他应用程序的请求。由于某种原因,命令可能会被违反或忽视。也许是该命令未通过验证,或者系统在处理它时可能崩溃。命令以命令式的形式命名,例如 MakeTransfer 或 FreezeAccount。
- 相比之下,"事件"因其已经发生所以不会失败。它们以过去式命名,例如 DebitedTransfer 或 FrozeAccount。我特别考虑到导致状态转换的事件,因此必须将其持久化。如果系统中有其他更多瞬态事件不需要持久化,请确保清晰地区分它们。

此外,命令和事件通常会捕获相同的信息,并且从命令创建事件只是一个按字段拷贝字段的问题(有时会有一些变化)。一个事件直接影响单个实体,但事件是在系统内广播的,因此它们可能触发创建影响其他实体的其他事件。

接下来分析命令端的主要工作流程,如图 10.6 所示。

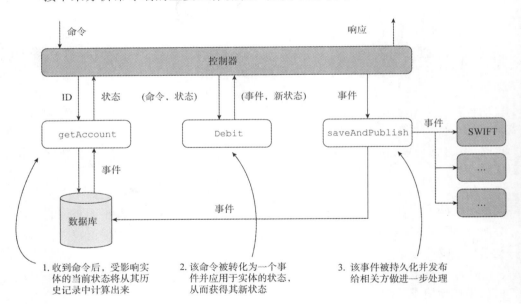

图 10.6　一个事件溯源系统的命令端

为简单起见,此处暂时忽略验证以及错误处理。这将使我们能专注于数据流的基本要素。

以下代码清单展示了命令端的入口点和主工作流。

代码清单10.9　顶层的命令处理工作流

```
public class MakeTransferController : Controller
{
    Func<Guid, AccountState> getAccount;
    Action<Event> saveAndPublish;                          处理接收到的命令

    public IActionResult MakeTransfer([FromBody] MakeTransfer cmd)
    {
        var account = getAccount(cmd.DebitedAccountId);    检索账户

        var (evt, newState) = account.Debit(cmd);          执行状态转换；返回一个
        saveAndPublish(evt);                               包含事件和新状态的元组

        return Ok(new { Balance = newState.Balance });     向用户返回有关
    }                                                       新状态的信息
}
```

持久化
事件并
发布给
相关方

下面先来分析依赖关系(假设它们是在构造函数中注入的)。对于 getAccount，将检索受影响账户的当前状态(根据其事件历史来计算，如之前所述)。saveAndPublish 会将给定事件持久化，此处将其发布给任何相关方。

现在分析 MakeTransfer 方法。该方法接收一个进行转账的命令并使用 getAccount 函数检索要借记的账户的状态。然后将检索到的账户状态和命令提供给 Debit 函数(作为一个扩展方法被调用)。这会将命令转换为一个事件并计算账户的新状态。

Debit 返回一个包含创建的事件和账户的新状态的元组。然后，代码使用 C# 7 语法(请参阅补充说明 "C# 7 中的元组")将此元组解构为两个元素：创建的事件被传递给 saveAndPublish，账户的新状态用于填充发送给客户端的响应。

接下来分析 Debit 函数：

```
public static class Account
{
    public static (Event Event, AccountState NewState) Debit
    (this AccountState state, MakeTransfer transfer)
    {
        Event evt = transfer.ToEvent();
        AccountState newState = state.Apply(evt);          计算新状态

        return (evt, newState);
    }
}
```

将命令转
换为一个
事件

Debit 将命令转换为一个事件，[4]并将该事件与新状态一起提供给 Apply 函数以获取账户的新状态。注意，这与从其事件历史计算账户当前状态时所使用的

4　ES 的其他作者允许一个命令被翻译成多个事件，但我认为这往往会增加复杂性而没有任何真正的好处。相反，我发现一个命令应该只被翻译成单一事件；当此事件发布后，下游事件处理程序可创建其他事件，这会影响同一实体或其他实体。

Apply 函数完全相同；这可确保状态转换是一致的，无论事件是刚发生的，还是发生在过去而正在重播。

C# 7中的元组

C# 7中的元组和从C# 4开始使用的元组之间没有概念上的区别，但在性能和可用性方面存在重要差异。

旧元组的语法缺乏吸引力：要访问它们的元素，必须使用Item1、Item2等属性。而在C# 7中为创建和使用元组提供了新的轻量级语法，这类似于许多其他语言中的语法：

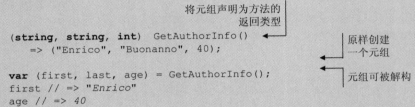

```
(string, string, int) GetAuthorInfo()
    => ("Enrico", "Buonanno", 40);

var (first, last, age) = GetAuthorInfo();
first // => "Enrico"
age // => 40
```

此外，你可为元组的元素指定有意义的名称，以便按字段或属性来查询它们，如下例所示：

```
(string First, string Last, int Age) GetAuthorInfo()
    => ("Enrico", "Buonanno", 40);

var info = GetAuthorInfo();
info.First // => "Enrico"
info.Age // => 40
```

除了新语法外，元组的底层实现也发生了变化。旧元组是由 System.Tuple 类支持的，这些类是不可变的引用类型。新元组由 System.ValueTuple 结构体所支持。作为结构体，它们在函数之间传递时被拷贝，然而它们是可变的，所以你可在方法中更新它们的成员——这是在元组的预期不变性和性能考量之间的折中。

注意，这里展示的技术绝不要求你使用 C# 7 或新的元组实现。如果你使用的是旧版本的 C#，则仍可使用旧的 System.Tuple，并在可读性方面付出代价。

10.3.2 处理事件

我们该在哪里来真正做到将钱寄给收款人呢？将其作为 saveAndPublish 的一部分：新创建的事件应该传播给相关方。一个专门的服务应该订阅这些事件，并视情况将这些钱发送到收款银行(通过 SWIFT 或其他银行间平台)。由于其他原因，其他几个订阅者可能使用相同的事件，例如重新计算银行的现金储备，向客户的手机发送一个 toast 通知等。

为什么将该函数称为 saveAndPublish？这两件事情都应该以原子方式发生。

如果进程保存事件，然后在所有订阅者能够处理事件之前崩溃，则系统可能处于不一致状态。例如，该账户可能会被扣除，但这笔钱不会发送给 SWIFT。

关于这种原子性如何实现是较为复杂的，并严格依赖于你所针对的基础结构(包括存储和事件传播)。例如，如果使用 Event Store，则可利用事件流的持久性订阅，这可确保事件至少向订阅者传递一次(在此情况下，意味着"持久")。

因此，通过使用 Event Store，可以简化 saveAndPublish 中的逻辑以仅保存事件。然后事件处理程序订阅 Event Store 的事件流，如图 10.7 所示。

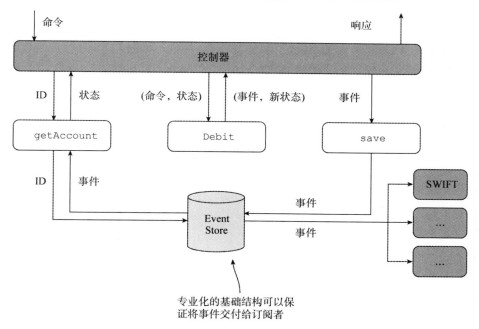

图 10.7　事件处理程序可以订阅 Event Store 发布的事件流

10.3.3　添加验证

现在让我们添加验证，以便只有在账户当前状态允许的情况下才接受该命令并将其转换为事件。

代码清单10.10　只确保有效的转换发生

```csharp
public static class Account
{
    public static Validation<(Event, AccountState)> Debit
        (this AccountState account, MakeTransfer transfer)
    {
        if (account.Status != AccountStatus.Active)
            return Errors.AccountNotActive;
```

```
    if (account.Balance - transfer.Amount < account.AllowedOverdraft)
        return Errors.InsufficientBalance;

    Event evt = transfer.ToEvent();
    AccountState newState = account.Apply(evt);

    return (evt, newState);
    }
}
```

此处的 Debit 执行了一些账户的特定验证，因此返回类型被包装在 Validation 中。只有一切顺利，才会返回事件的新状态元组。否则，它会返回一个验证错误(注意，在任何一种情况下，返回的值都会隐式提升到适当状态的 Validation 中)。

这些就绪后，让我们重新审视主要的工作流，来添加验证。

代码清单10.11　具有验证的命令处理

```
public class MakeTransferController : Controller
{
    Func<MakeTransfer, Validation<MakeTransfer>> validate;
    Func<Guid, AccountState> getAccount;
    Action<Event> saveAndPublish;

    public IActionResult MakeTransfer([FromBody] MakeTransfer cmd)
        => validate(cmd)
            .Bind(t => getAccount(t.DebitedAccountId).Debit(t))
            .Do(result => saveAndPublish(result.Item1))
            .Match<IActionResult>(
                Invalid: errs => BadRequest(new { Errors = errs }),
                Valid: result => Ok(new { Balance = result.Item2.Balance }));
}
```

该代码清单具有一个新的依赖，即 validate，validate 应该执行一些更通用的命令验证，例如确保 IBAN 和 BIC 代码格式的正确性等。这必须与 Debit 中发生的账户的特定验证相结合，当然应该通过 Bind 来完成。

涉及调用 saveAndPublish 的工作流的下一步发生在 Do 函数内部。Do 类似于 ForEach，也接受一个副作用函数。但 ForEach 会"丢弃"内部值，而 Do 则会传递值，如下所示：

```
public static Validation<T> Do<T>
    (this Validation<T> val, Action<T> action)
{
    val.ForEach(action);
    return val;
}
```

这使我们能够在后续调用 Match(工作流中的最后一步)中获得可用的值，我们将根据验证的输出结果向客户端发送适当的响应。

此次所修改的版本添加了验证，但没有异常处理：getAccount 和 saveAndPublish 执行了 IO，因此它们都可能失败。为表达这一点，我们必须将 Validation 与另一个功效结合使用，例如 Exceptional。第 14 章将介绍这是如何实现的。

现在你应该对事件溯源系统命令端的工作方式有了很好的了解。现在让我们来分析查询端。

10.3.4　根据事件创建数据的视图

我们将再次从客户端开始探索。客户端以最适合用户需求的格式显示数据，并且服务器旨在提供出现在这些视图中的数据——视图模型。

我们将一个银行账户对账单作为一个银行账户的典型视图。将包含在给定期间发生的交易清单(假设与日历月相吻合)以及期初和期末的余额。图 10.8 呈现了一个例子。

Your summary for:		July 2016	
Starting Balance		**550**	
Transactions			

Date	Description	Credited	Debited
2016-07-03	Cash deposit	200	-
2016-07-10	Transfer to Rose Stephens	-	350
2016-07-03	Direct debit payment to Electro	-	65

| **End Balance** | | **335** | |

图 10.8　一个银行对账单的示例结构

接下来定义视图模型的结构：包含用于填充银行对账单的数据的对象。我们将有一个父对象 AccountStatement，其中包含一个 Transactions 列表。

代码清单10.12　一个银行对账单的视图模型

```
public class AccountStatement
{
    public int Month { get; }
    public int Year { get; }

    public decimal StartingBalance { get; }
    public decimal EndBalance { get; }
    public IEnumerable<Transaction> Transactions { get; }
}

public class Transaction
```

```
{
    public DateTime Date { get; }
    public decimal DebitedAmount { get; }
    public decimal CreditedAmount { get; }
    public string Description { get; }
}
```

接下来，需要从一个给定账户的事件历史中填充此数据。注意，我们需要完整的事件历史记录。下面的代码清单展示了如何计算对账单期间的期初和期末余额。

代码清单10.13　计算期初和期末余额

```
public class AccountStatement
{
    public decimal StartingBalance { get; }
    public decimal EndBalance { get; }

    public AccountStatement(int month, int year, IEnumerable<Event> events)
    {
        var startOfPeriod = new DateTime(year, month, 1);
        var endOfPeriod = startOfPeriod.AddMonths(1);

        var eventsBeforePeriod = events
            .TakeWhile(e => e.Timestamp < startOfPeriod);
        var eventsInPeriod = events
            .SkipWhile(e => e.Timestamp < startOfPeriod)
            .TakeWhile(e => endOfPeriod < e.Timestamp);

        StartingBalance = eventsBeforePeriod.Aggregate(0m, BalanceReducer);
        EndBalance = eventsInPeriod.Aggregate(StartingBalance, BalanceReducer);
    }

    decimal BalanceReducer(decimal bal, Event evt)
        => new Pattern
        {
            (DepositedCash e) => bal + e.Amount,        影响余额
            (DebitedTransfer e) => bal - e.DebitedAmount,  的事件
        }
        .Default(bal)        其他事件不影响余额，所以此
        .Match(evt);         默认子句返回运行后的余额
}
```

正如我们使用 Aggregate 来计算命令端的状态一样，可在这里使用它来计算查询所需的数据。可通过将所有事件聚合到对账单期间的起始日期，来计算期初余额，方法是使用 0 作为种子值，并使用一个 reducer 函数，该 reducer 函数根据事件是什么及其如何影响余额来增加或减少余额。

并非所有事件都会影响余额。因此，如果事件的类型与 Pattern 初始化程序中所列出的类型不同，那么调用 Default 将返回运行余额 bal。对于期末余额，可使用相同的逻辑，包括对账单期间内发生的事件。

现在，对于交易清单(或列表)来说，有些事件涉及交易；有些却不涉及。下面首先添加一些方法来构建一个来自 Event 的 Transaction：

```
public class Transaction
{
   public Transaction(DebitedTransfer e)
   {
      this.DebitedAmount = e.DebitedAmount;
      Description = $"Transfer to {e.Bic}/{e.Iban}; Ref: {e.Reference}";
      Date = e.Timestamp.Date;
   }

   public Transaction(DepositedCash e)
   {
      this.CreditedAmount = e.Amount;
      Description = $"Deposit at {e.BranchId}";
      Date = e.Timestamp.Date;
   }
}
```

现在我们需要创建此期间的 Transactions 列表。为此，我们需要将该期间发生的所有事件"映射"到相应的交易。这不如在事件列表中使用 Map 那么简单，因为我们需要过滤掉不涉及交易的事件。要做到这一点，可以改为对一个返回 Option 的函数执行 Bind 操作，该函数只对涉及交易的事件返回 Some<Transaction> (第4.5 节中讲过，Bind 会过滤掉结果列表中的 None)。

代码清单10.14　填充对账单上的交易列表

```
public class AccountStatement
{
   public AccountStatement(int month, int year, IEnumerable<Event> events)
   {
      var startOfPeriod = new DateTime(year, month, 1);
      var endOfPeriod = startOfPeriod.AddMonths(1);

      var eventsDuringPeriod = events
         .SkipWhile(e => e.Timestamp < startOfPeriod)
         .TakeWhile(e => endOfPeriod < e.Timestamp);

      Transactions = eventsDuringPeriod.Bind(CreateTransaction);
   }

   Option<Transaction> CreateTransaction(Event evt)
      => new Pattern<Option<Transaction>>
      {
         (DepositedCash e) => new Transaction(e),      // 从每个事件中创建一个 Transaction
         (DebitedTransfer e) => new Transaction(e),
      }
      .Default(None)      // 为不涉及交易的事件返回 None
      .Match(evt);
}
```

正如所见，从一个事件列表中填充视图模型需要一些工作和思考。所涉及的数据转换通常可通过常用的 Map、Bind 和 Aggregate 函数来执行。视图模型保持以用户体验为中心，与底层表示完全分离。

如果需要处理大量事件，则填充视图模型可以是计算密集型的，因此通常需要进行一些优化，以免每次需要时重新计算视图模型。这样的优化方式之一是查询端为每个视图模型缓存当前版本，并在接收到新事件时更新它。在本示例中，查询端订阅由命令端发布的事件，在接收到这些事件后更新缓存版本，并可选择性地将更新后的视图模型发布给所连接的客户端。

正如所见，如果你想要一个具有关系数据库(或更好)性能特征的事件溯源模型，则需要一些额外的工作来预先计算和维护视图模型。一些更复杂的优化涉及查询端的专用数据库，其数据以优化过的格式来存储以供查询。例如，如果你需要使用任意过滤器查询视图，则这可以是一个关系数据库。这种"查询模型"总会是过去事件的一个副产品，因此事件存储库充当了一个"事实来源"。

10.4 比较不可变存储的不同方法

在本章中，你已经大致了解了 ES，这是一种基于事件的数据存储方法。你已经了解到为什么其本质上是一个函数式技术，以及如何存储关于状态转换的数据，而不是状态，这提供了一些重要的好处。本章开头提到的另一种方法是基于断言的方法。它更像是关系模型，因为你仍然在定义实体和属性，而这些实体和属性本质上与关系数据库中的行和列相似(例如，你可定义一个具有 Email 属性的 Person 实体)。

可通过断言来修改这个数据库——例如"现在开始，id 为 123 的 Person 的 Email 属性的值为 jobl@manning.com。"将来，此属性可能会与其他值关联，但它在特定时间范围内与值 jobl@manning.com 相关联的事实不会被遗忘、覆盖或销毁。在这个模型中，数据库变成一个不断增长的事实集合。

然后，可采用与关系数据库相同的方式查询数据库，可指定是否要查询当前状态或任何时间点的状态。

使用基于断言和基于事件的方法，可得到以下结果：
- 一个审计追踪，可在任何时间点查询实体的状态
- 无数据库争用，因为没有数据是被覆盖的

事实上这些好处是固有的，因为这两种方法都拥抱不变性。下面分析可能影响你在这两种方法之间做选择的其他因素。

10.4.1　Datomic 与 Event Store

基于断言的方法实际上只有一个实施实例，即 Datomic(http://www.datomic.com/)，除了这里讨论的原理外，它还实现了其他相关的设计决策，使其在性能和可扩展性方面具有良好特性。Datomic 是一款私有产品，其免费版本的可扩展性受到限制。要推出你自己的实现将是一项艰巨任务。

另一方面，实现事件溯源系统相对简单：本章介绍了所需的大部分内容。你可使用任何数据库(NoSQL 或关系数据库)编写有效的实现作为底层存储。对于大型应用程序，使用专门为 ES 设计的数据库(如开源的 Event Store[5])仍然很有用。总之，如果你需要基于断言的方法，则几乎必须使用 Datomic；对于 ES，你可能需要(或选择使用)Event Store。

Event Store 是用.NET 开发的，提供了一个用于通过 TCP 与存储区进行通信的.NET 客户端，并且该项目在.NET 社区中具有良好的能见度。Datomic 是用 Clojure 开发的，所以与.NET 的互操作性不是很好。[6]这些方面都倾向于使用 Event Store，部分原因是.NET 用户更广泛地采用 ES(无论是否使用 Event Store)。

10.4.2　你的领域是否受事件驱动？

确定任何技术时最重要的考虑因素是你的领域的具体需求：某些应用程序本质上是受事件驱动的，而其他应用程序则不是。

你该如何评估 ES 是否合适呢？首先，思考在你的领域里你认为什么是"事件"；它们有多重要？其次，了解所提供的数据与所涉及的各方正在使用的数据之间是否存在固有差异。

例如，思考在线拍卖的领域：一个典型事件是当客户对物品进行投标时。此事件触发变化：该客户成为高出价者，并提高出价。另一个重要事件是锤子落下时：高出价者必然购买相应的物品，等等。该领域绝对是受事件驱动的。

此外，客户所使用的数据往往与其所生成的数据完全不同：大多数客户生成单个出价，但他们可能使用包含待售商品细节的数据、迄今为止一件物品所出价的历史记录，或他们所购买的物品清单。所以用户操作(命令)和他们所使用的数据(查询)之间已经有了一个自然的解耦。ES 非常适用于该领域。

相比之下，设想一个应用程序可让保险公司管理其产品。你能想到什么事件？一个新策略可被创建，或被停用，或者一些参数可被修改……但这些本质上是

5　虽然 Event Store 对.NET 用户特别有吸引力，但它不是唯一围绕事件流设计的数据库。另一个基于相同原则构建的堆栈是管理事件流的 Apache Kafka 和一个维护从这些流中计算的视图模型的 Samza 框架。

6　从 2017 年初开始，可通过一个 RESTful API 连接到 Datomic。该 API 被认为是遗留的(但将继续得到支持)，并且没有用于.NET 的本地客户端。

CRUD 操作！你仍然需要一个审核日志，因为一旦修改生效，修改一个产品特征可能影响数千个合同。这对于基于断言的数据库来说更适合。

不可变的数据存储是一个需要关注未来发展的领域，这两种不可变存储的方法都是对现代应用的需求和挑战的重要响应。

小结

- 以函数式来思考数据，当然也包括存储。不要改变所存储的数据，而要将数据库视为一个不可变的大集合：你可追加新数据，但不要覆盖现有数据。
- 不可变存储有两种主要方法：
  - **基于事件**——数据库是一个不断增长的事件集合。
  - **基于断言**——数据库是一个不断增长的事实集合。
- 事件溯源意味着在事件发生时持久化事件数据。实体的状态不需要存储，因为总是可计算为影响实体的所有事件的"总和"。
- 一个事件溯源系统很自然将读数据与写数据的问题分离，使得 CQRS 架构能够分离：
  - **命令端**，接收、验证命令，并将其转变为可被持久化和发布的事件。
  - **查询端**，将事件组合起来创建视图模型，视图模型服务于客户端，并可选择性地缓存以获得更高性能。
- 事件溯源系统有几个主要组件：
  - **命令**——简单的、不可变的数据对象，封装了来自客户端程序的请求。
  - **事件**——简单的、不可变的数据对象，捕获所发生的事情。
  - **状态**——表示实体在某个时间点的状态的数据对象。
  - **状态转换**——接受一个状态和一个事件并生成新状态的函数。
  - **视图模型**——用于填充视图的数据对象。它们是根据事件计算的。
  - **事件处理程序**——订阅事件以执行业务逻辑(在命令端)或更新视图模型(在查询端)。

第 III 部分

高级技术

本部分将讲解状态管理、异步计算和并发消息传递等高级主题。

第 11 章讨论惰性求值的好处，以及如何组合惰性计算。这是你将了解的几种实际用途的一般模式。

第 12 章展示如何在没有状态突变的情况下实现有状态的程序，以及如何组合有状态的计算。

第 13 章涉及异步计算，以及异步性如何与本书之前讨论的其他效果进行结合。这导致了结合多个单子效果的更广泛关注，单子效果依然是 FP 的一个开放性研究主题。

异步数据流比异步数据更普遍，第 14 章将讨论这些内容以及 Rx，Rx 是一个处理数据流的框架。

最后，第 15 章介绍消息传递的并发机制，这是一种无锁并发的风格，可用于编写有状态的并发程序。

第 III 部分的每一章都介绍一些重要技术，这些技术可能彻底改变你对编程的看法。这些主题中的许多内容过于庞大，以至于无法对其进行全面讨论，因此这些章节旨在为进一步探索而抛砖引玉。

第 11 章

惰性计算、延续以及单子组合之美

本章涵盖的主要内容：
- 惰性计算
- 使用Try进行异常处理
- 以单子形式组合函数
- 使用延续(continuation)来逃离厄运金字塔

在本章中，你将首先了解为什么有时需要定义惰性计算；即可能执行或可能不执行的函数。然后你将了解这些函数如何与其他函数进行组合，并独立执行。

一旦你涉足惰性计算(只是简单函数)，你会了解到如何将相同的技术扩展到"除了惰性之外还有其他一些有用效果"的计算。换言之，你将学习如何使用 Try 委托来安全地运行可能引发异常的代码，以及如何组合多个 Try。然后，你将学习如何组合"接受一个回调而不会在'回调地狱'中结束"的函数。

将所有这些技术结合在一起的原因是，在各种情况下，你都将函数视为具有某些具体特征的事物，并且你可独立于执行组合它们。这更抽象，但功能相当强大。

本章的内容非常具有挑战性，所以如果你在第一次阅读时并没有完全理解，请不要气馁。

11.1 惰性的优点

计算中的惰性意味着推迟，直到需要结果时才计算。这在计算昂贵且可能并不需要结果时是有利的。为介绍惰性思想，请思考以下随机选取两个给定元素之一的方法示例。你可在 REPL 中尝试它：

```
var rand = new Random();

T Pick<T>(T l, T r) =>
    rand.NextDouble() < 0.5 ? l : r;

Pick(1 + 2, 3 + 4) // => 3, or 7
```

这里的有趣之处在于，当调用 Pick 时，表达式 1 + 2 和 3 + 4 皆被求值，但最终只需要其中之一。[1]因此，程序正在执行一些不必要的计算。这是次优的，如果计算足够昂贵的话，应当避免这么做。为防止发生这种情况，可重写 Pick，不接受两个值，而接受两个惰性计算，得到一个可生成所需值的函数：

```
T Pick<T>(Func<T> l, Func<T> r) =>
    (rand.NextDouble() < 0.5 ? l : r)();

Pick(() => 1 + 2, () => 3 + 4) // => 3, or 7
```

Pick 现在首先在两个函数之间进行选择，然后对其中一个进行求值。结果是只执行一次计算。

总之，如果你不确定一个值是不是必需的，并且对其进行计算可能很昂贵，那么可将其包装在一个计算值的函数中，来惰性地传递值。

接下来，你将了解在处理 Option 时，这样的惰性 API 多么有用。

11.1.1　用于处理 Option 的惰性 API

Option API 提供了几个例子，很好地说明了惰性是多么有用：也就是说，只有当 Option 处于 None 状态时，才使用一个值。

提供一个备选的 Option

OrElse 是一个便利函数，可让你结合两个 Option。如果它是 Some，则会生成左侧的 Option；否则会备选右侧的 Option：

```
public static Option<T> OrElse<T>
    (this Option<T> left, Option<T> right)
    => left.Match(
        () => right,
        (_) => left);
```

例如，假设你定义了一个从缓存中查找项目的存储库，失败时则转为从数据库中查找：

1　这是因为 C#是一种严格(或及早)求值的语言——表达式只要绑定到变量便被求值。尽管严格求值更常见，但有些语言(特别是 Haskell)使用的是惰性求值，因此可仅根据需要对表达式求值。

```
interface IRepository<T> { Option<T> Lookup(Guid id); }

class CachingRepository<T> : IRepository<T>
{
   IDictionary<Guid, T> cache;
   IRepository<T> db;

   public Option<T> Lookup(Guid id)
      => cache.Lookup(id).OrElse(db.Lookup(id));
}
```

你能看出上述代码中的问题吗？因为 OrElse 总是被调用，所以其参数总会被求值，这意味着即使在缓存中找到该项目，你也要去数据库中进行查找，这使得缓存失去存在的意义！

也可通过使用惰性来处理。对于这样的场景，我已经定义了一个 OrElse 重载，它接受的不是一个备选的 Option，而是一个函数，如果需要生成备选的 Option，就对该函数求值：

```
public static Option<T> OrElse<T>
   (this Option<T> opt, Func<Option<T>> fallback)
=> opt.Match(
   () => fallback(),
   (_) => opt);
```

在此实现中，只有在 opt 为 None 时才对备选函数进行求值(而之前始终会求值)。可相应地修复缓存存储库的实现，如下所示：

```
public Option<T> Lookup(Guid id)
   => cache.Lookup(id).OrElse(() => db.Lookup(id));
```

现在，如果缓存查找返回 Some，仍将调用 OrElse，但 db.Lookup 不会实现所需的行为。

正如所见，对一个表达式进行惰性求值要做的是，提供一个函数对表达式进行求值，而不是提供一个表达式。提供的是 Func<T>，而不是 T。

提供一个默认值

GetOrElse 是一个类似的函数，允许你获得 Option 的内部值，如果是 None，则使用指定的默认值。例如，你可能需要从配置中查找值，如果没有指定值，则使用默认值：

```
string DefaultApiRoot => "localhost:8000";

string GetApiRoot(IConfigurationRoot config)
   => config.Lookup("ApiRoot").GetOrElse(DefaultApiRoot);
```

假设 Lookup 返回一个适当填充的 Option，而其状态取决于是否在配置中指定了值。注意，无论 Option 的状态如何，都对 DefaultApiRoot 属性进行求值。

这在本示例中是没有任何问题的，因为它只返回一个常量值。但是，如果
DefaultApiRoot 涉及昂贵计算，那么你希望仅在需要时通过惰性地传递默认值来
执行它。这也是为什么另外提供两个 GetOrElse 重载的原因：

```
public static T GetOrElse<T>(this Option<T> opt, T defaultValue)
    => opt.Match(
        () => defaultValue,
        (t) => t);

public static T GetOrElse<T>(this Option<T> opt, Func<T> fallback)
    => opt.Match(
        () => fallback(),
        (t) => t);
```

第一个重载接受一个常规的备选值 T，每当 GetOrElse 被调用时都会被求值。
第二个重载接受一个 Func<T>：一个仅在必要时才求值的函数。

一个API应该在何时才惰性地接受值？

一般来说，只要一个函数可能不会使用它的某些参数，那么这些参数应该被
指定为惰性计算。

可选择提供两个重载，接受一个参数值或一个惰性计算。然后客户端代码可
决定最适合调用的重载：

- 如果计算值足够昂贵，则惰性地传递值(更高效)。
- 如果计算值的成本可忽略不计，则传递值(更易读)。

11.1.2　组合惰性计算

在本章的其余部分中，你将了解到如何组合惰性计算，以及为什么这样做。
我们将从普通的惰性计算 Func<T>开始，逐渐介绍一些包含有用效果(如处理错误
或状态)的惰性计算。

你已经了解到 Func<T>是一个可被调用以获得 T 的惰性计算。事实证明
Func<T>是一个函子而非 T。记住，一个函子具有一个内部值，通过它你可对函数
执行 Map 操作。这怎么可能呢？迄今为止你所见到的函子都是某类"容器"。那
么，函数怎么可能是一个容器，且其内部值又什么呢？

好吧，你可将一个函数想象为包含"潜在"结果。如果 Option<T>可能包含 T
类型的某个值，那么可以说 Func<T>可能包含 T 类型的某个值，或者更准确地说，
包含潜在的可生成类型 T 的值。一个函数的内部值是其求值时会生成的值。

你可能知道阿拉丁神灯的故事。摩擦时，神灯会产生强大的精灵。显然，这
样一盏灯可能有能力容纳任何东西：放入一个精灵，然后摩擦灯，以让精灵出来；
将你的外婆放进去，然后你摩擦灯，以让外婆回来。可将其想象成一个函子：在

灯上映射一个"变蓝"的函数，当你摩擦灯时，你会得到灯的内容，即变成蓝色。Func<T>就是这样一个容器，其中的摩擦行为便是函数调用。

实际上，你知道一个函子必须公开一个具有合适签名的 Map 方法，所以如果你按这个模式来定义 Map，会得到这样的结果：

- 一个输入函子，类型为() → T；即一个可被调用以生成 T 的函数。让我们称之为 f。
- 一个要映射的函数，类型为 T → R。让我们称之为 g。
- 一个预期结果，类型为() → R；即一个可被调用以生成 R 的函数。

实现非常简单：调用 f 以获得 T，然后将其传递给 g 以获得 R，如图 11.1 所示。代码清单 11.1 展示了相应的代码。

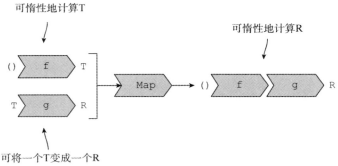

图 11.1　Func<T>的 Map 定义

代码清单11.1　Func<T>的Map定义

```
public static Func<R> Map<T, R>
    (this Func<T> f, Func<T, R> g)
    => () => g(f());
```

注意 Map 并没有调用 f，它接受一个惰性求值的 T 并返回一个惰性求值的 R。还要注意，该实现只是函数的组合。

要看到实际运行情况，可像往常一样打开 REPL，导入 LaYumba.Functional，然后输入以下内容：

```
Func<string> lazyGrandma = () => "grandma";
Func<string, string> turnBlue = s => $"blue {s}";
Func<string> lazyGrandmaBlue = lazyGrandma.Map(turnBlue);

lazyGrandmaBlue() // => "blue grandma"
```

为更好地理解整个计算的惰性，可在其中预制一些调试语句：

```
Func<string> lazyGrandma = () =>
{
    WriteLine("getting grandma...");
```

```
      return "grandma";
};

Func<string, string> turnBlue = s =>
{
      WriteLine("turning blue...");
      return $"blue {s}";
};
```

还没有任何函数
被求值

```
var lazyGrandmaBlue = lazyGrandma.Map(turnBlue);
```

```
lazyGrandmaBlue()
// prints: getting grandma...
//         turning blue...
// => "blue grandma"
```

之前所组合的所有函
数现在都被求值了

正如所见，函数 lazyGrandma 和 turnBlue 直到最后一行才被调用。这表明，你可在不执行任何操作的情况下构建任意复杂的逻辑。

一旦完全理解了前面的例子，又在 REPL 中进行了实验，并理解了 Map 的定义，便能很容易地理解 Bind 的定义。

代码清单11.2   Func<T>的Bind定义

```
public static Func<R> Bind<T, R>
      (this Func<T> f, Func<T, Func<R>> g)
      => () => g(f())();
```

Bind 返回一个函数，当该函数求值时，将对 f 求值以得到一个 T。对其应用 g 得到 Func<R>，进行求值以得到结果 R。

这一切都非常有趣，但它究竟是大作多有用呢？好吧，因为函数已经内置到语言中了，所以能将 Func 当作一个单子来对待，而这可能不会给你带来太多用处。另一方面，既然你知道可以单子形式来组合函数，那么可在这些函数的表现上预制一些效果。接下来你会看到一个与此相关的例子。

11.2   使用 Try 进行异常处理

在第 6 章中，我展示了如何捕获异常并将它们返回为一个 Exceptional(一个可持有异常或成功结果的结构)，从一个基于Exception 的 API 转到一个函数式异常的 API。

例如，如果你想要安全地用一个 string 创建一个 Uri，可编写如下方法：

```
Exceptional<Uri> CreateUri(string uri)
{
      try { return new Uri(uri); }
      catch (Exception ex) { return ex; }
}
```

这是可行的，但应该为每个可能抛出异常的方法做这件事吗？当然，在第三方的方法中，你会发觉所有这些尝试和捕获都是样板代码。那么，我们能将其抽象出来吗？

11.2.1　表示可能失败的计算

事实上，我们可使用 Try ——一个表示可能抛出异常操作的委托。其定义如下：

```
public delegate Exceptional<T> Try<T>();
```

Try<T>只是一个委托，可用来表示一个通常返回 T，但也可能抛出异常的计算。请注意，其类型是()→ T，与 Func<T>相同(或兼容)。虽然只是一个惰性计算，但我们通过调用 Try 添加了一些语义表示，即求值时可能抛出异常。

将 Try 定义为单独的类型可让你定义特定于 Try 的扩展方法，最重要的是 Run；可安全地调用它，并返回一个已适当填充的 Exceptional：

```
public static Exceptional<T> Run<T>(this Try<T> @try)
{
    try { return @try(); }
    catch (Exception ex) { return ex; }
}
```

Run 一劳永逸地完成了 try/catch，所以你不必再次编写一个 try/catch 语句。可通过在 REPL 中输入以下内容来亲自测试：

```
Try<Uri> CreateUri(string uri) => () => new Uri(uri);

CreateUri("http://github.com").Run()
// => Success(http://github.com/)

CreateUri("rubbish").Run()
// => Exception(Invalid URI: The format of the URI could not be determined.)
```

注意如何使你在没有任何样板代码的情况下定义 CreateUri，而当你使用 Run 来调用它时，结果会被正确地包装在一个 Exceptional 中。现在你在没有副作用和样板代码的情况下做到了函数式错误处理。

作为一个简化符号，如果你不想将 CreateUri 定义为一个专用函数，则可使用 Try 函数(在 F 上定义)，该函数只是将 Func<T>转换为 Try<T>：

```
Try(() => new Uri("http://google.com")).Run()
// => Success(http://google.com/)
```

11.2.2　从 JSON 对象中安全地提取信息

现在出现了有趣的部分——为什么组合惰性计算是很重要的。如果你有两个或更多计算可能会失败，你可以单子形式将它们组合成可能失败的单一计算。

例如，假设你用一个字符串表示一个 JSON 格式的对象，它所具有的结构如下：

```
{
  'Site': 'github',
  'Uri': 'http://github.com'
}
```

如果你想定义一个方法，该方法根据 JSON 对象 Uri 字段中的值创建 Uri。则不安全的做法如下。

代码清单11.3　从一个JSON对象中非安全地提取数据

```
using Newtonsoft.Json.Linq;

Uri ExtractUri(string json)
{
    JObject jObj = JObject.Parse(json);
    string uri = jObj["Uri"];
    return new Uri(uri);
}
```

提取 Uri 属性的字符串值 → （指向 `string uri = jObj["Uri"];`）

将字符串反序列化为一个 JObject ← （指向 `JObject jObj = JObject.Parse(json);`）

从中创建一个 Uri 对象 ← （指向 `return new Uri(uri);`）

如果输入的格式有误，Uri 构造函数和 JObject.Parse 都会抛出异常(如果请求的字段不存在，则 JObject 上的索引器将返回 null，这将导致 Uri 构造函数抛出异常)。

下面使用 Try 使该实现变得安全。首先对 Try 可能失败的操作进行建模，如下所示：

```
Try<JObject> Parse(string s) => () => JObject.Parse(s);
Try<Uri> CreateUri(string uri) => () => new Uri(uri);
```

与其他容器一样，组合多个返回 Try 的操作是使用 Bind 来实现的。稍后会研究其定义。现在，请相信这是可行的，下面定义一个方法，将上述两个操作组合成另一个返回 Try 的函数：

```
Try<Uri> ExtractUri(string json)
    => Parse(json)
        .Bind(jObj => CreateUri((string)jObj["Uri"]));
```

这是可行的，但可读性并不好。LaYumba.Functional 库包括用于 Try 的 LINQ 查询模式(请参阅补充说明："LINQ 查询模式的提示")的实现以及其他所有单子，所以可改用一个 LINQ 表达式来提高可读性。

代码清单11.4　从JSON对象中安全地提取数据

```
Try<Uri> ExtractUri(string json) =>
    from jObj in Parse(json)
    let uriStr = (string)jObj["Uri"]
```

将 Uri 字段作为一个字符串来提取 → （指向 `let uriStr = (string)jObj["Uri"]`）

将字符串反序列化为一个 JObject ← （指向 `from jObj in Parse(json)`）

```
from uri in CreateUri(uriStr)
select uri;
```
◀── 基于字符串表示形
式创建一个 Uri

下面将一些示例值提供给 ExtractUri 以查看能否按预期工作：

```
ExtractUri("{'Uri':'http://github.com'}").Run()
// => Success(http://github.com/)

ExtractUri("blah!").Run()
// => Exception(Unexpected character encountered while parsing value: b...)

ExtractUri("{}").Run()
// => Exception(Value cannot be null.\r\nParameter name: uriString)

ExtractUri("{'Uri': 'rubbish'}").Run()
// => Exception(Invalid URI: The format of the URI could not be determined.)
```

记住，所有事情的发生都是惰性的。当你对表达式 ExtractUri("{}")求值时，只需要一个 Try 来最终执行一些计算。在你调用 Run 前不会发生任何事。

11.2.3　组合可能失败的计算

现在你已经看到如何使用 Bind 来组合可能失败的多个计算，下面分析其底层实现，了解如何为 Try 定义 Bind。

记住，一个 Try<T>就像一个 Func<T>，我们知道在调用它时可能抛出一个异常。因此，下面快速查看 Func 的 Bind：

```
public static Func<R> Bind<T, R>
    (this Func<T> f, Func<T, Func<R>> g)
    => () => g(f())();
```

描述该代码的一种简单方式是首先调用 f 然后调用 g。现在我们需要对其进行调整以便使用 Try。首先，用 Try 替换 Func 后可给出正确签名。其次，因为直接调用 Try 可能引发异常，所以需要改用 Run。最后，如果第一个函数失败，我们不想运行第二个函数。

代码清单11.5　Try<T>的Bind的定义

```
public static Try<R> Bind<T, R>
    (this Try<T> @try, Func<T, Try<R>> f)
    => ()
    => @try.Run().Match(
        Exception: ex => ex,
        Success: t => f(t).Run());
```

如果第一个 Try
失败，则不再执行
第二个 ───▶

◀─── 使用 Run 来安全地
执行每个 Try

Bind 接受一个 Try 和一个返回 Try 的函数 f，并返回一个函数，该函数在调用时将运行 Try，如果成功，则对结果运行 f 以获得另一个 Try，该 Try 也会运行。

如果可定义 Bind，则始终也可定义 Map，其定义通常更简单。我建议你将定义 Map 作为一个练习。

> **LINQ查询模式的提示**
>
> 本章的一个基本思想是，你可以使用Bind来排序计算，为此将展示Bind的实现。
>
> 为在单子类型中使用LINQ表达式(在本示例中为Try)，还需要实现LINQ查询模式，8.4.2节中讨论了这种模式。
>
> 下面给出做到这一点的提示：
>
> - 给Map取别名Select。
> - 给Bind取别名SelectMany。
> - 定义一个接受一个二元投影的额外SelectMany重载函数。这种额外的重载可用Map和Bind或其他更高效的方式来定义。
>
> 通过展示代码示例中提供的所有这些方法的可用实现，可进一步理解本章的内容。到目前为止，你已具有了解它们的所有工具。

11.2.4　单子组合：是什么意思呢？

在本章和下一章中，你会经常读到"以单子形式组合"计算。这听起来很复杂，但实际上并非如此，让我们掀开它的神秘面纱吧。

先来回顾"常规"函数的组合，第 5 章曾介绍这个主题。假设你有两个函数：

```
f : A → B
g : B → C
```

可通过简单地用管道将 f 的输出输入到 g 来组合它们，从而获得函数 A→ C。现在假设你具有以下函数：

```
f' : A → Try<B>
g' : B → Try<C>
```

这些函数显然不能进行组合，因为 f 返回一个 Try<B>，而 g' 期望一个 B，但很显然，你可能想通过从 Try<B>中"提取" B 并将其提供给 g' 来结合它们。这是单子组合，正是 Try 的 Bind 所做的事情。

换言之，单子组合是一种结合函数的方式，比函数组合更普遍，并涉及函数组合逻辑。该逻辑是在 Bind 函数中被捕获的。

这种模式有多种变化。假设有以下函数：

```
f" : A → (B,K)
g" : B → (C,K)
```

能将这些组合成一个 A → (C, K)类型的新函数吗？给定一个 A，可很容易地计算一个 C：在 A 上运行 f''，从结果元组中提取 B，将其提供给 g''。在这个过程中，我们计算了两个 K，该如何处理它们呢？如果有一种方法可将两个 K 结合成一个 K，则可返回结合后的 K。例如，如果 K 是一个列表，我们可从这两个列表中返回所有元素。如果 K 是合适类型，上述形式中的函数能以单子形式组合。[2]

表 11.1 列出了将在本书中用于演示单子组合的函数，当然还有更多可能的变体。

表 11.1　本书演示的以单子形式组合的计算

委托	签名	章节	场景
Try<T>	() → T	11.2	异常处理
Middleware<T>	(T → R) → R	11.3	在一个给定函数的前面或后面添加行为
Generator<T>	int → (T, int)	12.2	生成随机数据
StatefulComputation<S, T>	S → (T, S)	12.3	保持计算之间的状态

11.3　为数据库访问创建中间件管道

本节将首先展示为什么在某些情况下使用 HOF 会导致深度嵌套回调，该问题通常称为"回调地狱"或"厄运金字塔"。我将以数据库访问作为特定场景来说明该问题，并展示如何利用 LINQ 查询模式来创建扁平的单子式工作流。

本节包含后续章节不会用到的高阶内容，你可酌情跳过这一节。

11.3.1　组合执行安装/拆卸的函数

在第 1 章中，你了解可使用执行一些安装和拆卸的函数，并使用另一个要在其间调用的函数进行参数化。

此示例是一个管理数据库连接的函数，其参数化方式是一个使用连接与数据库进行交互的函数：

```
public static R Connect<R>
    (ConnectionString connString, Func<SqlConnection, R> f)
{
    using (var conn = new SqlConnection(connString))
    {
        conn.Open();
        return f(conn);
    }
}
```

2　这在文献中被称为 Writer Monad，并且总可将两个实例结合为一个实例的类型称为 Monoid。

该函数可用于客户端代码中，如下所示：

```
public void Log(LogMessage message)
    => Connect(connString, c => c.Execute("sp_create_log"
      , message, commandType: CommandType.StoredProcedure));
```

下面定义一个类似的函数，可用来在一个操作之前和之后分别记录一条消息：

```
public static T Trace<T>(ILogger log, string op, Func<T> f)
{
    log.LogTrace($"Entering {op}");
    T t = f();
    log.LogTrace($"Leaving {op}");
    return t;
}
```

如果你想使用这些函数(打开/关闭连接，对进入/离开一个块进行跟踪)，可使用如下代码。

代码清单11.6　嵌套回调难以阅读

```
public void Log(LogMessage message)
    => Instrumentation.Trace("CreateLog"
      , () => ConnectionHelper.Connect(connString
        , c => c.Execute("sp_create_log"
          , message, commandType: CommandType.StoredProcedure)));
```

这将变得难以阅读。如果你还想完成其他一些工作设置，该怎么办？对于你添加的每个 HOF，你的回调都将被嵌套在更深的一层，使代码更难理解。这就是通常所谓的"厄运金字塔"。

相反，如图 11.2 所示，理想情况是希望以一种干净的方式组合一个中间件管道。也就是说，我们想要在每次访问数据库时添加一些行为(如连接管理、诊断等)。从概念上讲，这与用于处理 ASP.NET Core 中请求的中间件管道相似。

在一个常规的线性函数管道中，每个函数的输出都被传送到下一个函数中，因此函数无法控制下游发生的事情。另一方面，中间件管道是 U 形的；可以这样说，每个函数都会传递一些数据，也会接收一些数据。因此，每个函数都能在函数下游的前面和后面执行一些操作。

我将调用这些函数中的每一个或者阻塞一个中间件。我们希望能很好地组合这样的中间件管道：添加日志记录，添加计时等。但由于每个中间件都必须将回调函数用作输入参数(否则，在回调返回后无法进行干预)，我们如何才能逃离厄运金字塔？

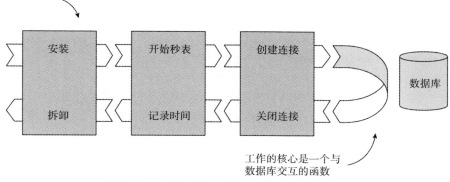

图 11.2　一个用于访问数据库的中间件管道

11.3.2　逃离厄运金字塔的秘方

事实证明，可将 Bind 作为逃离厄运金字塔的秘方。例如，你可能记得第 6 章中曾使用 Bind 来结合多个返回 Either 的函数：

```
WakeUpEarly()
  .Bind(ShopForIngredients)
  .Bind(CookRecipe)
  .Match(
    Left: PlanB,
    Right: EnjoyTogether);
```

如果你将调用的 Bind 扩展开来，则上述代码如下所示：

```
WakeUpEarly().Match(
  Left: planB,
  Right: u => ShopForIngredients(u).Match(
    Left: planB,
    Right: ingr = CookRecipe(ingr).Match(
      Left: planB,
      Right: EnjoyTogether)));
```

在本示例中可看到，Bind 使我们有效地逃离了厄运金字塔——这同样适用于 Option 等。但我们可为中间件函数定义 Bind 吗？

11.3.3　捕获中间件函数的本质

要回答这个问题，先让我们看一下中间件函数的签名，并了解是否有一种可用抽象方式来识别和捕获的模式。以下是我们目前见过的函数：

```
Connect : ConnectionString → (SqlConnection → R) → R
```

```
Trace:Ilogger → string → (() → R) → R
```

下面来想象更多可能需要使用中间件的例子。我们可使用一个计时中间件来记录一个操作的执行时长，而另一个中间件可启动并提交一个数据库事务。签名如下所示：

```
Time:ILogger → string → (()→ R) → R
Transact : SqlConnection → (SqlTransaction → R) → R
```

Time 与 **Trace** 具有相同的签名：接受一个记录器和一个字符串(被计时的操作的名称)，并且函数被计时。**Transact** 与 **Connect** 类似，但接受一个连接来创建事务和使用事务的函数。

现在我们有了四个合理的用例，下面分析这些签名中是否存在模式：

```
ConnectionString → (SqlConnection → R) → R
ILogger → string → (()→ R) → R
SqlConnection → (SqlTransaction → R) → R
```

每个函数都有一些特定于其所公开的功能的参数，但肯定存在一个模式。如果将这些特定参数(可通过偏函数应用来提供)抽象出来，并且只关注以粗体显示的参数，那么所有函数都有一个以下形式的签名：

```
(T → R) → R
```

也就是说，所有函数都接受一个回调函数——但在该背景下通常被称延续(continuation)，该延续会生成一个 R，且所有函数会返回一个 R，该 R 可能是由延续返回的 R，也可能是修改后的版本。所以中间件函数的本质是接受一个 T→ R 类型的延续，向其提供一个 T 来获得一个 R，并返回一个 R，如图 11.3 所示。

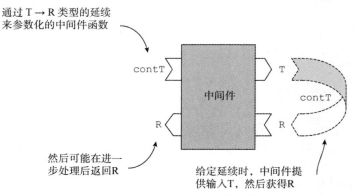

图 11.3　一个单独的中间件函数

下面用一个委托来捕获这个本质：

```
// (T → dynamic) → dynamic
public delegate dynamic Middleware<T>(Func<T, dynamic> cont);
```

但请注意。为什么其返回结果是动态的，而不是 R 呢？

原因是 T(延续的输入)和 R(输出)不是同一时间获得的。例如，假设你想从诸如 Connect 的具有签名的函数中创建一个 Middleware 实例：

```
public static R Connect<R>(ConnectionString connString
    ,Func<SqlConnection, R> func) // ...
```

Connect 所接受的延续将 SqlConnection 作为输入，因此可使用 Connect 来定义 Middleware<SqlConnection>。这意味着 Middleware<T>中的 T 类型变量解析为 SqlConnection，但我们还不知道所给定的延续会产生什么结果，因此无法解析 Connect<R>中的 R 类型变量。

遗憾的是，C#不允许"局部应用"类型变量，因此是动态的。在概念上，我们正在考虑将这类 HOF 结合起来：

```
(T → R) → R
```

将它们建模如下：

```
(T → dynamic) → dynamic
```

稍后你会看到，你仍可使用 Middleware，而不会影响类型安全性。

有趣而又令人费解的是，Middleware<T>是一个 T 上的单子，记住，T 是由中间件函数给出的延续所接受的输入参数类型。这似乎违反直觉。一个 T 上的单子通常"包含"一个 T 或一些 T。在这里仍然适用：如果一个函数具有签名(T → R)→R，那么它可为给定函数 T → R 提供一个 T，所以该单子必须"包含"或以某种方式生成一个 T。

11.3.4　实现中间件的查询模式

现在是时候学习如何使用 Bind 将两个中间件块结合起来了。本质上，Bind 将一个下游的中间件块连接到一个管道，如图 11.4 所示。

Bind 的实现很简单，但要完全掌握，却没那么容易：

```
public static Middleware<R> Bind<T, R>
    (this Middleware<T> mw, Func<T, Middleware<R>> f)
    => cont
    => mw(t => f(t)(cont));
```

我们有一个 Middleware<T>，它需要一个(T → dynamic)类型的延续。还有一个函数 f，它接受一个 T，并生成一个期望(R → dynamic)类型延续的 Middleware<R>。我们所得到的结果是一个 Middleware<R>，当提供一个延续 cont 时，将运行初始的中间件，将其作为延续，该延续是一个运行绑定函数 f 以获得第二个中间件的函数(为其传递 cont)。如果没有充分理解这一点，也请不要担心。

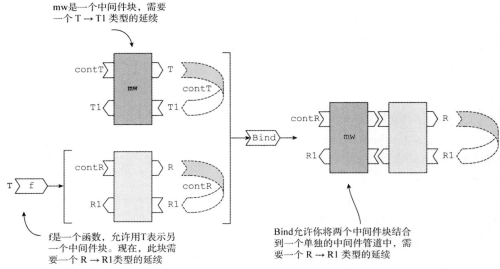

图 11.4 Bind 将中间件块添加到管道中

现在让我们来看 Map：

```
public static Middleware<R> Map<T, R>
    (this Middleware<T> mw, Func<T, R> f)
    => cont
    => mw(t => cont(f(t)));
```

Map 接受一个 Middleware<T>和一个从 T 到 R 的函数 f。中间件知道如何创建 T 并将其提供给接受 T 的延续。通过应用 f，它现在知道如何创建 R 并将其提供给一个接受 R 的延续。你可将 Map 设想为在延续之前添加 T → R 的转换，或者，设想为向管道中添加了一个新的安装/拆卸块，该块执行转换作为安装，并只是传递结果作为拆卸，如图 11.5 所示。

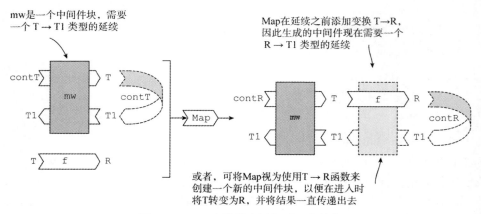

图 11.5 Map 向管道中添加了一个转换

最后，一旦组合了所需的管道，便可通过传递一个延续来运行整个管道：

```
Middleware<A> mw;
Func<A, B> cont;

dynamic exp1 = mw(cont);
```

上述代码表明，如果你有一个 Middleware<A>和一个类型为 A→B 的延续函数 cont，你可直接将延续提供给中间件。

还有一个小问题需要解决。注意当我们提供延续时，会得到一个 dynamic，而我们真正期望得到的是 B。为保持类型安全，可定义一个 Run 函数，该函数将恒等函数作为延续来运行管道：

```
public static T Run<T>(this Middleware<T> mw)
    => (T)mw(t => t);
```

mw 是一个 Middleware<T>(也就是说，mw 可创建一个 T 并将其提供给延续)，本示例中的延续是恒等函数，而延续生成了 T，所以我们可以安心地将运行中间件的结果投射到 T。

要运行一个管道时，我们可使用 Map 来映射延续(而不是直接提供延续)，然后调用 Run：

```
Middleware<A> mw;
Func<A, B> cont;

B exp2 = mw.Map(cont).Run()
```

这里将延续 A → B 映射到 Middleware<A>上，从而获得一个 Middleware<B>，然后使用恒等函数运行它以获得 B。注意，此代码段中的 exp2 与之前代码片段中的 exp1 相同，[3]但我们重新获得了类型安全。

下面通过重构 DbLogger 以使用 Middleware(而不是 HOF)将所有这些投入使用：

```
public class DbLogger
{
    Middleware<SqlConnection> Connect;

    public DbLogger(ConnectionString connString)
    {
        Connect = f => ConnectionHelper.Connect(connString, f);
    }

    public void Log(LogMessage message) => (
        from conn in Connect
        select conn.Execute("sp_create_log", message
```

3　这是因为在计算 exp2 时，我们首先计算了 mw.Map(cont)，它将用最后给出的延续组合 cont，然后通过调用 Run 提供恒等函数作为延续。由此产生的延续是 cont 和恒等式的组合，这与提供 cont 作为延续是完全相同的。

```
                        , commandType: CommandType.StoredProcedure)
        ).Run();
    }
```

在构造函数中，我们实际上使用偏函数应用将连接字符串预制到 Connect 函数中，该函数现在具有用作 Middleware<SqlConnection>的正确签名。

在 Log 方法中，我们创建了一个具有单个中间件块的管道，该中间件块创建了数据库连接。然后，可使用 LINQ 语法来引用 conn。当调用 Execute 时，将运行管道，此时连接可用，这是与数据库进行交互的主要操作。

当然，我们可通过将一个回调传递给 Connect 来更简洁地编写 Log。但这里的要点是避免回调。随着向管道中添加更多块，可通过仅在 LINQ 推导式中添加 from 子句来做到这一点。接下来你将学习该内容。

11.3.5　添加计时操作的中间件

假设一个数据库操作有时需要比预期更长的时间，所以我们想添加另一个中间件来记录数据库访问操作所花费的时间。为此，可定义以下 HOF：

```csharp
public static class Instrumentation
{
    public static T Time<T>(ILogger log, string op, Func<T> f)
    {
        var sw = new Stopwatch();
        sw.Start();

        T t = f();

        sw.Stop();
        log.LogDebug($"{op} took {sw.ElapsedMilliseconds}ms");
        return t;
    }
}
```

Time 接受三个参数：一个记录器，用于记录诊断信息；op 是正在执行的操作的名称，将被包含在记录的消息中；还有一个表示操作持续时间正在被计时的函数。

然而有一个小问题，Time 接受一个 Func<T>(一个没有输入参数的函数)，而我们将通过中间件接受的延续定义为 T → dynamic；也就是说，应该总是有一个输入参数。如往常一样，可通过 Unit 来弥合此差异，但这次是在输入端。我已定义了一个适配器函数，将一个接受 Unit 的函数转换为无参函数：

```csharp
public static Func<T> ToNullary<T>(this Func<Unit, T> f)
    => () => f(Unit());
```

这些就绪后，就可以用一个块来丰富我们的管道，以记录数据库访问所需的时间。

代码清单11.7 一个结合了计时和连接管理的双块中间件管道

```
public class DbLogger
{
    Middleware<SqlConnection> Connect;
    Func<string, Middleware<Unit>> Time;

    public DbLogger(ConnectionString connString, ILogger log)
    {
        Connect = f => ConnectionHelper.Connect(connString, f);
        Time = op => f => Instrumentation.Time(log, op, f.ToNullary());
    }

    public void DeleteOldLogs() => (
        from _ in Time("DeleteOldLogs")
        from conn in Connect
        select conn.Execute
            ( "DELETE [Logs] WHERE [Timestamp] < @upTo"
            , new { upTo = 7.Days().Ago() })
    ).Run();
}
```

一旦将对 Instrumentation.Time 的调用包装到 Middleware 中，便可添加一个额外的 from 子句在管道中使用它。注意，_变量将被赋予由 Time 返回的 Unit 值。你或许想要忽略该变量，但 LINQ 语法却不允许忽略它。

11.3.6 添加管理数据库事务的中间件

作为最后一个例子，下面添加一类管理数据库事务的中间件。可以像下面这样将简单的事务管理抽象为一个 HOF：

```
public static R Transact<R>
    (SqlConnection conn, Func<SqlTransaction, R> f)
{
    R r = default(R);
    using (var tran = conn.BeginTransaction())
    {
        r = f(tran);
        tran.Commit();
    }
    return r;
}
```

Transact 接受一个连接和一个函数 f，该函数会使用事务。可以假定，f 涉及针对数据库的多种操作，我们希望以原子方式执行这些操作。使用 using 时，如果 f 抛出异常，事务将被回滚。

以下是将 Transact 集成到管道中的一个示例。

代码清单11.8 一个提供连接和事务管理的管道

```
public class Orders
{
    ConnectionString connString;          ← 应该被注入

    Middleware<SqlConnection> Connect                          适配器将现有
      => f => ConnectionHelper.Connect(connString, f);         的 HOF 转换
                                                               为 Middleware
    Middleware<SqlTransaction> Transact(SqlConnection conn)
      => f => ConnectionHelper.Transact(conn, f);

    public void DeleteOrder(Guid id)
      => DeleteOrder(new { Id = id }).Run();

    SqlTemplate deleteLines = "DELETE OrderLines WHERE OrderId = @Id";
    SqlTemplate deleteOrder = "DELETE Orders WHERE OrderId = @Id";

    Middleware<int> DeleteOrder(object param) =>
        from conn in Connect
        from tran in Transact(conn)
        select conn.Execute(deleteLines, param, tran)
           + conn.Execute(deleteOrder, param, tran);
}
```

现在来分析管道：我们有一个创建连接的块，以及另一个使用它来创建事务的块。在 select 子句中，我们有两个使用连接和事务的数据库操作，并作为一个结果以原子方式执行。因为 Execute 返回一个 int(受影响的行数)，所以可用+来组合这两个操作。

正如你在之前的章节中已经了解到的那样，被删除的命令 Guid 用来填充 param 对象的 Id 字段，因此将替换 SQL 模板字符串的@Id 标记。

一旦安装了中间件函数，添加或删除管道中的一个步骤便是一个单行变化。如果你正在记录计时信息，只需要计时数据库的操作，还是需要花费时间来获取连接呢？无论何种情况，你只需要更改管道中的中间件顺序即可改变这种情况：

```
将获取连接算进将要记                                 只对数据库操作计时
录的时间中
from _ in Time("slowQuery")          from conn in Connect
from conn in Connect                 from _ in Time("slowQuery")
select conn.Execute(mySlowQuery)     select conn.Execute(mySlowQuery)
```

LINQ 查询的扁平布局可很容易地查看和更改中间件函数的顺序。当然，该解决方案避免了厄运金字塔。尽管已经使用中间件以及数据库访问的某些特定场景对其进行了说明，但延续的概念更广泛，适用于以下形式的任何函数：[4]

---

4 在文献中，这被称为延续单子；这又是一个误称，因为这里的单子并不是延续，而是以延续作为输入的计算。

(T → R) → R

这也意味着我们可避免定义一个自定义委托 Middleware。Map、Bind 和 Run 的定义与此场景无关，且我们可使用 Func<Func<T,dynamic>dynamic>而不是 Middleware<T>。这甚至可节省几行代码，因为不再需要创建正确类型的委托。我选择 Middleware 作为更明确的、特定领域的抽象，但这仅是个人喜好而已。

Middleware 以及本章早前提到的其他基于委托的单子 Try 和 StatefulComputation 说明了单子形式组合的计算如何提供强大且富有表现力的构造，从而使我们能优雅地解决一般性问题，如异常处理或状态传递，以及更具体的场景，如中间件管道以及将在第 12 章讨论的其他场景。

小结

- 惰性意味着推迟一个计算，直到需要其结果为止。当可能不需要结果时，这会特别有用。
- 可将惰性计算组合起来以创建更复杂的计算，然后可根据需要将其触发。
- 在处理一个基于异常的 API 时，可使用 Try 委托类型。Run 函数可安全地执行 Try 中的代码并返回包装在 Exceptional 中的结果。
- 形式为(T → R) → R(即接受一个回调或延续的函数)的 HOF 也可通过单子形式组合，使你可使用扁平的 LINQ 表达式而不是深度嵌套的回调。

第12章

有状态的程序和计算

从第 1 章开始，我就一直在宣扬状态突变是一个副作用，应该不惜一切代价避免，你也已经见到多个重构程序以避免状态突变的例子。在本章中，你将见到当需要有状态程序时，函数式方法是如何工作的。

但是，究竟什么是有状态的程序呢？有状态的程序指一个程序的行为，取决于过去的输入或事件。[1]举个例子，如果有人说"早上好"，你可能毫不犹豫地回应他们的问候。如果这个人随即再次说"早上好"，你的反应肯定会有所不同：为什么会有人连续两次说"早上好"呢？另一方面，一个无状态的程序将不断回答"早上好"，进行无意识地回答，这是因为没有过去输入的概念。即每一次都像是第一次。如图 12.1 所示。

在本章中，你将见到两个明显相互矛盾的思想——在内存中存储状态和避免状态突变——这可在一个有状态的函数式程序中调和。然后，你将了解如何使用你从第 11 章中学到的技术来组合处理状态的函数。

1　这意味着根据你所描绘的程序边界的位置，一个程序可能被视为有状态/无状态。你可能有一个使用数据库来保持状态的无状态服务器。如果你将两者认为是一个程序，则是有状态的；如果你单独考虑服务器，则是无状态的。

图 12.1　类比例子

12.1　管理状态的程序

在本节中，你将见到一个非常简单的命令行程序，它使用户可以获得外币汇率(FX 汇率)。与程序交互的示例如下(粗体字母表示用户输入)：

```
Enter a currency pair like 'EURUSD', or 'q' to quit
usdeur
fetching rate...
0.9162
Gbpusd
fetching rate...
1.2248
q
```

以下代码清单展示了初始的无状态实现。

代码清单12.1　一个查找外币汇率的简单程序的无状态实现

```csharp
public class Program
{
    public static void Main()
    {
        WriteLine("Enter a currency pair like 'EURUSD', or 'q' to quit");
        for (string input; (input = ReadLine().ToUpper()) != "Q";)
            WriteLine(Yahoo.GetRate(input));
    }
}

static class Yahoo
{
    public static decimal GetRate(string ccyPair)
    {
        WriteLine($"fetching rate...");
        var uri = $"http://finance.yahoo.com/d/quotes.csv?f=l1&s={ccyPair}=X";
        var request = new HttpClient().GetStringAsync(uri);
        return decimal.Parse(request.Result.Trim());
    }
}
```

你几乎可忽略 Yahoo 类的实现细节。我们只关心这样一个事实，即 GetRate 函数接受一个货币对标识符，如 EURUSD(欧元/美元)，并返回汇率。

该程序可以工作，但是如果你连续 n 次询问同一货币对的话，它每次都将执行一个 HTTP 请求。而你可能希望限制多余请求的数量，原因有以下几个：性能、网络使用或每个请求产生的成本。接下来将介绍一个内存缓存，以避免查找我们已经检索过的汇率。

12.1.1　维护所检索资源的缓存

我们希望在检索到汇率后将其存储在缓存中，并仅针对之前未见到过的汇率发出 HTTP 请求，如图 12.2 所示。

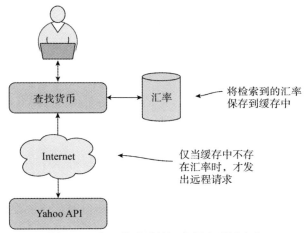

图 12.2　将已检索到的汇率保存到缓存中

当然，作为函数式程序员，我们希望在没有状态突变的情况下做到这一点。程序状态的类型应该是什么？字典将是自然之选，将货币对标识符(如 EURUSD)映射到所检索到的汇率。为确保不会突变，下面将其作为一个不可变字典：ImmutableDictionary<string, decimal>。因为这是一种相当丑陋的类型，我们为其指定别名 Rates 使代码简洁一些。

这里是一个实现，将已经检索到的汇率存储在缓存中，并仅当汇率在之前未被检索过时才调用远程 API。

```
using Rates = ImmutableDictionary<string, decimal>     ◄─── 为表示程序状态
                                                            的对象创建一个
public class Program                                        可读的名称
{
```

```
public static void Main()
{
    WriteLine("Enter a currency pair like 'EURUSD', or 'q' to quit");
    MainRec(Rates.Empty);                    ◄──── 只需要设置一个初
}                                                  始状态并将控制权
                                                   交给 MainRec
static void MainRec(Rates cache)
{
    var input = ReadLine().ToUpper();
    if (input == "Q") return;

    var (rate, newState) = GetRate(input, cache);  ◄──── 获取结果以及
    WriteLine(rate);                                      新状态
    MainRec(newState);          ◄──── 用新状态递归
}                                     调用自己

static (decimal, Rates) GetRate(string ccyPair, Rates cache)
{
    if (cache.ContainsKey(ccyPair))
        return (cache[ccyPair], cache);

    var rate = Yahoo.GetRate(ccyPair);
    return (rate, cache.Add(ccyPair, rate));  ◄──── 根据检索到的汇率和
}                                                    程序更新后的状态返
}                                                    回一个元组
```

查看 GetRate 函数的签名,并将其与 Yahoo.GetRate 进行比较:

```
Yahoo.GetRate   : string → decimal
Program.GetRate : string → Rates → (decimal, Rates)
```

　　如果 Yahoo.GetRate 是无状态版本,则 Program.GetRate 是有状态版本:它接受所请求的货币对以及程序的当前状态,返回结果以及程序的新状态。这是编写无突变的有状态应用程序的关键所在:如果全局变量可突变,则你必须通过参数和返回值传递状态。

　　现在让我们上升到 MainRec(递归),其中包含程序的基本控制流程。这里需要注意的是,将程序的当前状态作为输入参数,并传递给 GetRate 以检索新状态(以及被打印的汇率)。MainRec 最后用新状态调用自身。

　　最后,除了以程序的初始状态(这是一个空的缓存)调用 MainRec 之外,Main 不做任何事情。你可使用 MainRec 递归调用自身,将整个程序的执行视为一个循环,并将当前版本的状态作为参数传递。

　　注意,虽然程序中没有全局变量,但仍然是一个有状态的程序。程序在内存中保持了某种状态,这会影响程序的运行方式。

　　一般来说,递归在 C#中是一项风险很大的业务,因为如果进行超过 10 000 次递归调用,可能导致堆栈崩溃。如果你想避免递归定义,可改用循环,可将 Main 重写为如下形式。

代码清单12.3　将递归函数转换为具有一个局部可变变量的循环

```
public static void Main()
{
    WriteLine("Enter a currency pair like 'EURUSD', or 'q' to quit");
    var state = Rates.Empty;

    for (string input; (input = ReadLine().ToUpper()) != "Q";)
    {
        var (rate, newState) = GetRate(input, state);
        state = newState;
        WriteLine(rate);
    }
}
```

初始
状态 （指向 `var state = Rates.Empty;`）

为下一次迭代重新
指定状态变量 （指向 `state = newState;`）

　　这里保留了一个局部的可变变量 state，而不是递归调用，且会根据需要将其重新赋值为新状态。我们并没有突变任何全局状态，所以基本思想依然成立。

　　对于其余例子，我仍会坚持递归版本，因为我认为这样更清晰。

12.1.2　重构可测试性和错误处理

　　你已经了解到如何创建一个不需要突变的有状态程序。在继续前，我将利用这个相当完整的例子来阐明本书先前关于可测试性和错误处理的一些概念。

　　你会注意到，尽管在状态突变方面没有副作用，但到处都有 I/O 的副作用，所以程序根本不是可测试的。我们可遵循第 2 章介绍的模式，重构 GetRate，将执行 HTTP 请求的函数作为一个输入参数：

```
static (decimal, Rates) GetRate
    (Func<string, decimal> getRate, string ccyPair, Rates cache)
{
    if (cache.ContainsKey(ccyPair))
        return (cache[ccyPair], cache);
    var rate = getRate(ccyPair);
    return (rate, cache.Add(ccyPair, rate));
}
```

　　现在，除了调用给定委托 getRate 可能发生的副作用外，GetRate 不存在其他副作用。因此，通过为委托提供可预测的行为对此函数进行单元测试会很容易。你会了解到如何通过注入函数来调用 I/O 以对 MainRec 进行测试。

　　接下来，根本没有错误处理：如果输入不存在的货币对名称，程序就会崩溃。所以让我们恰当利用 Try。首先通过一个返回 Try 的方法来丰富 Yahoo：

```
static class Yahoo
{
    public static Try<decimal> TryGetRate(string ccyPair)
        => () => GetRate(ccyPair);
}
```

TryGetRate 除了将对 GetRate 的不安全调用包装到一个 Try 外，不会有其他任何操作。现在必须改变主类的 GetRate 方法的签名，使其接受一个 Try<decimal>，而不是一个返回 decimal 的函数。其返回类型也将被包装在一个 Try 中。以下分别是其之前和之后的签名：

```
before : (string → decimal) → string → (decimal, Rates)
after  : (string → Try<decimal>) → string → Try<(decimal, Rates)>
```

重构后的实现如下所示。

代码清单12.4　该程序被重构为使用Try进行错误处理

```
public class Program
{
    public static void Main()
        => MainRec("Enter a currency pair like 'EURUSD', or 'q' to quit"
           , Rates.Empty);

    static void MainRec(string message, Rates cache)
    {
        WriteLine(message);
        var input = ReadLine().ToUpper();
        if (input == "Q") return;

        GetRate(Yahoo.TryGetRate, input, cache) .Run().Match(
          ex => MainRec($"Error: {ex.Message}", cache),
           result => MainRec(result.Rate.ToString(), result.NewState));
    }

    static Try<(decimal Rate, Rates NewState)> GetRate
        (Func<string, Try<decimal>> getRate, string ccyPair, Rates cache)
    {
        if (cache.ContainsKey(ccyPair))
            return Try(() => (cache[ccyPair], cache));
        else return from rate in getRate(ccyPair)
            select (rate, cache.Add(ccyPair, rate));
    }
}
```

注意，我们能以相对轻松的方式来添加可测试性和错误处理，而不必通过接口、try/catch 块等来膨化实现。并且，我们拥有了更强大的函数签名，还通过参数传递拥有了更明确的函数间关系。

12.1.3　有状态的计算

正如你在本节中所见，如果想以函数方式处理状态(即，没有状态突变)，状态必须作为一个输入参数提供给函数，影响状态的函数必须在结果中返回更新后的状态。本章其余部分将重点介绍有状态计算，即与某些状态进行交互的函数。

> **定义**
>
> 有状态计算是接受一个状态(以及潜在的其他参数)并返回一个新状态(和可能的返回值)的函数。有状态计算也被称为状态转换。

有状态计算可能出现在有状态和无状态的程序中。你已经看到了一些示例。在前面的场景中，GetRate 是一个有状态的计算，因为它接受某个状态(缓存)以及货币对，并返回更新后的状态以及所请求的汇率。在第 10 章中，静态 Account 类只包含有状态计算，每个都接受一个 AccountState(以及一个命令)并返回一个新的 AccountState(以及一个要存储的事件)，在此示例中，由于结果被包装在一个 Validation 中，会有些复杂。

如果你想结合多个有状态的计算，那么总将状态传递给一个函数，然后从结果中将其提取出来并将其传递给下一个函数的过程可能会变得非常繁杂。幸运的是，有状态的计算可以单子形式组合，可采用隐藏状态传递的方式(正如你将在接下来看到的)。本章的其余部分包含一些不影响你理解后续章节的高级内容，你可以酌情跳过。

12.2　一种用于生成随机数据的语言

随机数据具有许多合法的实际用途，包括基于属性的测试(第 8 章讨论过)、负载测试(生成大量随机数据，然后轰击系统并观察其承受度)以及模拟算法，如蒙特卡罗(Monte Carlo)方法。这里将列举一个非常简单的随机生成例子，以演示状态计算的组成。

在 REPL 中输入以下内容：

```
var r = new Random(100);
r.Next() // => 2080427802
r.Next() // => 341851734
r.Next() // => 1431988776
```

由于你显式地将值 100 作为随机生成器的种子传递，因此应该得到完全相同的结果。如你所见，这不是随机的。我们目前的计算机几乎不可能获得真正的随机性；相反，随机生成器使用加扰算法来确定性地生成看似随机的输出。通常情况下，你不希望每次都获得相同的值序列，因此如果在没有显式种子的情况下初始化一个 Random 实例，通常会使用当前时间。

所以，如果 Random 是确定的，那么每次调用 Next 时，如何生成不同的输出呢？答案是 Random 是有状态的，每次调用 Next 时，实例状态都会变化，以便之后调用 Next 时生成一个新值。换言之，Next 具有副作用；虽然 Next 生成一个 int 作为它的显式输出，但有一个隐式输入(Random 实例的当前状态)决定了输出，另一个隐式输出(即 Random 的新状态)将决定调用 Next 之后的输出。

我们将创建一个无副作用的随机生成器,其中所有输入和输出都是显式的。生成一个数字值是一个有状态的计算,因为它需要一个种子,而且必须生成一个新种子以用于下一个生成。我们不希望仅生成整数,而要生成任何类型的值,因此可使用以下委托来捕获一个生成器函数的类型:

```
public delegate (T Value, int Seed) Generator<T>(int seed);
```

也就是说,Generator<T>是一个有状态的计算,它接受一个 int 值作为种子(状态),并返回一个由所生成的 T 和一个新种子所组成的元组,该元组可用于生成后续值。Generator<T>的标准箭头符号签名是:

```
int → (T, int)
```

为运行一个生成器,可定义以下的 Run 方法:

```
public static T Run<T>(this Generator<T> gen, int seed)
    => gen(seed).Value;

public static T Run<T>(this Generator<T> gen)
    => gen(Environment.TickCount).Value;
```

第一个重载使用给定的种子运行生成器,并只返回生成的值,而不考虑状态。第二个重载在每次调用时都会使用时钟来获得一个不同的种子值(因此与第一次重载不同,它是不纯洁的而且是不可测试的)。

接下来,让我们创建一些生成器。

12.2.1　生成随机整数

我们需要的基本构建块是一个将种子值加扰为一个新 int 的生成器。以下是一个可能的实现。

代码清单12.5　一个有状态的计算,返回一个伪随机数

```
public static Generator<int> NextInt = (seed) =>
{
    seed ^= seed >> 13;
    seed ^= seed << 18;
    int result = seed & 0x7fffffff;
    return (result, result);
};
```

这是一个生成器,当给定一个种子时,会对该种子进行加扰以获得另一个看起来不相关的整数。[2]然后返回该整数值为结果值,并作为一个种子用于之后的计算。

2　该算法的具体细节与本次讨论的目的无关。有许多算法可用于生成伪随机数。

　　当你想要生成更复杂的值时，事情便开始变得令人兴奋。事实证明，如果可生成一个随机 int，便可为任意复杂的类型生成随机值。你知道如何为 int 编写一个生成器；那么你能否为一个更简单的类型(如 Boolean)编写一个生成器呢？

12.2.2　生成其他基元

　　请记住，一个生成器应该接受一个种子并返回一个新值(在本例中为一个生成的布尔值)以及一个新种子。Generator<bool>的架构如下所示：

```
public static Generator<bool> NextBool = (seed) =>
{
    bool result = // ???
    int newSeed = // ???
    return (result, newSeed);
};
```

　　我们该怎样做这件事呢？我们已经有了一个 int 生成器，所以可生成一个 int 并根据生成的 int 是偶数/奇数来返回 true/false，同时利用生成 int 时所计算的新种子。本质上，我们使用了 NextInt，将生成的 int 转换为 bool 并重用了种子，如图 12.3 所示。

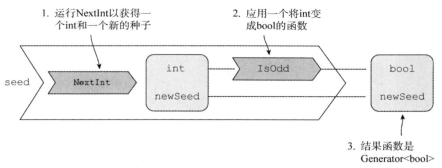

图 12.3　使用 NextInt 生成器生成一个布尔值

　　该实现如下：

```
public static Generator<bool> NextBool = (seed) =>
{
    var (i, newSeed) = NextInt(seed);
    return (i % 2 == 0, newSeed);
};
```

　　现在让我们以不同的方式来思考。这里所做的是有效映射一个函数，将一个 int 转变为一个 bool，同时重用由现有的 NextInt 生成器返回的新种子。我们可泛化该模式以定义 Map：如果你有一个 Generator<T>和一个函数 f：即 T → R，你可通过运行生成器来获得一个 T 和一个新种子，然后应用 f 以获得一个 R，并将其与新种子一起返回，最终得到 Generator<R>。

Map/Select 的代码实现如下所示。

代码清单12.6 Generator<T>的Map的定义

Map 返回了一个
生成器，当给定一
个种子时·········

······将运行给定的生成
器 gen，以获得一个 T
和一个新种子······

```
public static Generator<R> Map<T, R>
    (this Generator<T> gen, Func<T, R> f)
    => seed =>
    {
        var (t, newSeed) = gen(seed);
        return (f(t), newSeed);
    };
```

······然后用 f 将 T
转变为 R，将其与
新种子一起返回

现在可为比 int 携带更少信息的类型(如更简洁的 bool 或 char)定义生成器，见下面的代码清单。

代码清单12.7 基于NextInt生成其他类型

生成一个
int······

```
public static Generator<bool> NextBool =>
    from i in NextInt
    select i % 2 == 0;

public static Generator<char> NextChar =>
    from i in NextInt
    select (char)(i % (char.MaxValue + 1));
```

······返回其是否为偶数

这提高了可读性，因为我们不必为种子问题而过度烦恼了，我们可通过"生成 int 并返回其是否为偶数"来阅读代码。

12.2.3 生成复杂的结构

现在继续分析如何生成更复杂的值。下面尝试生成一对整数。而我们必须编写的内容如下：

```
public static Generator<(int, int)> PairOfInts = (seed0) =>
{
    var (a, seed1) = NextInt(seed0);
    var (b, seed2) = NextInt(seed1);
    return ((a, b), seed2);
};
```

可以看到，对于每个有状态计算(或者每次生成随机值时)，我们需要提取状态(新创建的种子)并将其传递给下一个计算。这是相当繁杂的。幸运的是，我们可用一个 LINQ 表达式组合生成器来消除显式的状态传递。

代码清单12.8　定义一个生成一对随机整数的函数

```
public static Generator<(int, int)> PairOfInts =>
    from a in NextInt
    from b in NextInt
    select (a, b);
```

生成一个 int 并
将其称为 a

生成另一个 int
并将其称为 b

返回 a 和 b 的对

　　这样更具可读性，本质与之前并无二致。这是可行的，因为我已经定义了一个 Bind/SelectMany 的实现来负责"串联状态"；也就是将状态从一个计算传递给下一个计算。Bind 的工作方式如图 12.4 所示。代码清单 12.9 展示了相应的代码。

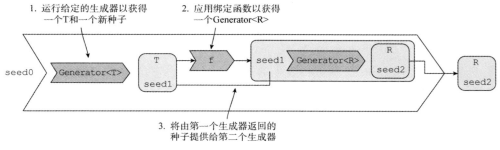

1. 运行给定的生成器以获得
一个T和一个新种子

2. 应用绑定函数以获得
一个Generator<R>

3. 将由第一个生成器返回的
种子提供给第二个生成器

图 12.4　Generator<T>的 Bind 的定义

代码清单12.9　Generator<T>的Bind的定义

```
public static Generator<R> Bind<T, R>
    (this Generator<T> gen, Func<T, Generator<R>> f)
    => seed0 =>
{
    var (t, seed1) = gen(seed0);
    return f(t)(seed1);
};
```

　　现在我们拥有了所有的构建块来生成任意复杂的类型。假设我们想创建一个 Option<int>。这将很简单——为 Option 的状态生成一个布尔值，并为该值生成一个 int：

```
public static Generator<Option<int>> OptionInt =>
    from some in NextBool
    from i in NextInt
    select some ? Some(i) : None;
```

　　这看起来应该不陌生：使用 FsCheck 来定义属性测试时，你会发现在第 9 章中看到过的一些类似代码，我们需要提供一个用于生成随机 Option 的方法。实际上，FsCheck 的随机生成器的定义与此相同。

　　接下来将生成一系列整数。这将稍微复杂一些。

代码清单12.10　生成一个随机数列表

```
public static Generator<IEnumerable<int>> IntList
    => from empty in NextBool
       from list in empty ? Empty : NonEmpty
       select list;

static Generator<IEnumerable<int>> Empty
    => Generator.Return(Enumerable.Empty<int>());

static Generator<IEnumerable<int>> NonEmpty
    => from head in NextInt
       from tail in IntList
       select List(head).Concat(tail);

public static Generator<T> Return<T>(T value)
    => seed => (value, seed);
```

下面从顶层的 IntList 开始：我们通过生成一个随机布尔值来得知序列是否应该为空。[3]如果是，便使用 Empty，这是一个始终返回空序列的生成器；否则，我们通过调用 NonEmpty 来返回一个非空序列。这将生成一个 int(作为第一个元素)和一个紧随其后的随机序列。注意 Empty 使用了 Generator 的 Return 函数，将一个值提升到一个始终返回该值的生成器中，而不会影响给定状态。怎样生成字符串呢？一个字符串本质上是一个字符序列，所以我们可生成一个 int 列表，将每个 int 转换为一个 char，然后根据所得到的字符序列来构建一个字符串。正如所见，我们遵循这种方法来生成一种语言，将各类生成器结合成任意复杂类型的生成器。

12.3　有状态计算的通用模式

除了生成随机值外，还有其他很多场景可让我们组合多个有状态的计算。为此，我们可使用一个更通用的委托 StatefulComputation：

```
delegate (T Value, S State) StatefulComputation<S, T>(S state);
```

StatefulComputation<T>是一个这种形式的函数：

S → (T, S)

T 是函数的结果值，S 是状态。[4]

3　这意味着在统计上，一半的生成列表将是空的，四分之一的列表将有一个元素，所以该生成器不太可能生成一个长列表。你可遵循不同方法并首先生成一个随机长度(假定该长度在一个给定范围内)，然后填充值。如上所示，一旦开始生成随机数据，就必须定义参数来管理随机生成。

4　在 FP 术语中，这称为状态单子。用它来描述一个接受某种状态作为参数的函数是极其糟糕的。这个遗憾的名称可能是理解它的最大障碍。

可将其与 Generator<T>的签名进行比较，来看看它们有多么相似：

```
StatefulComputation<T> : S → (T, S)
Generator<T>           : int → (T, int)
```

对于 Generator，传入和传出的状态总是一个 int；对于更通用的 Stateful Computation，状态可以是任意类型 S。因此，我们可用相同的方式定义 Map 和 Bind (唯一的区别是额外的类型参数)，并让它们负责"串联"一个计算和下一个计算之间的状态。

第 9 章讨论了树，并讲述了如何定义一个创建新树的 Map 函数，其中每个元素是对原始树中的每个值应用函数的结果。假设你现在想为每个元素分配一个数字，如图 12.5 所示。

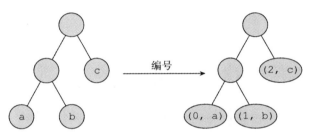

图 12.5　为一个树中的每个元素编号

此操作与 Map 类似，因为你仍然必须遍历该树并将函数应用于每个元素，但你现在必须保持某个状态(一个计数器值)，这个状态用于标记每个树叶并递增。

首先定义一个包装了 T 和数字的 Numbered<T>类(为简洁起见，构造函数已被省略)。

```
public class Numbered<T>
{
    public int Number { get; }
    public T Value { get; }
}
```

这意味着我们试图建模的操作可表示为 Tree<T>到 Tree<Numbered<T>>的函数。首先，这里有一个遍历树的实现，用于显式地传递状态。

代码清单12.11　显式传递一个计数器值为一个树的叶子编号

```
using LaYumba.Functional.Data.BinaryTree;

public Tree<Numbered<T>> Number<T>(Tree<T> tree)            调用有状态的重载，传递 0
    => Number(tree, 0).Tree;                                作为初始状态

(Tree<Numbered<T>> Tree, int Count) Number<T>(Tree<T> tree, int count)
```

```
=> tree.Match(

  Leaf: t =>
    (
        Tree.Leaf(new Numbered<T>(t, count)),      用当前计数
        count + 1                                  标记此树叶
    ),                    将增加的计数作为
                          新状态返回
                                                   递归调用左侧
  Branch: (l, r) =>                                和右侧子树的
  {                                                Number
     var (left, count1) = Number(l, count);
     var (right, count2) = Number(r, count1);
     return (Tree.Branch(left, right)), count2;    返回已更新计
                                                   数的新树
  });
```

我们以计数 0 开始计算。编号函数简单地匹配了树的类型。如果是树叶,便包含一个 T,所以 Number 返回结果/新状态对,Numbered<T>(包装 T 和当前计数)作为结果,递增的计数作为新状态。如果是一个分支,我们则递归地在左边和右边的子树上调用 Number。因为这些操作中的每一个都会返回一个更新后的状态,所以我们必须向前串联状态并将其返回到结果值中。

尽管我对上述解决方案感到满意,但手动传递状态的确引入了一些噪音。可通过重构代码,改用 StatefulComputation 委托来摆脱这种情况。

将首先定义一个简单的有状态计算,它接受一个 int(状态,在本例中为计数器),将计数器作为值返回,将递增的状态作为新状态返回:

```
static StatefulComputation<int, int> GetAndIncrement
  = count => (count, count + 1);

GetAndIncrement(0) // => (0, 1)
GetAndIncrement(6) // => (6, 7)
```

记住,一个有状态的计算会返回值和新状态。GetAndIncrement 将递增的计数器作为新状态返回,并将当前计数器的值作为返回值(这就是所谓的"获取"状态;也就是说,使得状态成为计算的内部值;现在你可在 LINQ 表达式中引用它,并将其赋给以下代码中的 count)。现在我们可重写树的编号函数,如下所示。

代码清单12.12　使用LINQ对树的叶子进行编号,以满足传递状态的需要

```
StatefulComputation<int, Tree<Numbered<T>>> Number<T>(Tree<T> tree)
   => tree.Match(
                              将当前计数赋给 count
                              变量,同时将递增的计
  Leaf: t =>                  数赋给状态
    from count in GetAndIncrement
    select Tree.Leaf(new Numbered<T>(t, count)),     结果是包含原
                                                     始叶子值的新
  Branch: (left, right) =>                           叶子,用当前
    from newLeft in Number(left)                     计数编号
    from newRight in Number(right)
    select Tree.Branch(newLeft, newRight));
```

　　正如所见，组合一系列有状态计算时(正如 Branch 的情况一样)，LINQ 可真正提高可读性。我反而觉得显式传递状态更清晰。注意上述函数返回一个计算，在给定一个输入状态前什么也不做：

```
Number(tree).Run(0)
```

　　虽然有状态计算无处不在，但需要链接多个计算的情况并不常见。有状态计算常在某些领域中出现，如模拟或解析器。例如，一个函数式解析器通常被建模为一个函数，该函数接受一个字符串(状态)，使用部分字符串，生成一个结果；结果包括已解析内容的结构化表示，还包括有待解析的字符串的其余部分(新状态)。

小结

- 当编写有状态的程序时，通过始终将状态作为函数的输入和输出的一部分进行显式传递，可避免将状态作为副作用进行更改。
- 有状态计算是 S → (T，S)形式的函数。也就是说，它接受某个状态并返回一个值以及一个更新后的状态。
- 有状态的计算可以单子形式组合，以减轻将状态从一个计算传递到下一个计算的语法负担。

第*13*章

使用异步计算

本章涵盖的主要内容：
- 使用Task来表示异步计算
- 按顺序和并行方式组合异步操作
- 遍历：处理高级类型的列表
- 结合不同单子的效果

在当今分布式应用程序的世界中，许多操作都是异步执行的。程序可能启动一些需要相当长时间才能完成的操作，例如向另一个应用程序请求数据，但在此过程中它并不会停下来等待该操作完成。相反，它将继续执行其他工作，在收到数据后，会立刻继续之前的操作。

异步当然是当今程序员的面包和黄油。我一直等到本书的最后才介绍它，是因为它较为复杂，而我想推迟这一复杂性，以使到目前为止所提出的思想更加浅显易懂。

异步操作在 C#中使用 Task 表示，在本章的前半部分中你会了解到，Task<T>与其他容器(如 Option<T>、Try<T>等)并没有太大区别。

随着容器列表不断增长，我们将不可避免地遇到结合不同容器的问题。如果你有要执行的 Task 列表，那么当所有操作完成后，如何才能得到一个完成的 Task 呢？如果有一个类型为 Task<Validation<T>>的值，那么怎样用一个函数 T → Task<R> 来组合它，并使用最少量的类型噪音呢？本章第二部分将展示如何处理这些较复杂的堆叠类型。

13.1　异步计算

本节将首先介绍对异步的需要，以及如何使用 Task 对值的异步传递进行建模。然后你会看到 Task<T>只是 T 的另一个容器，就像 Option 以及你所见过的其他容器一样，因此可支持诸如 Map 和 Bind 的操作。

然后，我们将讨论使用 Task 时经常出现的一些问题：结合多个异步操作、处理失败、执行多个重试以及并行运行任务。

13.1.1　对异步的需要

一些操作比其他操作花费的时间更长，可能花费大量时间！执行一个典型计算机指令所需的时间以纳秒计，而从文件系统读取或进行一个网络请求的 I/O 操作以毫秒或(甚至秒)来计。

为更好地理解差异到底有多大，我们将其扩展到更加人性化的一面：如果内存中的指令(如两个数字相加)花费了大约一秒的时间，那么一个典型的 I/O 操作可能需要几个月或几年的时间。而且，就像在现实生活中一样，你可以在饮水机旁等上几秒钟，直到你的水杯被装满，而在处理按揭贷款申请时，你不会在银行周围等待数周。相反，你会提交你的申请，然后回到你的日常生活中，并希望在将来得到结果的通知。如图 13.1 所示。

图 13.1　现实生活中的例子

这是异步计算背后的思想：开始一个需要很长时间的操作后，继续执行其他工作，然后在操作完成后再回来。

13.1.2   用 Task 表示异步操作

自 C#4 开始，使用异步计算的主要工具是基于任务的异步编程模式(Task-Based Asynchronous Pattern)。[1]简而言之，它由以下内容组成：

- 使用 Task 和 Task<T>来表示异步操作。
- 使用 await 关键字来等待 Task，这会释放当前线程来执行其他工作，直到异步操作完成。

例如，研究你在第 12.1 节中所见到的从 Yahoo API 获得汇率的代码(稍微重构以突出显示在本示例中如何使用 Task)。

代码清单13.1   阻塞当前线程，直到一个网络调用完成

```
static class Yahoo {
    public static decimal GetRate(string ccyPair)
    {
        var task = new HttpClient().GetStringAsync(QueryFor(ccyPair));
        var body = task.Result;              ← 调用 Result 会
        return decimal.Parse(body.Trim());     阻塞线程，直
    }                                          到操作完成

    static string QueryFor(string ccyPair)
        => $"http://finance.yahoo.com/d/quotes.csv?f=l1&s={ccyPair}=X";
}
```

在此代码中，当前线程暂停并等待从远程 API 接收结果。对于简单的控制台应用程序来说这是可以的，但对于大多数真实世界的应用程序来说，无论是客户端还是服务器，这都是不可接受的。我们希望在等待一个网络调用完成前，无须阻塞线程。

你可重构此代码以做到异步执行请求，如下所示。

代码清单13.2   使用Task来表示一个异步操作

```
public static async Task<decimal> GetRate(string ccyPair)
{
    var s = await new HttpClient().GetStringAsync(QueryFor(ccyPair));
    return decimal.Parse(s.Trim());
}
```

请注意这些变化：

---

1   我假定你对其较为熟悉。如果不是这样，你可通过在 MSDN 上搜索"Task-Based Asynchronous Pattern"来找到很多这方面的文档。

- 该方法现在不会返回 decimal，而会返回一个 Task<decimal>。
- await 挂起当前上下文(释放线程以执行其他工作)，在异步操作完成后并且其结果可用时恢复。
- 必须将方法标记为 async。这只是噪音，在 await 被添加到语言时，它才被添加，以实现向后兼容的目的。

命名约定

强烈建议不要使用后缀-Async来命名返回Task的方法。[2]

到目前为止，一切波澜不惊。现在让我们更多地从函数式的角度来查看 Task<T>。

13.1.3　Task 作为一个将来值的容器

基于本书讲述的观点，将 Task<T>视作 T 的另一个容器是很自然的。如果 Option<T>可被视为一个可能包含一个 T 的盒子，并且 Func<T>作为一个可被运行以获取一个 T 的容器，那么 Task<T>可被视为一个其 T 将在某个时刻具化的盒子。所以 Task<T>可被视为一个增加了异步效应的构造。

TASK与TASK<T>

再次提醒，非泛型Task和泛型Task<T>之间存在一个棘手的二分法：分别生成void和某种类型T的异步操作。

下面将总是使用一个返回值(至少是Unit)，所以即使我为了简洁而编写的是 Task，你也应该将其视为Task<T>。

为将"一个 Task 即为一个容器"思想应用到代码当中，我定义了 Return、Map 和 Bind 函数，有效地使 Task<T>成为一个 T 上的单子。

代码清单13.3　可通过await来定义Map和Bind

```
public static partial class F
{
    public static Task<T> Async<T>(T t)
        => Task.FromResult(t);

    public static async Task<R> Map<T, R>
        (this Task<T> task, Func<T, R> f)
```

　　2　这个遗憾的约定是微软在 async 的初期提出的。首先，你不会使用一个特殊后缀-Str 来命名一个返回字符串的方法，是吗？那么，为什么要对 Task 使用呢？我认为，该约定背后的思想是为了便于在某些 API 中消除歧义，这些 API 公开了同一操作的同步和异步变体。但是这导致了糟糕的设计：如果一个方法是异步的，那么使用同步变体是次优的。API 应该鼓励只通过公开异步变体做正确的事情。如果两种变体都被公开，那么，如果有的话，同步版本应该用-Sync 后缀来标记，但这是相当碍眼的。良好的设计使其容易做正确的事情，所以强迫异步变体使用更长、更嘈杂的名称绝对是糟糕的设计。

```
    => f(await task);

public static async Task<R> Bind<T, R>
    (this Task<T> task, Func<T, Task<R>> f)
    => await f(await task);
}
```

我将使用 Async 作为 Task 的 Return 函数，它将一个 T 提升到一个 Task<T>
中。这只是.NET 的 Task.FromResult 方法的一个简写。

注意到使用 await 关键字来定义 Map 和 Bind 是多么容易。为何如此容易呢？
我们知道 Map 从一个容器中提取内部值，然后应用给定的函数，并将结果包装回
一个容器中。但是，这种拆解和包装正是 await 语言特性的效果：提取 Task 的内
部值(即操作在完成时所返回的值)，并且当方法包含 await 时，结果会被自动包装
到一个 Task 中。[3]Map 剩下所要做的事情就是将给定的函数应用到等待的值。

Bind 与其类似。它等待给定的 Task<T>，并且当此事完成时，结果 T 可以被
提供给绑定函数。这反过来又返回一个 Task<R>，Task<R>也必须在得到所需的 R
类型结果之前进行等待。

我已经在相同的代码行中为 Task 实现了 LINQ 查询模式，因此你可以使用一
个 LINQ 推导式来重写 GetRate 函数。

代码清单13.4　对Task使用LINQ推导式

```
public static Task<decimal> GetRate(string ccyPair) =>
    from s in new HttpClient().GetStringAsync(QueryFor(ccyPair))
    select decimal.Parse(s.Trim());

public static async Task<decimal> GetRate(string ccyPair)
{
    var s = await new HttpClient().GetStringAsync(QueryFor(ccyPair));
    return decimal.Parse(s.Trim());
}
```

代码清单 13.4 展示了 LINQ 的实现和 await 的实现，以强调它们的相似性。
在使用 LINQ 的版本中，from 子句接受了 Task 的内部值并将其绑定到变量 s(更通
俗地讲，当你看到一条子句 from s in m，你可将其读为"提取 m 的内部值，并称
之为 s，然后……")；这正是 await 所做的事情。不同之处在于 await 是特定于 Task
的，而 LINQ 可用于任何单子。

惰性与异步计算
惰性和异步计算都使你能够编写"在将来运行"的代码。也就是说，在某个
时间点，程序定义了如何处理由一个惰性计算Func<T>或一个异步计算Task<T>

3　await 不仅适用于 Task，而且适用于任何可等待的值；即，那些定义了一个返回 INotifyCompletion
的 GetAwaiter(实例或扩展)方法的任何值。

所返回的一个T值，但是这些指令会在以后执行。且两者之间也存在重要区别。
从定义计算的代码的角度来看：

- 创建一个惰性计算(如Func、Try、StatefulComputation等)并不会启动计算。事实上，它什么都没有做(没有副作用)。
- 创建一个Task会启动一个异步计算。

从使用所计算的结果的代码的角度来看：

- 使用一个惰性值的代码决定了何时运行计算，以获取所计算的值。
- 使用一个异步值的代码无法控制何时会收到所计算的值。

13.1.4 处理失败

我提到过 Task<T>可被视为一个增加了异步效应的构造。实际上，它也捕获了错误处理。由于异步操作通常是 I/O 操作，所以出现问题的可能性很高，幸运的是，Task<T>会通过 Status 和 Exception 属性进行错误处理。

这点很重要。假设你有一个同步计算，并且正在用 Exceptional<T>对一个可能失败的计算进行建模。现在，如果你想使计算异步，那么你并不需要一个 Task<Exceptional<T>>，只需要一个 Task<T>即可。

为查看一些各种异步计算是如何被组合的示例，我们来看看建立在检索汇率场景上的一些稍微复杂的变体。

假设贵公司已经购买了一个 CurrencyLayer 的订阅，则该公司通过 API 可提供优质的汇率数据(即与市场相比，数据具有最小的延迟)。如果由于某种原因致使 CurrencyLayer 的 API 调用失败，你希望回退到依然可用的旧 Yahoo API(其汇率虽然不及时，但仍然足以作为一个备选)。

首先，假设你定义了两个类来封装对 API 的访问：

```
public static class Yahoo
{
    public static Task<decimal> GetRate(string ccyPair) => //...
}

public static class CurrencyLayer
{
    public static Task<decimal> GetRate(string ccyPair) => //...
}
```

Yahoo 的实现与你在代码清单 13.2 中所看到的相同；CurrencyLayer 以相同的代码行实现，但适用于 CurrencyLayer 的 API。

有趣的部分是将两个调用结合到 GetRate 中。对于这类任务，你可以使用 OrElse 函数，该函数在任务失败的情况下接受一个任务和一个备选(此思想与第 11 章中为 Option 所定义的 OrElse 类似)。

```
public static Task<T> OrElse<T>
    (this Task<T> task, Func<Task<T>> fallback)
 => task.ContinueWith(t =>
        t.Status == TaskStatus.Faulted
            ? fallback()
            : Async(t.Result)
    )
    .Unwrap();
```

将一个 Task<Task\<T>>平铺为一个 Task<T>

注意，OrElse 假定一个 Task 要么失败要么成功。实际上，C#的 Task 也支持取消，但这个特性很少使用，并会使 API 复杂化，所以这里并不会讲述取消。

现在，你可以使用如下方式：

```
CurrencyLayer.GetRate(ccyPair)
    .OrElse(() => Yahoo.GetRate(ccyPair))
```

结果是一个新的 Task，如果操作成功，将生成由 CurrencyLayer 返回的值，否则生成由 Yahoo 所返回的值。

当然，如果网络出现故障，这两种调用都会失败。所以我们还需要一个函数来指定任务失败时要执行的操作。我称之为 Recover：

```
public static Task<T> Recover<T>
    (this Task<T> task, Func<Exception, T> fallback)
 => task.ContinueWith(t =>
        t.Status == TaskStatus.Faulted
            ? fallback(t.Exception)
            : t.Result);
```

可通过如下方式使用 Recover：

```
Yahoo
    .GetRate("USDEUR")
    .Map(rate => $"The rate is {rate}")
    .Recover(ex => $"Error fetching rate: {ex.Message}")
```

Recover 是你通常在工作流结束时所使用的一种方式，用于指定在中途发生错误时要执行的操作。换句话说，你可采用为某些项(如 Option 和 Either)使用 Match 的相同方式来使用 Recover。但 Match 是同步工作的；一个 Task 没有任何可匹配之处，因为其状态在将来某个时间点之前是不可用的，所以在技术上 Recover 更像是错误情况下的 Map(可通过查看其签名来确认)。

定义 Map 的一个重载是合情合理的，该重载在成功和失败的情况下都会接受一个处理函数：

```
public static Task<R> Map<T, R>
    (this Task<T> task, Func<Exception, R> Faulted, Func<T, R> Completed)
 => task.ContinueWith(t =>
        t.Status == TaskStatus.Faulted
```

```
    ? Faulted(t.Exception)
    : Completed(t.Result));
```

其使用方式如下：

```
Yahoo.GetRate("USDEUR").Map(
    Faulted: ex => $"Error fetching rate: {ex.Message}",
    Completed: rate => $"The rate is {rate}")
```

13.1.5　一个用于货币转换的 HTTP API

下面通过编写一个 API 控制器利用上述特性，以允许客户端将金额从一种货币转换为另一种货币。一个与此 API 交互的示例如下所示：

```
$ curl http://localhost:5000/convert/1000/USD/to/EUR -s
896.9000

$ curl http://localhost:5000/convert/1000/USD/to/JPY -s
103089.0000

$ curl http://localhost:5000/convert/1000/XXX/to/XXX -s
{"message":"An unexpected error has occurred"}
```

也就是说，可通过诸如"convert/1000/USD/to/EUR"的路径来调用 API，以了解多少欧元相当于 1000 美元。以下是实现代码：

```
[HttpGet("convert/{amount}/{from}/to/{to}")]
public Task<IActionResult> Convert
    (decimal amount, string from, string to)
    => CurrencyLayer.GetRate(from + to)
    .OrElse(() => Yahoo.GetRate(from + to))          ←── 回退到次级 API
    .Map(rate => amount * rate)
    .Map(
        Faulted: ex => StatusCode(500, Errors.UnexpectedError),
        Completed: result => Ok(result) as IActionResult);  ←──┐
                                               指定在失败时要做什么 ┘
```

当应用程序收到一个请求时，会调用 CurrencyLayer API 来获取相关汇率。如果失败，则调用 Yahoo API。一旦获得汇率，就可以使用该汇率来计算目标货币的等值金额。最后，将成功结果映射到 200，而将失败结果映射到 500。

还记得第 6 章中的内容，一旦进入高级界域，应该以尽可能长的时间保持在其中。而这对于 Task 来说更是如此：在 Task 的世界中意味着编写在将来运行的代码，因此在本示例中离开高级界域意味着阻塞线程并等待未来追赶。我们几乎并不想这样做。

请注意，控制器方法返回 Task<IActionResult>。也就是说，当 Task 运行完成时，ASP.NET 会将响应发送给客户端，并且你不必担心这会在何时发生。在本示例中，你永远不需要离开 Task 的高级界域。

13.1.6　如果失败，请再试几次

当远程操作(例如对 HTTP API 的调用)失败时，失败的原因往往是暂时的：可能连接出现故障，或者远程服务器正在重新启动。换句话说，如果你几秒钟或几分钟后重试，那么曾失败过的操作有可能会成功。

在处理无法控制其健康状况的第三方 API 时，需要在操作失败时进行重试。以下是一个简单而优雅的解决方案，它执行一个异步操作，即如果失败，则重试指定的次数。

代码清单13.5　用指数退避方法进行重试

```
public static Task<T> Retry<T>
   (int retries, int delayMillis, Func<Task<T>> start)
   => retries == 0
      ? start()                                          如果尝试失
      : start().OrElse(() =>                             败，会等待
         from _ in Task.Delay(delayMillis)               片刻，然后
         from t in Retry(retries - 1, delayMillis * 2, start)   重试
         select t);
```

最后一次尝试 → (指向 ? start() 和 : start() 两行)

要使用它，只需要将调用中执行远程操作的函数包装到 Retry 函数中即可：

```
Retry(10, 1000, () => Yahoo.GetRate("GBPUSD"))
```

这里指定：操作应该重试最多 10 次，尝试之间的初始延迟时间为 1 秒。最后一个参数是要执行的操作，由于调用该函数将启动任务而被惰性指定。

注意，Retry 是递归的：如果操作失败，将等待指定的时间间隔，然后重试相同的操作，递减剩余重试的次数，并将时间间隔翻倍以等待下一次重试(该重试策略被称为指数退避)。

13.1.7　并行运行异步操作

由于 Task 用于表示需要花费时间的操作，因此在有可能的情况下你可能希望并行执行它们。想象一下，你想查看不同航空公司提供的价格。假设你有多个类封装了对航空公司 API 的访问，且每个都实现了 Airline 接口：

```
interface Airline
{
   Task<IEnumerable<Flight>> Flights(string from, string to, DateTime on);
   Task<Flight> BestFare(string from, string to, DateTime on);
}
```

Flights 提供了在一个给定航线和日期下航空公司的所有航班，而 BestFare 只提供最便宜的航班。航班的详细信息可通过远程 API 查询，因此结果很自然地被包装在一个 Task 中。

现在想象一下，回到 90 年代，并且你对欧洲旅游很感兴趣。你需要看一下市场上唯一的两家廉价航空公司：easyjet 和 ryanair。然后，你可以基于一个给定日期来找到两家机场提供的最合适价格，如下所示：

```
Airline ryanair;
Airline easyjet;

Task<Flight> BestFareM(string @from, string to, DateTime @on)
    => from r in ryanair.BestFare(@from, to, @on)
       from e in easyjet.BestFare(@from, to, @on)
       select r.Price < e.Price ? r : e;
```

这是可行的，但你能看到所捕获的内容吗？由于 LINQ 查询都是单子的，所以 easyjet.BestFare 将只在 ryanair.BestFare 完成后才会被调用(稍后会了解原因)。但为何要等待呢？毕竟，这两个调用是完全独立的，所以我们没理由不以并行方式进行调用。

还记得在第 8 章中，当你拥有独立的计算时，便可以使用应用式。以下代码清单为 Task 定义 Apply，依据 await，该 Apply 再次被轻松地实现。

代码清单13.6　实现Task的Apply

```
public static async Task<R> Apply<T, R>
    (this Task<Func<T, R>> f, Task<T> arg)
    => (await f)(await arg);
public static Task<Func<T2, R>> Apply<T1, T2, R>
    (this Task<Func<T1, T2, R>> f, Task<T1> arg)
    => Apply(f.Map(F.Curry), arg);
```

与其他容器一样，重要的重载是第一个(在一个容器中包装一个一元函数的地方)，并且只需要对函数进行柯里化，就可以定义更大元数的重载。与 Map 和 Bind 一样，该实现只使用 await 关键字来引用 Task 的内部值。Apply 等待包装后的函数和包装后的参数，并将函数应用于参数；作为使用 await 的一个结果，该结果会被自动包装到一个任务中。

因此，你可使用 Apply 来重写前面的计算，如下所示。

代码清单13.7　通过Apply来并行执行两个任务

```
Task<Flight> BestFareA(string from, string to, DateTime on)
    => Async(PickCheaper)
      .Apply(ryanair.BestFare(from, to, on))
      .Apply(easyjet.BestFare(from, to, on));

static Func<Flight, Flight, Flight> PickCheaper
    = (l, r) => l.Price < r.Price ? l : r;
```

在该版本中，两个对 BestFare 的调用是独立启动的，因此它们是并行运行的，并且完成 BestFareA 所需的总时间取决于完成 API 调用所需的时间——而不是它们的总和。

为更好地理解原因，下面来比较 Apply 和 Bind：

```
public static async Task<R> Bind<T, R>
    (this Task<T> task, Func<T, Task<R>> f)
    => await f(await task);

public static async Task<R> Apply<T, R>
    (this Task<Func<T, R>> f, Task<T> arg)
    => (await f)(await arg);
```

Bind 首先等待给定的 Task<T>，然后才对函数进行求值以开启第二个任务。Bind 是按顺序运行任务的，因为创建第二个任务需要一个 T 值，所以无法进行其他操作。

另一方面，Apply 接受了两个 Task，这意味着两个任务都已启动。考虑到这一点，下面回顾以下这段代码：

```
Async(PickCheaper)
    .Apply(ryanair.BestFare(from, to, on))
    .Apply(easyjet.BestFare(from, to, on));
```

当你首次调用 Apply(通过 ryanair 任务)时，Apply 会立即返回一个新的 Task，而不必等待 ryanair 任务的完成(这是 Apply 内部的 await 行为)。然后该程序立即开始创建 easyjet 任务。因此，两项任务是并行运行的。

换言之，Bind 和 Apply 之间的行为差异取决于它们的签名：

- 使用 Bind 时，必须等待第一个 Task 才能创建第二个任务，所以应该用于一个 Task 的创建依赖于另一个任务的返回值的场景中。
- 使用 Apply 时，两项任务都将由调用者提供，所以应该用于任务可独立启动的场景中。

现在让我们来看看如今的变化：廉价航空公司已经成倍增长，而且传统航空公司在价格上与它们展开竞争。我们现在所具有的已不再是两家，而是一份长长的航空公司名单，这些航空公司的报价都是我们应该考虑的。对于这个更复杂的场景，我们需要一个新工具：Traverse，接下来将对其进行介绍。

本章其余部分包含不影响理解后续章节的高阶内容，你可酌情跳过。

13.2　遍历：处理高级值列表

Traverse 是 FP 中更深奥的核心函数之一，允许你处理高级值的列表。通过一个例子可能是最容易理解的。设想一个非常简单的命令行应用程序，它读取用户

输入的以逗号分隔的数字列表，并返回所有给定数字的总和。我们可从以下这些
代码行入手：

公开一个
静态函数
Trim

公开一个返回 Option
的函数以解析一个
double

```
using Double = LaYumba.Functional.Double;
using String = LaYumba.Functional.String;

var input = Console.ReadLine();

var nums = input.Split(',')   // Array<string>
   .Map(String.Trim)          // IEnumerable<string>
   .Map(Double.Parse);        // IEnumerable<Option<double>>
```

我们分割了所输入的字符串以获取一个字符串数组，并使用 Trim 来删除任何
空格。然后，可将解析函数 Double.Parse 映射到该列表，该解析函数所具有的签名
为 string →Option<double>。因此，我们会得到一个 IEnumerable<Option<double>>。

相反，我们真正想要的是一个 Option<IEnumerable<double>>，如果任意数字解
析失败，则其应该是 None，这种情况下，我们可警告用户更正他们的输入。[4]我们
看到 Map 会生成一个类型，而其效果叠加顺序与我们需要的顺序恰恰相反。

这是一个很常见的场景，而在这里有一个称为 Traverse 的特定函数可解决
该场景的问题，一个可定义 Traverse 的类型称被为一个遍历(traversable)。图 13.2
展示了 Map 和 Traverse 之间的关系。

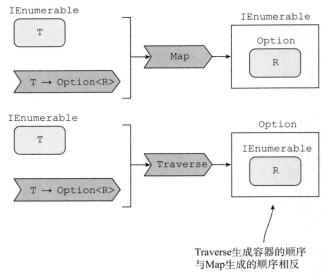

图 13.2　比较 Map 和 Traverse

4　你可能还记得，第 4 章中曾使用 Bind(而不是 Map)来过滤掉所有 None 值，并且只添加成功解析的
数字。而对于该场景，这是不可取的：会不加通告地删除用户输入的错误值，从而导致错误结果。

下面对遍历思想进行归纳：

- 我们拥有一个 Ts 的 "遍历" 结构，所以让我们用 Tr<T> 来表示它。在该示例中便是 IEnumerable<string>。
- 我们拥有一个跨界函数 f: T → A<R>，其中 A 必须至少是一个应用式的。在该示例中便是 Double.Parse，所具有的类型为 string → Option<double>。
- 我们想获得一个 A<Tr<R>>。

Traverse 的一般性签名应该是：

```
Tr<T> → (T → A<R>) → A<Tr<R>>
```

对于该示例来说，应如下所示：

```
IEnumerable<T> → (T → Option<R>) → Option<IEnumerable<R>>
```

13.2.1　使用单子的 Traverse 来验证值列表

下面分析如何使用上述签名来实现 Traverse。如果查看签名中顶层级的类型，你会看到是以一个列表开始而以单个值结束的。请记住，我们使用了第 7.6 节中介绍的 Aggregate 将列表压缩为单个值。

Aggregate 接受一个累加器和一个 reducer 函数，将列表中的每个元素与累加器结合在一起。如果列表为空，则累加器将作为结果返回。这很容易做到；我们只需要创建一个空的 IEnumerable 并将其提升到一个使用 Some 的 Option 中即可。

代码清单13.9　具有一个返回Option的函数的单子Traverse

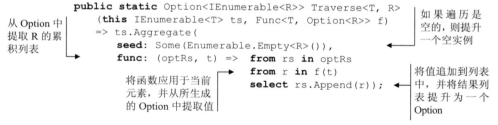

现在分析 reducer 函数——这是有趣的一点。其类型是：

```
Option<IEnumerable<R>> → T → Option<IEnumerable<R>>
```

当我们将函数 f 应用到值 t 时，将得到一个 Option<R>。之后，我们必须满足签名：

```
IEnumerable<R> → R → IEnumerable<R>
```

现在很明显，问题在于将单个 R 追加到一个 IEnumerable<R> 中，并生成一个包含目前所遍历的所有元素的 IEnumerable<R>。追加应该发生在 Option 的高级界域中，因为所有值都被包装在一个 Option 中。如第 8 章所述，我们可以应用式或单子方式在高级界域中应用函数。而这里使用的是单子流。

现在，我们准备回到解析用户输入的以逗号分隔的数字列表的场景中。可使用 Traverse 并实现程序，如下所示。

代码清单13.10　安全地解析和累加一个由逗号分隔的数字列表

```
using Double = LaYumba.Functional.Double;
using String = LaYumba.Functional.String;

public static void Main()
{
    var input = Console.ReadLine();
    var result = Process(input);
    Console.WriteLine(result);
}

static string Process(string input)
    => input.Split(',')                // Array<string>
    .Map(String.Trim)                  // IEnumerable<string>
    .Traverse(Double.Parse)            // Option<IEnumerable<double>>
    .Map(Enumerable.Sum)               // Option<double>
    .Match(
        () => "Some of your inputs could not be parsed",
        (sum) => $"The sum is {sum}");
```

在上述代码清单中，Main 执行了 I/O，且所有逻辑都在 Process 函数中。下面对其进行测试以查看其行为：

```
Process("1, 2, 3")
// => "The sum is 6"

Process("one, two, 3")
// => "Some of your inputs could not be parsed"
```

13.2.2　使用应用式 Traverse 来收集验证错误

下面来改进错误处理，以便准确地告知用户哪些值是错误的。为此，我们需要用到 Validation，它可包含一个错误列表。这意味着我们还需要一个 Traverse 实现，它接受一个值列表和一个返回 Validation 的函数。

我们首先改编接受一个返回 Option 的函数的实现。

代码清单13.11　具有一个返回Validation的函数的单子Traverse

```
public static Validation<IEnumerable<R>> TraverseM<T, R>
    (this IEnumerable<T> ts, Func<T, Validation<R>> f)
    => ts.Aggregate(
```

```
seed: Valid(Enumerable.Empty<R>()),
func: (valRs, t) =>  from rs in valRs
                     from r in f(t)
                     select rs.Append(r));
```

上述实现与接受一个返回 Option 的函数的实现完全相同，只是签名以及使用
Return 函数的情况是 Valid 而不是 Some。而这种重复是由于缺少对 Option 和 Validation
的共同抽象造成的。[5]

注意，我已经调用函数 TraverseM，因为该实现是单子的：如果一个项目未
通过验证，则不会为任何后续项目调用验证函数。

相反，如果我们要累积错误，应该使用应用式流。因此，使用相同的签名来
定义 TraverseA(以应用式)，但会使用应用式流。

代码清单13.12　具有一个返回Validation的函数的应用式Traverse

```
static Func<IEnumerable<T>, T, IEnumerable<T>> Append<T>()
    => (ts, t) => ts.Append(t);
```

如果遍历是空
的，则只需要提
升一个空实例

```
public static Validation<IEnumerable<R>> TraverseA<T, R>
    (this IEnumerable<T> ts, Func<T, Validation<R>> f)
    => ts.Aggregate(
        seed: Valid(Enumerable.Empty<R>()),
        func: (valRs, t) => Valid(Append<R>())
                            .Apply(valRs)
                            .Apply(f(t)));
```

提升针对 R 的
Append 函数

将其应用于累加器

将 f 应用到当前元素以
获得一个 R；这是被应
用于 Append 的第二个
参数

```
public static Validation<IEnumerable<R>> Traverse<T, R>
    (this IEnumerable<T> list, Func<T, Validation<R>> f)
    => TraverseA(list, f);
```

← Traverse 默认为应用式实现

TraverseA 的实现与 TraverseM 的实现非常相似，只是 reducer 函数中的追加
操作是使用应用式而不是单子流来完成。因此，将为 ts 中的每个 T 调用验证函数
f，并且所有验证错误都会累积在生成的 Validation 中。

由于对于 Validation 来说，这通常是我们需要的行为，因此将 Traverse 定义为
指向应用式的实现 TraverseA，但如果你需要一个短路行为，则仍可能需要
TraverseM。

现在，我们可重构该程序以使用 Validation。

代码清单13.13　安全地解析和累加一个由逗号分隔的数字列表的程序

```
static Validation<double> Validate(string s)
    => Double.Parse(s).Match(
```

5　其原因已在第 4 章中讨论过。

```
        () => Error($"'{s}' is not a valid number"),
        (d) => Valid(d));

static string Process(string input)
    => input.Split(',')         // Array<string>
        .Map(String.Trim)       // IEnumerable<string>
        .Traverse(Validate)     // Validation<IEnumerable<double>>
        .Map(Enumerable.Sum)    // Validation<double>
        .Match(
            errs => string.Join(", ", errs),
            sum => $"The sum is {sum}");
```

Main 方法与之前的相同。如果我们测试 Process 函数，将得到以下结果：

```
Process("1, 2, 3")
// => "The sum is 6"

Process("one, two, 3")
// => "'one' is not a valid number, 'two' is not a valid number"
```

如你所见，在第二个示例中，验证错误在我们遍历输入的列表时被累积了。如果我们改用单子的实现 TraverseM，则只会得到第一个错误。

13.2.3 将多个验证器应用于单个值

上例演示了如何将单个验证函数应用于要验证的一个值列表。如果你只有单个要验证的值，有很多验证函数，情况会如何？第 7.6.3 节讨论过这样的一个场景，在该场景中，我们有一个请求对象要进行验证，有一个验证器列表，而每个验证器都会检查对象是否满足某些有效条件。我们不得不跳过一些箍环来获得一个验证行为，而其中多个错误被合并在结果中。

现在你已经知道如何使用具有一个返回 Validation 的函数的 Traverse，所以可为该问题编写一个更优雅的解决方案。记住，我们正使用一个委托来捕获一个执行验证的函数：

```
// T → Validation<T>
public delegate Validation<T> Validator<T>(T t);
```

单个 Validator 函数结合了一个验证器列表的验证，收集所有错误。对于 Traverse 来说，定义这样一个函数很简单。

代码清单13.14　聚集来自多个验证器的错误

```
public static Validator<T> HarvestErrors<T>
    (params Validator<T>[] validators)
    => t
    => validators
        .Traverse(validate => validate(t))
        .Map(_ => t);
```

这里，Traverse 返回一个 Validation<IEnumerable<T>>，收集所有错误。如果没有错误，IEnumerable<T>类型的内部值将包含与验证器一样多的输入值 t 的实例。随后对 Map 的调用忽略此 IEnumerable 并将其替换为正在被验证的原始对象。以下是一个在实践中使用 HarvestErrors 的例子：

```
Validator<string> ShouldBeLowerCase
  = s => (s == s.ToLower())
     ? Valid(s)
     : Error($"{s} should be lower case");

Validator<string> ShouldBeOfLength(int n)
  => s => (s.Length == n)
     ? Valid(s)
     : Error($"{s} should be of length {n}");

Validator<string> ValidateCountryCode
  = HarvestErrors(ShouldBeLowerCase, ShouldBeOfLength(2));

ValidateCountryCode("us")
// => Valid(us)

ValidateCountryCode("US")
// => Invalid([US should be lower case])

ValidateCountryCode("USA")
// => Invalid([USA should be lower case, USA should be of length 2])
```

13.2.4　将 Traverse 与 Task 一起使用以等待多个结果

Traverse 与 Task 一起工作，就像与 Validation 一起工作一样。我们可定义 TraverseA(使用了应用式流且并行运行所有任务)、TraverseM(使用单子流且按顺序运行任务)和 Traverse(默认为 TraverseA)，因为并行运行通常更可取。

给定一个长期运行的操作的列表，我们可使用 Traverse 来获取一个可用来等待所有结果的 Task。

下面在搜索机票价格的场景中使用它。记住，我们有一个航空公司列表，且每个航空公司的航班都可以用返回一个 Task<IEnumerable<Flight>>的方法来查询。而这次，假设我们想要获取的不仅是最便宜的航班，还必须是期望日期的所有航班，且按价格排序。注意，如果我们使用 Map，会发生什么？

```
IEnumerable<Airline> airlines;

IEnumerable<Task<IEnumerable<Flight>>> flights =
  airlines.Map(a => a.Flights(from, to, on));
```

我们最终得到了一个 IEnumerable<Task<IEnumerable<Flight>>> ——这完全不是我们想要的！

而对于 Traverse 来说，则恰恰相反，我们最终得到一个 Task<Ienumerable

<IEnumerable<Flight>>>；也就是说，当所有航空公司都被查询(且如果任何查询失败，都将会失败)后将完成一项任务。该任务的内部值是一个列表的列表(每个航空公司都对应于一个列表)，然后可对其进行平铺和排序，以获得按价格排序的结果列表：

```
async Task<IEnumerable<Flight>> Search(IEnumerable<Airline> airlines
   , string from, string to, DateTime on)
{
   var flights = await airlines.Traverse(a => a.Flights(from, to, on));
   return flights.Flatten().OrderBy(f => f.Price);
}
```

Flatten 仅是一个便利函数，通过恒等函数来调用 Bind，从而将嵌套的 IEnumerable 平铺为来自所有航空公司的单个航班列表，然后按价格排序。

很多时候你都需要并行行为，所以我将 Traverse 定义为与 TraverseA 相同。但如果你有 100 个任务，且第二个失败了，那么整个任务就会失败。这种情况下使用单子的遍历可使你不必再运行另外 98 个任务，而这些任务在使用应用式遍历时仍会被启动。你所选择的实现取决于用例，这就是为什么要包含两者的原因。

下面来看看这个例子的最终变化。在现实生活中，如果对第三方 API 的数十个查询中有一个失败了，你可能不希望搜索失败。假设你想要展示最好的可用结果——就像很多价格比较网站一样。如果一个供应商的 API 停机，那么该供应商的结果将不可用，但我们仍希望看到所有其他供应商的结果。

变化很简单——我们可使用之前定义的 Recover 函数，以便每个查询在远程查询失败时返回一个空航班列表。

```
async Task<IEnumerable<Flight>> Search(IEnumerable<Airline> airlines
   , string from, string to, DateTime on)
{
   var flights = await airlines
      .Traverse(a => a.Flights(from, to, on)
                        .Recover(ex => Enumerable.Empty<Flight>()));

   return flights.Flatten().OrderBy(f => f.Price);
}
```

这里有一个函数可并行查询多个 API，忽略任何失败，并将所有成功的结果聚集到按价格排序的单个列表中。我发现这是一个很好的例子，说明了如何组合核心函数(如 Traverse、Bind 等)——使你可用很少的代码和精力来指定丰富的行为。

13.2.5　为单值结构定义 Traverse

到目前为止，你已经了解了如何将 Traverse 用于一个 IEnumerable 和一个返回 Option、Validation、Task 或任何其他应用式的函数。事实证明，Traverse 更通用。也就是说，IEnumerable 不是唯一可遍历的结构；你可为你在本书中见到的许多结构定义 Traverse。

如果我们采用螺母和螺栓的方法，那么可将 Traverse 看成一个实用程序，其堆栈效果与执行 Map 时的方式相反：

```
Map        : Tr<T> → (T → A<R>) → Tr<A<R>>
Traverse   : Tr<T> → (T → A<R>) → A<Tr<R>>
```

因此，如果有一个函数返回一个应用式 A，则 Map 在内侧返回一个带有 A 的类型，而 Traverse 在外侧返回一个带有 A 的类型。

例如，在第 6 章中，曾有一个场景使用 Map，将一个返回 Validation 的函数与一个返回 Exceptional 的函数结合起来。代码行如下：

```
Func<BookTransfer, Validation<BookTransfer>> validate;
Func<BookTransfer, Exceptional<Unit>> save;

public Validation<Exceptional<Unit>> Handle(BookTransfer request)
   => validate(request).Map(save);
```

如果出于某种原因，我们想要返回的是一个 Exceptional<Validation<Unit>> 呢？那么，现在你知道了诀窍：只需要用 Traverse 替换 Map 即可！

```
public Exceptional<Validation<Unit>> Handle(BookTransfer request)
   => validate(request).Traverse(save);
```

但是可使 Validation 可遍历吗？答案是肯定的。请记住，我们可将 Option 视为最多只有一个元素的列表。对于 Either，Validation 和 Exceptional 也是如此：成功情况下可被视为一个具有单个元素的遍历；失败情况下则可视为空。

在上述场景中，我们需要为 Validation 定义 Traverse，并给定一个返回 Exceptional 的函数。

代码清单13.15　使Validation可遍历

```
public static Exceptional<Validation<R>> Traverse<T, R>
   (this Validation<T> valT, Func<T, Exceptional<R>> f)
   => valT.Match(
      Invalid: errs => Exceptional(Invalid<R>(errs)),
      Valid: t => f(t).Map(Valid));
```

基本情况是假设 Validation 是 Invalid；这与空列表的情况类似。这里只是创建了一个所需输出类型的值，以保存验证错误。如果验证是 Valid，那意味着我们应该"遍历"其所含的单个元素(标识为 t)。我们将返回 Exception 的函数 f 应用于该元素以获得一个 Exceptional<R>，然后对 Valid 函数执行 Map 操作，这会将内部值 r 提升到 Validation<R>中，从而提供所需的输出类型 Exceptional<Validation<R>>。

你可按该方案来定义 Traverse，以获得其他"一个值或无值"的效果。注意，如果你有一个 Validation<Exceptional<T>>并想颠倒该效果的顺序，则一旦具有 Traverse，你可使用具有恒等函数的 Traverse。

总之，Traverse 不仅适用于处理高级值的列表，而且每当你具有堆叠效果时它会更常见。在你通过 Option、Validation 等针对应用程序的需求进行编码时，Traverse 就是其中一种有用的工具。

13.3　结合异步和验证(或其他任何两个单子效果)

大多数企业应用程序是分布式的并且依赖于大量的外部系统，因此有很多可能会在异步环境中运行。如果你想使用诸如 Option 或 Validation 的结构，那么很快你就会处理 Task<Option<T>>、Task<Validation<T >>和 Validation<Task<T>>等。

13.3.1　堆叠单子的问题

这些嵌套的类型可能很难处理。当你在一个单子(如 Option)中工作时，一切都会很顺利，因为你可使用 Bind 来组合多个返回 Option 的计算。但如果你有一个函数返回一个 Option<Task<T>>以及另一个类型为 T→ Option<R>的函数呢？你怎样才能将它们结合起来？如何将一个 Option<Task<T>>与一个类型为 T → Task<Option<R>>的函数一起使用呢？

更一般地说，可将其称为堆叠单子的问题。为阐明该问题以及了解如何解决该问题，下面回顾第 10 章中的一个例子。以下代码清单展示一个处理 API 请求以进行转账的控制器的框架版本。

代码清单13.16　MakeTransfer命令处理程序的框架

```
public class MakeTransferController : Controller
{
    Func<Guid, AccountState> getAccount;          依赖项
    Action<Event> saveAndPublish;

    public IActionResult MakeTransfer([FromBody] MakeTransfer cmd)
    {
        var account = getAccount(cmd.DebitedAccountId);    ◀── 检索账户

        var (evt, newState) = account.Debit(cmd);  ◀── 执行状态转换，并生成一个事件和一个新的状态
        saveAndPublish(evt);

        return Ok(new { Balance = newState.Balance });  ◀── 向用户返回有关新状态的信息
    }
}
```
持久化事件并发布给相关方

以上代码将作为一个大纲，接下来你将了解到如何添加异步和验证。我假设依赖项(用于检索账户和保存事件的函数)在构造函数中被注入。

首先添加一个新的依赖项以对 MakeTransfer 命令执行验证。其签名将是：

```
validate : MakeTransfer → Validation<MakeTransfer>
```

接下来，需要调整现有依赖项的签名。当检索账户的当前状态时，该操作将会触及数据库。我们希望使其成为异步，所以结果类型应该被包装在一个 Task 中。此外，在连接到数据库的过程可能发生错误。幸好，Task 已经捕获到这一点。最后，账户有可能不存在——即，对于给定的 ID 并没有记录任何事件——所以结果也应该被包装在一个 Option 中。完整签名将是：

```
getAccount : Guid → Task<Option<AccountState>>
```

保存和发布一个事件也应该是异步的，所以其签名将是：

```
saveAndPublish : Event → Task
```

最后请记住，**Account.Debit** 也会返回结果，且该结果被包装在一个 Validation 中：

```
Account.Debit : AccountState → MakeTransfer
               → Validation<(Event, AccountState)>
```

现在编写一个命令处理程序的框架，其中包含所有这些效果：

```
public class MakeTransferController : Controller
{
    Func<MakeTransfer, Validation<MakeTransfer>> validate;
    Func<Guid, Task<Option<AccountState>>> getAccount;
    Func<Event, Task> saveAndPublish;

    public Task<IActionResult> MakeTransfer([FromBody] MakeTransfer command)
    {
        Task<Validation<AccountState>> outcome = // TODO...

        return outcome.Map(
            Faulted: ex => StatusCode(500, Errors.UnexpectedError),
            Completed: val => val.Match<IActionResult>(
                Invalid: errs => BadRequest(new { Errors = errs }),
                Valid: newState => Ok(new { Balance = newState.Balance })));
    }
}
```

刚才已用新签名列出了依赖项，确定了主工作流将返回一个 Task<Validation<AccountState>>，并将其可能的状态映射到适当填充的 HTTP 响应。现在真正的工作出现了：我们该如何整合需要使用的函数呢？

13.3.2　减少效果的数量

首先，我们需要一些适配器。注意，getAccount 返回一个 Option，这意味着我们应该迎合没有找到账户的情况。如果没有账户，这意味着什么呢？这意味着该命令被不正确地填充了，所以可将 None 映射到一个具有适当错误的 Validation。因此，我们可按如下方式编写一个适配器函数：

```
Func<Guid, Task<Option<AccountState>>> getAccount;

Func<Guid, Task<Validation<AccountState>>> GetAccount
  => id
  => getAccount(id)
    .Map(opt => opt.ToValidation(() => Errors.UnknownAccountId(id)));
```

ToValidation 是一个辅助方法，在 Some 情况下使用 Option 的内部值，在 None 情况下使用所提供的函数来创建一个处于 Invalid 状态的 Validation，从而将一个 Option<T>转换为一个 Validation<T>。虽然这并不能解决所有问题，但至少现在我们可以只处理两个单子：Task 和 Validation。

其次，saveAndPublish 返回一个 Task，却并没有内部值，所以不适用于组合。下面编写一个适配器，将返回一个 Task<Unit>来代替：

```
Func<Event, Task> saveAndPublish;

Func<Event, Task<Unit>> SaveAndPublish
  => async e =>
  {
    await saveAndPublish(e);
    return Unit();
  };
```

下面再来分析必须组合的函数，以获得想要的输出结果：

```
validate : MakeTransfer → Validation<MakeTransfer>
GetAccount : Guid → Task<Validation<AccountState>>
Account.Debit : AccountState → MakeTransfer
              → Validation<(Event, AccountState)>
SaveAndPublish : Event → Task<Unit>
```

如果我们从头到尾使用 Map，则会得到一个 Validation<Task<Validation<Validation<Task<Unit>>>>> 的结果类型。我们可使用 Bind 来平铺相邻的 Validation，但这仍会得到一个四个单子的堆叠。然后，只有使用一个调用 Traverse 的复杂组合才能改变单子的顺序，并使用 Bind 来平铺它们。我真的已经尝试过了。这花了我将近半个小时才弄明白，且结果非常神秘，你绝对会对其进行重构这件事失去兴趣！

我们必须寻找一个更好的方式。理想情况下，我们希望编写如下代码：

```
from cmd in validate(command)
from acc in GetAccount(cmd.DebitedAccountId)
from result in Account.Debit(acc, cmd)
from _ in SaveAndPublish(result.Event)
select result.NewState
```

然后，我们会有 Select 和 SelectMany 的一些底层实现，这些实现将解决如何将这些类型结合在一起的问题。遗憾的是，这不能以普通方式实现：添加 SelectMany 的过多重载，将导致重载解析失败。好消息是我们有一个近似的描述；接下来你将了解到。

13.3.3 具有一个单子堆叠的 LINQ 表达式

可为一个特定单子堆叠实现 Bind 和 LINQ 查询模式——在本示例中，为 Task<Validation<T>>。[6]这允许我们组合多个在一个 LINQ 表达式中返回 Task<Validation<>>的函数。考虑到这一点，可通过遵循以下规则来调整现有的函数：

- 如果有一个 Task<Validation<T>>(或者一个返回此类型的函数)，就没什么可做的了。这就是我们正在处理的单子。
- 如果有一个 Validation<T>，可使用 Async 函数将其提升到一个 Task 中，以获得一个 Task<Validation<T>>。
- 如果有一个 Task<T>，可将 Valid 函数映射到它，以再次获取 Task<Validation<T>>。
- 如果有一个 Validation<Task<T>>，可通过恒等函数来调用 Traverse，以交换左右的容器。

所以我们之前的查询需要被修改为如下形式：

```
from cmd in Async(validate(command))
from acc in GetAccount(cmd.DebitedAccountId)
from result in Async(Account.Debit(acc, cmd))
from _ in SaveAndPublish(result.Event).Map(Valid)
select result.NewState;
```

只要为 Task<Validation<T>>定义了 Select 和 SelectMany 的适当实现，它便可以工作。正如所见，结果代码仍然合理清晰，且易于理解和重构。我们只需要向 Async 和 Map(Valid)添加一些调用来匹配类型。完整的实现(不包括适配器函数)如下所示。

---

6 这里不会展示代码示例中包含的实现。这确实是库代码，但不是让库的使用者担心的代码。你可能会问，是否所有的单子堆叠都需要一个实现？考虑到本书遵循的基于模式的方法，事实确实如此。

代码清单13.17　　命令处理程序被重构为包含异步和验证

```
public class MakeTransferController : Controller
{
    Func<MakeTransfer, Validation<MakeTransfer>> validate;
    Func<Guid, Task<Validation<AccountState>>> GetAccount;
    Func<Event, Task<Unit>> SaveAndPublish;

    public Task<IActionResult> MakeTransfer([FromBody] MakeTransfer command)
    {
        Task<Validation<AccountState>> outcome =
            from cmd in Async(validate(command))
            from acc in GetAccount(cmd.DebitedAccountId)
            from result in Async(Account.Debit(acc, cmd))
            from _ in SaveAndPublish(result.Event).Map(Valid)
            select result.NewState;

        return outcome.Map(
            Faulted: ex => StatusCode(500, Errors.UnexpectedError),
            Completed: val => val.Match<IActionResult>(
                Invalid: errs => BadRequest(new { Errors = errs }),
                Valid: newState => Ok(new { Balance = newState.Balance })));
    }
}
```

综上所述，尽管单子在单个单子类型的上下文中无往不利，但当需要结合多个单子效果时，情况会变得更复杂。[7]请牢记这一点，并将不同单子的嵌套限制到你真正所需之处。例如，一旦通过将 Option 映射到 Validation 来简化前面的示例，我们只需要处理两个堆叠的单子，而不是三个。同样，如果你有一个 Task<Try<T>>，你可将其简化为一个 Task<T>，因为 Task 可捕获运行 Try 时所引发的任何异常。最后，如果你发现自己总在使用一个具有两个单子的堆叠，则可以编写一个将这两种效果封装到单一类型的新类型。例如，Task 封装了异步和错误处理。

小结

- Task<T>表示一个将异步传递 T 的计算。
- 每当基础操作可能具有显著的延迟(如大多数 I/O 操作)时，都应使用 Task。
- 返回 Task 的函数可由 Map、Bind 和其他多个组合器组合而成，以指定错

　　7　注意，不仅在 C#中有这样情况，在函数式语言中皆如此。甚至在 Haskell 中，对单子的使用无处不在，且堆叠的单子通常通过相当笨重的"单子变换器"来处理。一种更有前途的方法被称为"组合效果"，在一种称为 Idris 的非常小众的函数式语言中拥有一流的支持。未来的语言可能不仅针对单子进行语法优化(比如 LINQ)，还包括针对单子堆叠而优化的语法。

误处理或多次重试。

- 如果 Task 是独立的，则多个任务可并行运行。可将 Task 作为应用式来使用，并给 Apply 提供多个 Task 以并行运行它们。
- 如果你有两个单子 A 和 B，你可能想要将它们堆叠在值中，如 A<B<T>>，以结合每个单子的效果。
- Traverse 可用于倒置堆叠中单子的次序。
- 为一个堆叠实现查询模式，可使你轻松地结合 A、B 以及 A<B<>>。
- 尽管如此，堆叠的单子往往很笨重，所以请谨慎使用它们。

第章

数据流和 Reactive Extensions

本章涵盖的主要内容：
- 使用IObservable来表示数据流
- IObservable的创建、转换和结合
- 了解何时应使用IObservable

在第 13 章中，你很好地理解了异步值——将来某个时刻所接收到的值。那么如果是一个序列的异步值呢？例如，假设你有一个如第 10 章中那样的事件溯源系统；你如何模拟所生成的事件流并定义这些事件的下游处理呢？例如，假设你想要重新计算每笔交易的账户余额，并在其变成负值时发送一个通知。

IObservable 接口提供了一个抽象来表示这样的事件流。以及更普遍的数据流，流中的值可以是股票报价、从文件中读取的字节块、一个实体的连续状态等。实际上，任何在时间上构成的一个序列的逻辑相关值都可以被视为一个数据流。

在本章中，你将了解到什么是 IObservable，以及如何使用 Reactive Extensions(Rx)来创建、转换和结合 IObservable。我们还将讨论哪些类型的场景会受益于使用 IObservable。

Rx 是一组用于处理 IObservable 的库——就像 LINQ 提供了用于处理 IEnumerable 的实用程序一样。Rx 是一个非常丰富的框架，本章难以完全涵盖。相反，我们只关注 IObservable 的一些基本特性和应用，以及它与我们到目前为止介绍的其他抽象的关系。

14.1 用 IObservable 表示数据流

如果将一个数组看成空间(即内存中的空间)中的一个序列的值,那么可将 IObservable 视为时间上一个序列的值:

- 使用 IEnumerable,可在方便时列举其值。
- 使用 IObservable,可观察变动的值。

表 14.1 展示了 IObservable 与其他抽象的关系。

表 14.1　IObservable 与其他抽象的比较

	同　　步	异　　步
单一值	T	Task<T>
多个值	IEnumerable<T>	IObservable<T>

IObservable 就像一个 IEnumerable,包含多个值,且像一个 Task(因为这些值是异步传递的)。因此,IObservable 比这两者更具通用性:你可将 IEnumerable 视为 IObservable 的一个特例,它可以同步生成其所有值;你也可将 Task 视为 IObservable 的一个特例,它生成一个单一的值。

14.1.1　时间上的一个序列的值

了解 IObservable 的最简单方式是弹珠图解,图 14.1 展示了几个例子。弹珠图解表示了流中的值。每个 IObservable 都由一个表示时间的箭头和表示由 IObservable 所生成的值的弹珠表示。

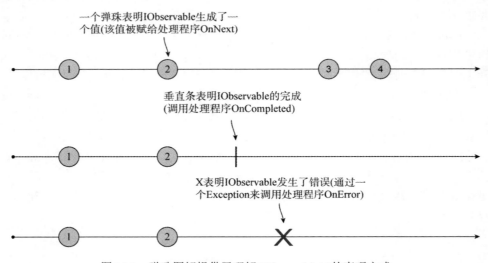

图 14.1　弹珠图解提供了理解 IObservable(s)的直观方式

该图说明一个 IObservable 实际上可生成三种不同类型的消息。

OnNext 发出一个新值的信号，所以如果 IObservable 代表了事件的一个流，当一个事件准备好被使用时，将触发 OnNext。这是 IObservable 最重要的信息，并且通常是你唯一感兴趣的信息。

OnCompleted 发出 IObservable 已完成的信号，并将发出没有更多值的信号。

OnError 发出一个错误已经发生的信号，并提供了相关的 Exception。

IObservable协定

IObservable协定指定一个IObservable应依据以下语法来生成消息：

```
OnNext* (OnCompleted|OnError)?
```

也就是说，一个IObservable可生成任意数量的T(OnNext)，可能后跟一个表示成功完成(OnCompleted)或错误(OnError)的值。

这意味着关于"完成"有三种可能性。一个IObservable可以：

- 永不完成
- 正常完成，并带有一个完成的消息
- 完成，但发生异常，生成一个Exception

无论IObservable是正常地完成还是生成一个错误，在完成后都不会生成任何值。

14.1.2　订阅 IObservable

可观察者(即可观察对象，也称为被观察者)与观察者是协同工作的。简单地说：

- 可观察者生成值
- 观察者则使用这些值

如果要使用由 IObservable 生成的消息，可创建一个观察者并通过 Subscribe 方法将其与 IObservable 关联。最简单的方式是提供一个回调函数来处理由 IObservable 生成的值，如下所示：

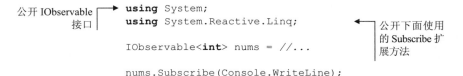

公开 IObservable 接口

```
using System;
using System.Reactive.Linq;

IObservable<int> nums = //...

nums.Subscribe(Console.WriteLine);
```

公开下面使用的 Subscribe 扩展方法

所以提到 nums "生成"一个 int 值时，其真正的意思是它使用该值调用了给定函数(在本例中为 Console.WriteLine)。上述代码的结果是，只要 nums 生成一个 int，便会被打印出来。

我发现命名稍显混乱；你期望 IObservable 具有 Observe 方法，却被称为 Subscribe。本质上，可将两者视为同义词：一个"观察者"即是一个订阅者，为了"观察"一个可观察者，你才对其进行了订阅。

那么 IObservable 可生成的其他类型的消息情况如何呢？你也可以为这些消息提供处理程序。例如，以下代码清单展示了将观察者附加到 IObservable 的一个便利方法；只要 IObservable 发出信号，该观察者就会打印一些诊断消息。稍后将使用此方法进行调试。

代码清单14.1　订阅由IObservable生成的消息

```
using static System.Console;

public static IDisposable Trace<T>
    (this IObservable<T> source, string name)
    => source.Subscribe(
        onNext: t => WriteLine($"{name} -> {t}"),
        onError: ex => WriteLine($"{name} ERROR: {ex.Message}"),
        onCompleted: () => WriteLine($"{name} END"));
```

Subscribe 实际上接受三个处理程序(都是可选参数)来处理一个 IObservable<T>可以生成的不同消息。对于处理程序为什么是可选的应该非常明显：如果你不希望一个 IObservable 完成，则提供一个 onComplete 处理程序是没有任何意义的。

订阅的更多 OO 选择是使用 IObserver 调用 Subscribe，[1]该接口公开了 OnNext、OnError 和 OnCompleted 方法。

另外注意，Subscribe 会返回一个 IDisposable(订阅)。通过处置它，你可取消订阅。

在本节中，你已经了解到 IObservable 的一些基本概念和术语。需要消化的内容很多，但不必担心；当你见到一些例子后，一切都会变得更加清晰。以下这些是要牢记的基本思想：

● 可观察者生成值；而观察者则使用这些值。
● 通过使用 Subscribe 将观察者与可观察者关联在一起。
● 可观察者通过调用观察者的 OnNext 处理程序生成一个值。

14.2　创建 IObservable

现在你已知道如何通过订阅 IObservable 来使用流中的数据。但首先，你如何获得一个IObservable呢？IObservable和IObserver接口被包含在.NET Standard 中，但如果你想在 IObservable 上创建或执行其他许多操作，则通常会通过安装

1　这是在 IObservable 接口上定义的方法。接受回调的重载是一个扩展方法。

System.Reactive 包来使用 Reactive Extensions(Rx)。[2]

　　创建 IObservable 的推荐方式是使用静态 Observable 中包含的几个专用方法，接下来将对其进行探索。我建议你尽可能使用 REPL 对其跟进。

14.2.1　创建一个定时器

　　定时器可以用一个定期发出信号的 IObservable 进行建模。可用弹珠图解来表示它，如图 14.2 所示。

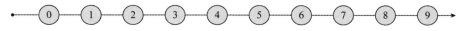

图 14.2　弹珠图解

　　这是开始尝试使用 IObservable(s)的一个好方式，虽然简单，但确实包含了时间元素。

　　可使用 Observable.Interval 来创建定时器。

代码清单14.2　创建一个每秒都会发出信号的IObservable

```
using System.Reactive.Linq;

var oneSec = TimeSpan.FromSeconds(1);
IObservable<long> ticks = Observable.Interval(oneSec);
```

　　这里将 tick 定义为一个 IObservable，在一秒钟后将开始发出信号，并生成一个 long 型的计数器值，该值随秒数递增，且从 0 开始。注意我说的是"将开始发出信号"吗？IObservable 是惰性的，除非已有一个订阅者存在，否则实际上不会做任何事情。如果没有人在听话，为什么还要说话呢？

　　如果我们想看到一些明确的结果，我们需要订阅 IObservable。可使用之前定义的 Trace 方法来做到这一点：

```
ticks.Trace("ticks");
```

　　此时，你会看到以下消息显示在控制台中，且前后显示时间相隔一秒钟：

```
ticks -> 0
ticks -> 1
ticks -> 2
ticks -> 3
ticks -> 4
...
```

　　2　Rx 包含了多个库。主库是 System.Reactive，捆绑你最常用的包：System.Reactive.Interfaces、System.Reactive.Core、System.Reactive.Linq 和 System.Reactive.PlatformServices。还有其他几个可用于更特殊场景的包，比如你正在使用的 Windows 窗体。

由于此 IObservable 永不会完成,因此你必须重置 REPL 才能停止噪音——抱歉!

14.2.2   使用 Subject 来告知 IObservable 应何时发出信号

创建 IObservable 的另一种方式是实例化一个 Subject,该 Subject 是一个 IObservable,你可以命令方式告知其生成一个值,并反过来将该值推送给其观察者。例如,以下程序将来自控制台的输入转换为由 Subject 发出的信号值。

代码清单14.3   将用户的输入建模为一个流

```
using System.Reactive.Subjects;

public static void Main()
{
    var inputs = new Subject<string>();      ◄──── 创建一个 Subject

    using (inputs.Trace("inputs"))           ◄──── 订阅 Subject
    {
        for (string input; (input = ReadLine()) != "q";)
            inputs.OnNext(input);

        inputs.OnCompleted();                 ◄──── 向 Subject 发出
    }                                              已完成的信号
}
```

告知 Subject 生成一个值,该值将被推送给其观察者

离开 using 块时将处置订阅

每当用户输入某个值时,代码都会通过调用其 OnNext 方法将该值推送给 Subject。当用户输入"q"时,代码退出 for 循环并调用 Subject 的 OnCompleted 方法,发出流已结束的信号。这里使用 14.1 节中定义的 Trace 方法订阅了输入流,因此我们将为每个用户的输入打印诊断消息。

与程序的交互如下所示(用户输入用粗体显示):

```
hello
inputs -> hello
world
inputs -> world
q
inputs END
```

14.2.3   从基于回调的订阅中创建 IObservable

如果你的系统订阅了一个外部数据源(如消息队列、事件代理或发布者/订阅者),则可将该数据源建模为一个 IObservable。

例如,Redis 可用作发布者/订阅者,下面的代码清单展示了如何使用 Observable.Create 从基于回调的 Subscribe 方法中创建一个 IObservable,以使你能够订阅发布到 Redis 的消息。

代码清单14.4　由发布到Redis的消息来创建IObservable

Create 接受一个观察者，所以给
定的函数只会在订阅时被调用

将 Subscribe 的基于回调的实现
转换为由 IObservable 生成的值

```
using StackExchange.Redis;
using System.Reactive.Linq;

ConnectionMultiplexer redis = ConnectionMultiplexer.Connect("localhost");

IObservable<RedisValue> RedisNotifications(RedisChannel channel)
  => Observable.Create<RedisValue>(observer =>
  {
      var sub = redis.GetSubscriber();
      sub.Subscribe(channel, (_, value) => observer.OnNext(value));
      return () => sub.Unsubscribe(channel);
  });
```

返回一个将会在处置订阅时
调用的函数

上述方法返回了一个 IObservable，将生成从给定信道上的 Redis 中接收到的
值。使用方式如下：

将消息发布在 weather
信道上时，获取发出信号
的 IObservable

```
RedisChannel weather = "weather";

var weatherUpdates = RedisNotifications(weather);
weatherUpdates.Subscribe(
    onNext: val => WriteLine($"It's {val} out there"));

redis.GetDatabase(0).Publish(weather, "stormy");
// prints: It's stormy out there
```

订阅 IObservable

发布一个值会导致 weather
Updates 发出信号，onNext
处理程序将作为一个结果
被调用

避免使用Subject

Subject的工作是命令式的(你告知Subject何时激发)，这与RX的反应性原则相
驳(在某些事情发生时，你指定如何反应)。

出于该原因，建议你尽量避免使用Subject，而使用其他方法，如Observable.
Create。例如，作为一个练习，尝试使用Observable.Create来重写代码清单14.3中
的代码，以创建一个所属用户输入的IObservable。

14.2.4　由更简单的结构创建 IObservable

我曾说过 IObservable<T>比值 T、Task<T>或 IEnumerable<T>更具普遍性，所
以让我们来分析如何将它们"提升"为 IObservable。如果你想将这些功能较弱的
结构与一个 IObservable 结合起来，这将变得很有用。

通过 Return，可将单一值提升到如图 14.3 所示的 IObservable 中。

图 14.3   提升单一值

也就是说，它立即生成该值，然后完成。以下是一个例子：

```
IObservable<string> justHello = Observable.Return("hello");
justHello.Trace("justHello");

// prints: justHello -> hello
//         justHello END
```

Return 接受一个值 T，并将其提升到 IObservable<T>中。这是第一个容器，即 Return 函数，实际上被称为 Return！

下面分析如何由单一的异步值来创建 IObservable——一个 Task。这里有一个 IObservable，如图 14.4 所示。

图 14.4   创建一个 IObservable

也就是说，一段时间后，我们会得到单一的值，紧接着是完成信号。在代码中如下所示：

```
Observable.FromAsync(() => Yahoo.GetRate("USDEUR"))
    .Trace("singleUsdEur");

// prints: singleUsdEur -> 0.92
//         singleUsdEur END
```

最后，由 IEnumerable 所创建的 IObservable 如图 14.5 所示。

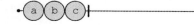

图 14.5   由 IEnumerable 创建的 IObservable

也就是说，立即生成 IEnumerable 中的所有值，并完成：

```
IEnumerable<char> e = new[] { 'a', 'b', 'c' };
IObservable<char> chars = e.ToObservable();
chars.Trace("chars");

// prints: chars -> a
//         chars -> b
//         chars -> c
//         chars END
```

现在你已经解到很多(但不是全部)创建 IObservable 的方法。你可能最终是以其他方式创建 IObservable 的；例如，在 Windows 应用程序开发中，可使用 Observable.FromEvent 和 FromEventPattern 将 UI 事件(如鼠标点击)转变为事件流。

现在你已经了解到如何创建和订阅 IObservable，接下来让我们进入最有趣的领域：转换和结合不同的流。

14.3　转换和结合数据流

可采用多种方式来使用流，可将它们结合起来，并根据现有的流来定义新的流。处理流中的各个值(如在大多数事件驱动的设计中)，不如将流作为一个整体来处理。

Rx 提供了很多函数(通常称为操作符)以各种方式转换和结合 IObservable。我会讨论最常用的并添加一些自己的操作符。你将识别函数式 API 的典型特征：纯洁性和可组合性。

14.3.1　流的转换

可通过以某种方式转换现有的可观察者来创建新的可观察者。最简单的操作方式是映射。这是通过 Select 方法来实现的，该方法与其他任何"容器"一样，通过将给定函数应用于流中的每个元素来工作，如图 14.6 所示。

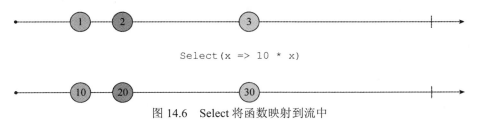

图 14.6　Select 将函数映射到流中

下面是一些创建定时器的代码，在其上映射一个简单函数：

```
var oneSec = TimeSpan.FromSeconds(1);
var ticks = Observable.Interval(oneSec);

ticks.Select(n => n * 10)
    .Trace("ticksX10");
```

我们使用 Trace 方法在最后一行代码处附加了一个观察者，因此上述代码每秒钟都会显示以下消息：

```
ticksX10 -> 0
ticksX10 -> 10
ticksX10 -> 20
ticksX10 -> 30
```

```
ticksX10 -> 40
...
```

因为 Select 遵循了 LINQ 查询模式，所以可使用 LINQ 编写代码来完成同样的事情：

```
from n in ticks select n * 10
```

通过使用 Select，可重写我们的简单程序，根据可观察性来检查汇率(首次在代码清单 12.1 中引入)：

```
public static void Main()
{
    var inputs = new Subject<string>();       ◄─ 用户所输入
                                                 的值的流

    var rates = from pair in inputs
                select Yahoo.GetRate(pair).Result;    ├─ 将用户的输入映射到
                                                        所检索的相应值
    using (inputs.Trace("inputs"))
    using (rates.Trace("rates"))
        for (string input; (input = ReadLine().ToUpper()) != "Q";)
            inputs.OnNext(input);
}
    │
订阅这两个流以
生成调试消息
```

这里，inputs 表示用户输入的货币对的流，在 rates 中将这些货币对映射到从 Yahoo API 检索到的对应值。我们使用寻常的 Trace 方法来订阅这两个可观察者，因此与此程序的交互如下所示：

```
eurusd
inputs -> EURUSD
rates -> 1.0852
chfusd
inputs -> CHFUSD
rates -> 1.0114
```

但请注意，正在调用 Result 来等待 GetRate 中的远程查询完成。在真实的应用程序中，我们并不想阻塞线程，那么应如何避免这种情况呢？

我们了解到，一个 Task 可很容易地被提升为一个 IObservable，所以可以生成一个 IObservable 的 IObservable。听起来有点熟悉，是吗？就是 Bind！我们可使用 SelectMany 而不是 Select，这会将结果压缩为单个 IObservable。因此，可将 rates 流的定义重写如下：

```
var rates = inputs.SelectMany
    (pair => Observable.FromAsync(() => Yahoo.GetRate(pair)));
```

Observable.FromAsync 将由 GetRate 所返回的 Task 提升为 IObservable，SelectMany 将所有这些 IObservable 压缩为一个 IObservable。

因为总可将 Task 提升为 IObservable，所以存在 SelectMany 的一个这样的重载(与第 4 章中重载 Bind 以结合使用 IEnumerable 和返回 Option 的函数的方式类似)。这意味着可避免显式调用 FromAsync(返回 Task)。此外，还可使用一个 LINQ 查询：

```
var rates =
    from pair in inputs
    from rate in Yahoo.GetRate(pair)
    select rate;
```

如此修改的程序将以与之前相同的方式工作,但并没有阻塞对 Result 的调用。

IObservable 还支持由 IEnumerable 支持的其他许多操作，例如使用 Where、Take(取前 n 个值)、Skip 和 First 等进行过滤。

14.3.2　结合和划分流

还有很多操作符使你能将两个流结合为单个流。例如，Concat 生成其中一个 IObservable 的所有值，接着是另一个的所有值，如图 14.7 所示。

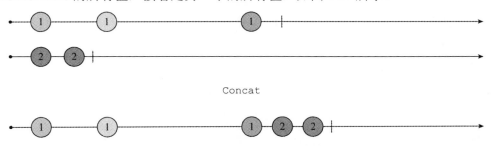

图 14.7　Concat 等待一个 IObservable 完成，然后生成其他 IObservable 中的元素

例如，在汇率查询中，有一个可观察者 rates，即所检索到的汇率。如果我们想要一个包含程序应该输出到控制台的所有消息的可观察者，则它也必须包括所检索到的汇率，同时要提供一个初始消息，以提示用户输入一些信息。我们可使用 Return 将该单个消息提升到 IObservable 中，然后使用 Concat 将其与其他消息结合起来：

```
IObservable<decimal> rates = //...

IObservable<string> outputs = Observable
    .Return("Enter a currency pair like 'EURUSD', or 'q' to quit")
    .Concat(rates.Select(Decimal.ToString));
```

事实上，为一个 IObservable 提供起始值的需求非常普遍，以至于有一个专用函数 StartWith。上述代码等同于：

```
var outputs = rates.Select(Decimal.ToString)
    .StartWith("Enter a currency pair like 'EURUSD', or 'q' to quit");
```

Concat 在从右侧的可观察者生成值之前会等待左侧的 IObservable 完成，而 Merge 在没有任何延迟的情况下将两个 IObservable 的值结合起来，如图 14.8 所示。

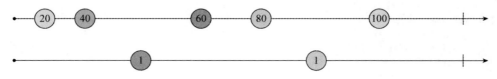

图 14.8　Merge 将两个 IObservable 结合为一个

例如，如果你拥有效值的流和一条错误消息，则可以使用 Merge 将它们结合起来，如下所示：

```
IObservable<decimal> rates = //...
IObservable<string> errors = //...

var outputs = rates.Select(Decimal.ToString)
    .Merge(errors);
```

正如你可能想要结合来自于不同流的值一样，相反的操作(根据某些标准对流进行划分)往往也是有用的。图 14.9 阐明了这一点。

Partition(x => x > 10)

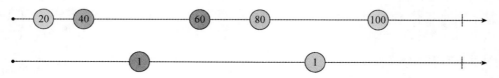

图 14.9　根据谓词对 IObservable 进行划分

这是 C#7 元组语法有助于有效地处理 IObservable 的多个案例之一。Partition 被定义如下：

```
public static (IObservable<T> Passed, IObservable<T> Failed)
    Partition<T>(this IObservable<T> ts, Func<T, bool> predicate)
    => ( Passed: from t in ts where predicate(t) select t
```

```
, Failed: from t in ts where !predicate(t) select t );
```

可在如下客户端代码中使用:

```
var (evens, odds) = ticks.Partition(x => x % 2 == 0);
```

对值的 IObservable 进行划分大致相当于处理单个值时的一个 if, 因此, 当你
有一个需要以不同方式处理的值的流时(这取决于某些条件)会非常有用。例如,
如果你有一个消息流和一些验证标准, 则可将该流划分为有效消息和无效消息的
两条流, 并相应地处理它们。

14.3.3　使用 IObservable 进行错误处理

处理 IObservable 时的错误处理与你所期望的有所不同。在大多数程序中, 一
个未捕获的异常要么导致整个应用程序崩溃, 要么导致处理单个消息/请求失败,
而后续请求则正常工作。为说明在 Rx 中有何不同, 可以研究如下版本的查找汇率
的程序:

```
public static void Main()
{
    var inputs = new Subject<string>();

    var rates =
        from pair in inputs
        from rate in Yahoo.GetRate(pair)
        select rate;

    var outputs = from r in rates select r.ToString();

    using (inputs.Trace("inputs"))
    using (rates.Trace("rates"))
    using (outputs.Trace("outputs"))
        for (string input; (input = ReadLine().ToUpper()) != "Q";)
            inputs.OnNext(input);
}
```

该程序捕获了三个流, 每个流都依赖于另一个流(outputs 根据 rates 而定义,
rates 根据 inputs 而定义, 如图 14.10 所示), 并使用 Trace 来打印所有这些流的诊断
消息。

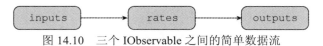

图 14.10　三个 IObservable 之间的简单数据流

现在分析如果你通过传递一个无效的货币对来破坏程序, 会发生什么?

```
eurusd
inputs -> EURUSD
rates -> 1.0852
```

```
outputs -> 1.0852
chfusd
inputs -> CHFUSD
rates -> 1.0114
outputs -> 1.0114
xxx
inputs -> XXX
rates ERROR: Input string was not in a correct format.
outputs ERROR: Input string was not in a correct format.
Chfusd
inputs -> CHFUSD
eurusd
inputs -> EURUSD
```

这表明,一旦 rates 发生错误,将不会再次发出信号(如 IObservable 协定中所述)。结果是,下游的一切也都"死了"。但 IObservable 上游是正常工作的:inputs 依然发送,就像根据 inputs 定义的其他任何 IObservable 一样。

为防止系统进入数据流的一个死亡状态的"分支",而其余图解保持正常运行,你可以使用自己了解的函数式错误处理技术。

为此,你可使用我在 LaYumba.Functional 库中定义的一个辅助函数,该函数使你能安全地将一个返回 Task 的函数应用于流中的每个元素。其结果将是一对流:一个包含成功计算的值的流和一个包含异常的流。

代码清单14.5　安全地执行一个Task并返回两个流

将每个 Task<R>都转换为
Task<Exceptional<R>> 以
获取 Exceptional 流
```
public static (IObservable<R> Completed, IObservable<Exception> Faulted)
   Safely<T, R>(this IObservable<T> ts, Func<T, Task<R>> f)
   => ts
      .SelectMany(t => f(t).Map(
        Faulted: ex => ex,
        Completed: r => Exceptional(r)))
      .Partition();

static (IObservable<T> Successes, IObservable<Exception> Exceptions)
   Partition<T>(this IObservable<Exceptional<T>> excTs)
{
   bool IsSuccess(Exceptional<T> ex)
      => ex.Match(_ => false, _ => true);

   T ValueOrDefault(Exceptional<T> ex)
      => ex.Match(exc => default(T), t => t);

   Exception ExceptionOrDefault(Exceptional<T> ex)
      => ex.Match(exc => exc, _ => default(Exception));

   return (
      Successes: excTs
         .Where(IsSuccess)
```

将一个 Exceptional 流划分
为成功计算的值和异常

```
      .Select(ValueOrDefault),
   Exceptions: excTs
      .Where(e => !IsSuccess(e))
      .Select(ExceptionOrDefault)
   );
}
```

对于给定流中的每个 T，我们应用了返回 Task 的函数 f。然后使用第 13 章中定义的 Map 的二元重载将每个生成的 Task<R>转换为一个 Task<Exceptional<R>>。在被访问时将抛出一个异常，而非一个内部值 R，在适当的状态下我们会拥有一个 Exceptional<R>。SelectMany 将流中的 Task(s)进行平铺，并返回一个 Exceptional流。然后，可将其划分为成功和异常。

这些就绪后，我们便可重构程序以更优雅地处理错误：

```
var (rates, errors) = inputs.Safely(Yahoo.GetRate);
```

14.3.4　融会贯通

下面通过重构汇率查找程序来安全地处理错误(没有调试信息)，以展示你在本节中学到的各种技术。

代码清单14.6　重构程序以安全地处理错误

```
public static void Main()
{
   var inputs = new Subject<string>();

   var (rates, errors) = inputs.Safely(Yahoo.GetRate);

   var outputs = rates
      Select(Decimal.ToString)
      .Merge(errors.Select(ex => ex.Message))
      .StartWith("Enter a currency pair like 'EURUSD', or 'q' to quit");

   using (outputs.Subscribe(WriteLine))
      for (string input; (input = ReadLine().ToUpper()) != "Q";)
         inputs.OnNext(input);
}
```

图 14.11 中的数据流图解展示了所涉及的各种 IObservable，以及它们是如何相互依赖的。

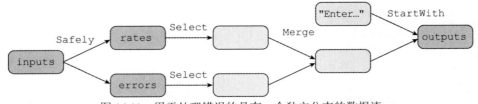

图 14.11　用于处理错误的具有一个独立分支的数据流

注意 Safely 使我们能够创建两个分支，其中每个分支都可以独立处理，直到获得这两种情况的统一表示并且可以被合并。还要注意使用 IOservable 的程序的三个部分：

(1) **装配数据源**——在本例中：inputs 需要一个 Subject；以及单个值"Enter ..."

(2) **处理数据**——这里是使用 Select、Merge 等函数之处。

(3) **使用结果**——观察者使用最下游的 IObservable；在本例中为 outputs。

14.4　实现贯穿多个事件的逻辑

到目前为止，我的主要目标是让你熟悉 IObservable 以及可与其一起使用的许多操作符。为此，我使用了如汇率查询这样熟悉的例子。毕竟，考虑到你可将任何值 T、Task<T>或 IEnumerable<T>提升为 IObservable<T>，所以你几乎可根据 IObservable 编写所有代码！但这可能吗？

答案是"可能不行"。IObservable 和 Rx 真正出色的领域是，你可以使用它们来编写有状态的程序，而不需要任何显式的状态操纵。"有状态的程序"是指那些没有独立处理事件的程序；过去的事件会影响新事件的处理方式。在本节中，你将见到几个这样的例子。

14.4.1　检测按键顺序

在某一时刻，你可能已经编写了一个事件处理程序，用于监听用户的按键，并根据所按下的键和修改键来执行一些操作。一个基于回调的方法在很多情况下都是令人满意的，但如果你要监听按键的特定顺序，该怎么办呢？例如，假设你想在用户按下组合键 Alt+K+B 时执行某些行为。

在本示例中，按下 Alt+B 应该会导致不同的行为，这要基于不久前是否有前导的 Alt+K，所以按键不能被单独地处理。如果你有一个基于回调的机制来处理单个按键事件，则当用户按下 Alt+K 时，你需要有效地启动一个状态机，然后等待随后可能的 Alt+B，然后，如果没有及时收到 Alt+B 则恢复到之前的状态。这其实是很复杂的！

借助 IObservable，可更优雅地解决这个问题。假设我们有一个按键事件流

keys。我们正在寻找快速连续发生在同一个流上的两个事件——Alt+K 和 Alt+B。为做到这一点，我们需要探索如何将一个流与其自身结合起来。请分析图 14.12。

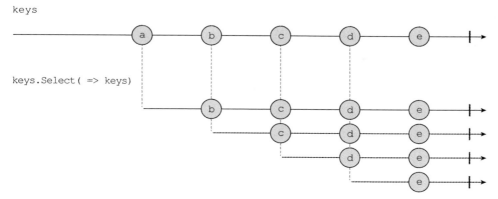

图 14.12　将一个流与自身结合起来

理解该图很重要。表达式 keys.Select(_ => keys)生成了一个新的 IObservable，将 keys 所生成的每个值映射到 keys 本身。所以当 keys 生成第一个值 a 时，这个新的 IObservable 生成一个 IObservable，具有 keys 的以下所有值。当 keys 生成其第二个值 b 时，新的 IObservable 会生成另一个 IObservable，包含 b 之后的所有值，以此类推。[3]

查看类型也将有助于阐明这一点：

```
keys                    : IObservable<KeyInfo>
_ => keys               : KeyInfo → IObservable<KeyInfo>
keys.Select(_ => keys)  : IObservable<IObservable<KeyInfo>>
```

如果我们使用的是 SelectMany，则所有这些值都会被平铺为单一的流，如图 14.13 所示。

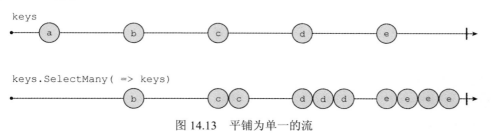

图 14.13　平铺为单一的流

3　想象一下，如果 keys 是一个 IEnumerable，那么 keys.Select(_ => keys)将会怎样：对于每个值，你将接受整个 IEnumerable，所以最终你会得到一个包含 n 个 keys 副本的 IEnumerable(n 是 keys 的长度)。对于 IObservable，由于时间的因素，行为是不同的，所以当你说"给我 keys"时，你真正得到的是"将在未来生成的所有 keys 值"。

当然，如果我们正在寻找两个连续的按键，则我们并不需要某项之后的所有值，而只需要下一个。因此，不要将每个值映射到整个 IObservable，而是使用 Take 将其缩减到第一项，如图 14.14 所示。

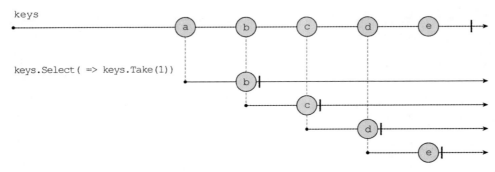

图 14.14　使用 Take 缩减到第一项

我们很快就会解决该问题了。现在进行以下更改：
- 不要忽略当前值，而应将其与之后的值进行配对。
- 使用 SelectMany 来获取单个 IObservable。
- 使用 LINQ 语法。

结果表达式将一个 IObservable 中的每个值与先前发出的值进行配对，如图 14.15 所示。

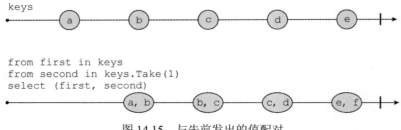

图 14.15　与先前发出的值配对

这是一个非常有用的函数，我将其称为 PairWithPrevious。稍后会用到它。

但对于这种特殊的场景，我们只希望在时间足够近的情况下才创建配对。这很容易实现：除了使用 Take(1) 来接受下一个值外，还将只在一个时间段内接受值，并使用接受一个 TimeSpan 的 Take 的重载。该解决方案如以下代码清单所示。

代码清单14.7　检测用户何时按下Alt+K+B键序列

```
IObservable<ConsoleKeyInfo> keys = //...
var halfSec = TimeSpan.FromMilliseconds(500);

var keysAlt = keys
```

```
    .Where(key => key.Modifiers.HasFlag(ConsoleModifiers.Alt));

var twoKeyCombis =
    from first in keysAlt
    from second in keysAlt.Take(halfSec).Take(1)
    select (First: first, Second: second);

var altKB =
    from pair in twoKeyCombis
    where pair.First.Key == ConsoleKey.K
        && pair.Second.Key == ConsoleKey.B
    select Unit();
```

> 对于任何按键，将其与半秒内发生的下一次按键配对

正如所见，该解决方案简单而优雅，你可运用这种方法来识别事件序列中更复杂的模式——所有这些都不需要显式地跟踪状态或引入副作用！

你可能已经意识到，提出这样的解决方案并不容易。你还需要一段时间才能熟悉 IObservable 及其许多操作符，以及了解如何使用它们。

14.4.2　对事件源作出反应

想象一下，我们有一个以欧元计价的银行账户，我们希望以美元记录其价值。余额变化和汇率变化会导致美元余额发生变化。为对来自不同流的变化作出反应，我们可使用 CombineLatest，每当其中一个发出信号时，便接受来自两个可观察者中的最新值，如图 14.16 所示。

其用法如下：

```
IObservable<decimal> balance = //...
IObservable<decimal> eurUsdRate = //...

var balanceInUsd = balance.CombineLatest(eurUsdRate
    , (bal, rate) => bal * rate);
```

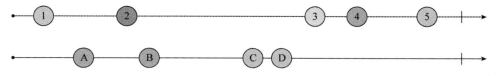

CombineLatest((x, y) => $"{x}{y}")

图 14.16　每当两个 IObservable 中的一个发出信号，CombineLatest 便会发出信号

这是可行的，但它并没有考虑汇率比账户余额更不稳定的事实。实际上，如果汇率来自外汇(FX)市场，那么每秒钟可能有数十个或数百个微小变动！对于希望关注其财务状况的私人客户而言，这种级别的细节并不是必需的。如果对汇率

的每次变化都作出反应，会使得客户淹没于不必要的通知。

这是 IObservable 生成太多数据的一个例子(请参阅下一页的补充说明)。为此，我们可使用 Sample，一个接受一个 IObservable 作为数据源的操作符，而另一个 IObservable 发出何时应该生成值的信号。Sample 如图 14.17 所示。

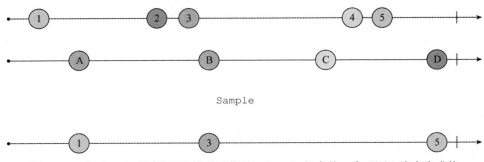

图 14.17　每当一个"采样器"流发出信号，Sample 便会从一个"源"流中生成值

在该场景中，我们可创建一个以 10 分钟为间隔发出信号的 IObservable，并使用它对汇率流进行采样。

代码清单14.8　每10分钟从一个IObservable中抽取一个值

```
IObservable<decimal> balance = //...
IObservable<decimal> eurUsdRate = //...

var tenMins = TimeStamp.FromMinutes(10);
var sampler = Observable.Interval(tenMins);
var eurUsdSampled = eurUsdRate.Sample(sampler);

var balanceInUsd = balance.CombineLatest(eurUsdSampled
    , (bal, rate) => bal * rate);
```

CombineLatest 和 Sample 都是逻辑贯穿多个事件的案例，而 Rx 使我们能在没有显式地保持任何状态的情况下这样做。

背压：当一个IObservable生成的数据太快时

当你遍历一个IEnumerable中的项目时，则是在"拉取"或请求项目，因此你可按自己的速度处理它们。通过IObservable，项目被"推送"给你(使用代码)。如果一个IObservable生成的值比所订阅的观察者可使用的速度更快，这可能导致背压过高，从而给系统造成压力。

为缓和背压，Rx提供了几个操作符：

- Throttle
- Sample
- Buffer

- Window
- Debounce

每个都具有不同的行为和多个重载,所以不会对它们进行详细讨论。关键是,通过这些操作符,你可轻松地以声明方式实现逻辑,例如“我想一次批量使用10个项目”,或“如果一串值快速连续出现,我只想使用最后一个”。在一个基于回调的解决方案中实现这样的逻辑,这里的每个值都被独立接收,将需要你手动保持某个状态。

14.4.3　通知账户何时透支

对于最终的更多面向业务的示例,可以想象一下,在 BOC 应用程序的上下文中,我们使用一个影响银行账户的所有交易的流,并且如果客户的账户余额变为负值,我们希望向客户发送一个通知。

一个账户的余额是所有影响它的交易的总和,所以在任何时候,给定一个账户过去的 Transaction 列表,你可以使用 Aggregate 来计算其当前余额。这是 IObservable 的 Aggregate 函数;它等待一个 IObservable 完成,并将生成的所有值汇总为单个值。

但这并非我们所需要的:我们不希望等待序列完成,而是要知晓收到每个 Transaction 后的余额。为此,我们可使用 Scan(见图 14.18),它类似于 Aggregate,却将所有以前的值与生成的每个新值进行汇总。

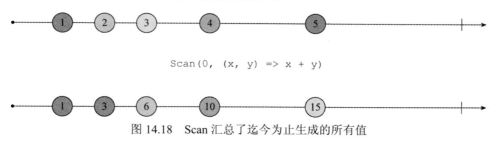

图 14.18　Scan 汇总了迄今为止生成的所有值

因此,我们可有效地使用 Scan 来保持状态。考虑到一个影响银行账户的 Transaction(s)的 IObservable,可使用 Scan 将所有过去所发生的交易数量相加,从而获得一个 IObservable,只要账户余额发生变化,就会发出具有新余额的信号:

```
IObservable<Transaction> transactions = //... decimal initialBalance = 0;

IObservable<decimal> balance = transactions.Scan(initialBalance
  , (bal, trans) => bal + trans.Amount);
```

现在我们拥有了一个代表账户当前余额值的流,我们需要指出什么样的余额变化导致账户“陷入赤字”,从正数变为负数。

为此,我们需要查看余额的变化。可用 PairWithPrevious 来完成此事,它发出带有当前值以及先前所发出的值的信号。之前已经讨论过这个问题，但这里将再次提供参考：

```
// ----1-------2---------3--------4------>
//
//          PairWithPrevious
//
// -----------(1,2)-----(2,3)----(3,4)-->
//
public static IObservable<(T Previous, T Current)>
    PairWithPrevious<T>(this IObservable<T> source)
    => from first in source
       from second in source.Take(1)
       select (Previous: first, Current: second);
```

这是可根据现有操作自定义操作的示例之一。这也是一个如何使用 ASCII 弹珠图解为代码添加注释的例子。

现在可发出一个账户何时陷入赤字的信号，如下所示：

```
IObservable<Unit> dipsIntoTheRed =
    from bal in balance.PairWithPrevious()
    where bal.Previous >= 0
        && bal.Current < 0
    select Unit();
```

现在让我们走近真实世界。如果你的系统收到一个包含交易的流，它将可能包含所有账户的交易。因此，我们必须按账户 ID 对它们进行分组，以正确计算余额。GroupBy 对 IObservable 的作用类似于 IEnumerable，但返回的是一个包含流的流。如图 14.19 所示。

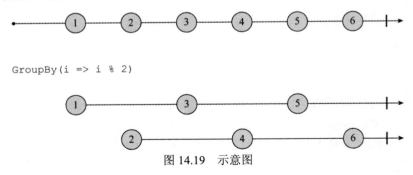

图 14.19　示意图

下面重写代码，并假定一个包含所有账户的交易的初始流。

代码清单14.9　每当账户透支时便发信号

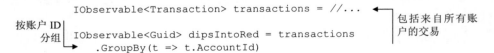

重新平铺
成单个可
观察者

将转换应用于每个被
分组的可观察者

```
      .Select(DipsIntoTheRed)
      .MergeAll();

static IObservable<Guid> DipsIntoTheRed
    (IGroupedObservable<Guid, Transaction> transactions)
{
    Guid accountId = transactions.Key;
    decimal initialBalance = 0;

    var balance = transactions.Scan(initialBalance
       , (bal, trans) => bal + trans.Amount);

    return from bal in balance.PairWithPrevious()
        where bal.Previous >= 0
           && bal.Current < 0
        select accountId;
}
public static IObservable<T> MergeAll<T>
    (this IObservable<IObservable<T>> source)
    => source.SelectMany(x => x);
```

发出违规账户的 ID
的信号

现在我们从所有账户的交易流开始，最终得到一个 Guid 流，当 Guid 识别违规账户时，只要账户陷入红色，就会发出信号。注意该程序是如何有效地跟踪所有账户的余额，而不需要我们做出任何显式的状态操纵的。

14.5　应该何时使用 IObservable？

在本章中，你已经了解到如何使用 IObservable 来表示数据流，以及如何使用 Rx 来创建和操纵 IObservable(s)。Rx 的许多细节和特性我们都还没有讨论过，[4]但我们仍然涵盖了足够多的内容让你可开始使用 IObservable，并根据需要进一步探索 Rx 的特性。

正如所见，拥有一个捕获数据流的抽象使你能检测模式并指定贯穿多个事件(在同一流间或跨越不同的流)的逻辑。这就是我推荐使用 IObservable 之处。而推论是，如果你的事件可被独立处理，那么你可能不应该使用 IObservable，因为使用它们可能降低代码的可读性。

需要记住的一件非常重要的事是，因为 OnNext 没有返回值，IObservable 只能向下游推送数据，并且从不接收任何数据。因此，IObservable 最好被结合成单向数据流。例如，如果你从一个队列中读取事件并将一些数据写入数据库中，则 IObservable 可能非常适合。同样，如果你有一台通过 WebSocket 与 Web 客户端进

4　还有更多的操作符以及 Rx 的重要实现细节；例如调度器(决定如何调用所分派的观察者)，热模式与冷模式的可观察者(并非所有的可观察者都是惰性的)，以及具有不同行为的 Subject。

行通信的服务器，则消息在客户端和服务器之间以"即发即弃"的方式进行交流。另一方面，IObservable 不适合请求-响应模型，如 HTTP。你可将接收到的请求建模为一个流，并计算响应的流，却没有简单的方法将这些响应绑定回原始请求。

　　最后，如果复杂的同步模式无法在 Rx 中被操作符捕获，并且你需要对消息的排序和处理方式进行更细粒度的控制，则你可能发现命名空间 System.DataFlow 中的构建块更合适。

小结

- IObservable<T>表示一个 T(s)流：时间上的一个序列值。
- IObservable 根据语法 OnNext*(OnCompleted|OnError)?来生成消息。
- 使用 IObservable 编写一个程序涉及三个步骤：
  - 使用 System.Reactive.Linq.Observable 中的方法创建 IObservable。
  - 使用 Rx 中的操作符或你定义的其他操作符来转换和结合 IObservable。
  - 订阅并使用由 IObservable 生成的值。
  - 通过 Subscribe 将观察者关联到 IObservable。
  - 通过处置由 Subscribe 所返回的订阅来移除一个观察者。
  - 从逻辑中(在流的变换中)分离副作用(在观察者中)。
- 在决定是否使用 IObservable 时，请考虑以下事项：
  - IObservable 使你能够指定贯穿多个事件的逻辑。
  - IObservable 适用于建模单向数据流，而不适用于请求-响应模型。

第**15**章

并发消息传递

本章涵盖的主要内容：
- 为什么有时需要共享可变状态
- 理解并发消息传递
- 使用C#中的代理来编程
- 将基于代理的实现隐藏于常规API的背后

每位经验丰富的开发人员都有一些可解决诸如死锁和竞争条件等问题的第一手经验。这些是涉及共享可变状态(即在并发执行的进程之间"共享")的并发程序中可能出现的难题。

在本书中，你已经见到很多不必求助于共享可变状态就能解决问题的例子。事实上，我的建议是尽可能避免共享可变状态，FP 则为此提供了一个很好的范例。

在本章中，你将了解为什么无法完全避免共享可变状态，以及有什么策略来同步对共享可变状态的访问。然后，我们将专注于策略"基于代理的并发性"，这是一种并发编程风格，依赖于代理之间的消息传递，这些代理拥有某种它们以单线程方式访问的状态。使用代理进行编程在 F#程序员中很受欢迎，但你会发现它在 C#中也是完全可行的。

15.1 对共享可变状态的需要

设计并行算法时通常可避免共享可变状态。例如，如果你有一个计算密集型问题需要进行并行处理，那么通常可按多个线程独立计算中间结果的方式来分解数据集或任务。因此，这些线程可独立完成工作，而不需要共享任何状态。最后，另一个线程可通过组合所有中间结果来计算最终结果。

但问题是，未必能够避免共享可变状态。虽然通常可在并行计算中实现，但如果并发源是多线程，则要困难得多。例如，想象一个多线程应用程序，如一个处理多线程请求的服务器应用程序，需要执行以下操作：

- 保留一个应用程序范围的计数器，以便生成唯一、连续的账号。
- 缓存内存中的一些资源以提高效率。
- 代表真实世界的实体，如待售物品、交易、合同等，确保你不会因为收到两个并发购买请求而两次出售同一件(唯一的、真实世界的)商品。

在该场景中，这实质上是在服务器应用程序中用来更有效地处理请求的许多线程之间共享可变状态的必备条件。为防止并发访问导致数据的不一致，你需要确保不同线程不会同时访问(或更新)状态。也就是说，你需要同步访问共享可变状态。

在主流编程中，这种同步通常用锁来实现。锁定义代码的关键部分，该部分一次只能由一个线程进入。当一个线程进入一个关键部分时，将阻塞其他线程的进入。

函数式程序员倾向于避免使用锁，取而代之的是替代技术：

- **比较和交换(CAS)** —— CAS 使你能以原子方式读取和更新单个值；这在 C#中可使用 Interlocked.CompareExchange 方法来完成。
- **软件事务性内存(STM)** —— STM 使你能够更新事务中的可变状态，对如何进行这些更新提供了一些相关的保证：
  - 每个线程独立地执行一个事务；也就是说，它查看了一个程序状态的视图，而该视图不受在其他线程上并发发生的事务的影响。
  - 然后，事务以原子方式提交；也就是说，所有变化要么成功，要么放弃。[1]
  - 如果一个事务失败(因为另一个并发事务已修改了数据)，则将以全新的数据视图进行重试。
- **并发消息传递(Message-passing concurrency)** ——这种方法的思想是，你设置了具有可变状态的独占所有权的轻量级进程。进程之间的通信是通过消息传递进行的，并且进程按顺序处理消息，从而防止并发访问其状态。这种方法有两个主要的实施部分：
  - 角色模型(The actor model)——这是爱立信(Ericsson)结合 Erlang 语言的

---

[1]　事实上，有几种不同的策略来实现 STM，且不同的实现具有不同特性。某些实现还强制执行一致性，这意味着可强制执行事务所不能违反的不变性。实现了这样一些属性：原子性、一致性、隔离性。这些听起来是否很熟悉呢？这是因为它们是许多数据库所保证的三种 ACID 属性——最后一种是持久性，当然这并不适用于 STM，而适用于内存中的数据。

著名实现(但诸如 C#的其他语言的实现比比皆是)，其中进程被称为"角色(Actor)"，它们可分布在不同的进程和机器上。

- 基于代理的并发(Agent-based concurrency)——这受到了角色模型的启发，但更简单，因为称为代理的进程只存在于一个应用程序中。

CAS 仅允许你处理单个值，因此仅为非常有限的场景提供有效的解决方案。STM 是进程内并发的一个重要范例，在 Clojure 和 Haskell 开发人员中尤其受欢迎，因为这些语言提供了一个引人瞩目、经过实战考验的 STM 实现。遗憾的是，C#中并不存在类似的 STM 实现。

出于这些原因，本章的其余部分将专注于并发消息传递，尤其是基于代理的并发。稍后将介绍代理和角色在更多细节上的不同。下面首先将并发消息传递作为一种编程模型。

15.2　理解并发消息传递

你可将代理或角色视为一个对某个可变状态拥有独占所有权的进程。角色之间的交流是通过消息传递来实现的，这样就不能从角色的外部访问状态了。此外，传入的消息是按顺序处理的，因此并发状态的更新永远不会发生。

图 15.1 演示了一个代理程序：一个循环运行的进程。有一个收件箱，邮件在邮箱中排队，并拥有某个状态。当邮件出列并处理时，代理通常会执行以下一些操作。

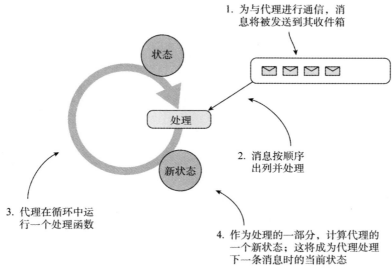

图 15.1　一个代理由一个消息收件箱和一个处理循环组成

- 执行副作用
- 给其他代理发送消息
- 创建其他代理
- 计算新状态

在处理以下消息时，新状态将用作下一次迭代的当前状态。

正如刚才所述，下面从一个代理的理想化(几乎全是伪代码)实现开始。仔细查看这段代码，然后分析每个部分如何与图 15.1 中描述的内容相对应。

代码清单15.1　一个代理的理想化实现

```
public sealed class Agent<State, Msg>
{
    BlockingCollection<Msg> inbox          ← 使用一个并发队列
        = new BlockingCollection<Msg>(new ConcurrentQueue<Msg>());  作为消息收件箱

    public void Tell(Msg message) => inbox.Add(message);  ← 告知代理有一条消息，而该代
                                                             理将消息放入队列中
    public Agent(State initialState
        , Func<State, Msg, State> process)
    {
        void Loop(State state)
        {
            Msg message = inbox.Take();           ← 一旦有消息，便出列一条消息
            State newState = process(state, message);  ← 处理消息，并决定代理的新状态
            Loop(newState);
        }

        Task.Run(() => Loop(initialState));  ← 角色运行在自己的进程中
    }
}
```

通过提供一个初始状态和一个处理函数来创建代理

使用新的状态进行循环

这里有几个有趣之处。首先注意，只有两个公共成员。所以只允许与一个代理进行两次交互：

- 可创建(或启动)一个代理。
- 可告知它有一条消息，它只是在收件箱中将消息放入队列中。

可从这些原始操作中定义更复杂的交互。

现在让我们来看看在 Loop 函数中编码的处理循环。这会从收件箱的队列中取出第一条消息(或等待消息变为可用)，并使用代理的处理函数及其当前状态来处理它。它因此获得了代理的新状态，将在循环的下一次执行中使用。

注意，除了调用给定的处理函数时可能产生的任何副作用外，该实现没有其他副作用。捕获状态变化的方式是始终将状态作为参数传递给 Loop 函数(第 12 章中介绍过这种技术)。

还要注意，该实现假定 State 必须是一个不可变的类型；否则，它可由 process 函数共享，并在代理的处理循环的作用域之外任意更新。因此，状态只"呈现"

为可变的，因为每次调用 Loop 都会使用新版本的状态。

最后，请花点时间查看构造函数的签名。将其与 Enumerable.Aggregate 进行比较——你能看到它们本质上是一样的吗？代理的当前状态是减少迄今收到的所有消息的结果，将初始状态用作累加器值，并将处理函数用作 reducer。这是在代理收到的消息流上的时间折叠。

该实现是优雅的，在使用"尾部调用消除"的语言中可很好地工作，但在 C# 中却不会，所以我们需要对一个"堆栈安全的"实现进行一些更改。此外，还可通过使用.NET 中的现有功能来省略许多低级细节。接下来将对此进行讨论。

15.2.1　在 C#中实现代理

.NET 有一个名为 MailboxProcessor 的代理实现，它适用于 F#，并不适用于 C#。尽管前面的实现对理解该想法很有用，却并不是最优的。相反，在下例中，我将使用以下更切合实际的代理实现(包含在 LaYumba.Functional 中)。

代码清单15.2　基于Dataflow.ActionBlock的一个代理的实现

```
using System.Threading.Tasks.Dataflow;

public interface Agent<Msg>
{
    void Tell(Msg message);
}

class StatefulAgent<State, Msg> : Agent<Msg>
{
    private State state;
    private readonly ActionBlock<Msg> actionBlock;

    public StatefulAgent(State initialState
        , Func<State, Msg, State> process)
    {
        state = initialState;

        actionBlock = new ActionBlock<Msg>(msg =>      // 用当前状态处理消息
        {
            var newState = process(state, msg);
            state = newState;        // 将结果赋值给可存储的状态
        }
    }

    public void Tell(Msg message)       // 消息的排队和处理皆由 ActionBlock 来管理
        => actionBlock.Post(message);
}
```

这里，用一个可变变量 state 替换了递归调用(可能导致堆栈溢出)，该 state 变量会跟踪代理的状态并在处理每条消息时重新被赋值。虽然这是一个副作用，但消息会按顺序处理，因此会阻止并发写入。

我还使用了 ActionBlock，这是.NET 的 Dataflow 库中的构建块之一，从而省去了管理队列和进程的细节。一个 ActionBlock 包含一个缓冲区(默认情况下，大小无限)，它将充当代理的收件箱，并且只允许固定数量的线程进入该块(默认情况下为单个线程)，确保了按顺序处理消息。

State 应该仍然是一个不可变的类型(否则，正如之前所指明的那样，它由 process 函数共享并在 ActionBlock 的作用域以外突变)。如果观察到这种情况，代码便是线程安全的。

从客户端代码的角度看，并没有任何改变：我们仍然只有两个签名同前的公共成员。使用 Agent<Msg>接口的原因有以下两个：

- 从使用代理的客户端代码的角度看，你只能将消息告知它，所以通过使用该接口，可避免暴露该状态的类型参数。毕竟，状态的类型是代理的实现细节。
- 可设想其他实现，如无状态代理，或持久保存状态的代理。

最后，这里有一些便于创建代理的方法：

```
public static class Agent
{
    public static Agent<Msg> Start<State, Msg>
        ( State initialState
        , Func<State, Msg, State> process)
        => new StatefulAgent<State, Msg>(initialState, process);

    public static Agent<Msg> Start<Msg>(Action<Msg> action)
        => new StatelessAgent<Msg>(action);
}
```

第一个重载只是创建一个具有给定参数的代理。第二个重载接受一个动作并用于创建一个无状态代理：一个按顺序处理消息但不保留任何状态的代理(这个实现是微不足道的，只是通过给定的 Action 来创建一个 ActionBlock)。我们还可使用一个异步处理函数/动作来定义代理；为简洁起见，此处省略了重载，但完整的实现请见代码示例。接下来，我们将开始使用代理。

15.2.2 开始使用代理

下面列举一些使用代理的简单例子。将构建如图 15.2 所示的几个相互作用的简单代理。

我们将从一个非常简单的、无状态的代理开始，它接受一个 string 类型的消息并将其打印出来。你可在 REPL 中进行尝试：

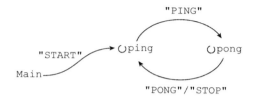

图 15.2　通过交换消息在代理之间进行简单交互

```
Agent<string> logger = Agent.Start((string msg) => WriteLine(msg));

logger.Tell("Agent X");
// prints: Agent X
```

接下来，让我们来定义与 logger 交互并彼此交互的 ping 和 pong 代理:

```
Agent<string> ping, pong = null;

ping = Agent.Start((string msg) =>
{
    if (msg == "STOP") return;

    logger.Tell($"Received '{msg}'; Sending 'PING'");
    Task.Delay(500).Wait();
    pong.Tell("PING");
});

pong = Agent.Start(0, (int count, string msg) =>
{
    int newCount = count + 1;
    string nextMsg = (newCount < 5) ? "PONG" : "STOP";

    logger.Tell($"Received '{msg}' #{newCount}; Sending '{nextMsg}'");
    Task.Delay(500).Wait();
    ping.Tell(nextMsg);

    return newCount;
});

ping.Tell("START");
```

这里定义了另外两个代理。ping 是无状态的，会向 logger 代理发送一条消息，并向 pong 代理发送一条"PING"消息(除非被告知的消息是"STOP"，这种情况下什么都不做)。一个代理根据消息而具有不同行为是很常见的；也就是说，将消息解释为一个命令。

现在让我们了解下一个有状态代理：pong。该实现与 ping 非常相似：它将"PONG"发送给 ping，但保留了一个计数器作为随着每条消息递增的状态，因此在五条消息后可改为发送一个"STOP"消息。

当我们向最后一行代码上的 ping 发送初始的"START"消息时，整个兵乓球便开始运转。运行该程序时将打印以下内容:

```
Received 'START'; Sending 'PING'
Received 'PING' #1; Sending 'PONG'
Received 'PONG'; Sending 'PING'
Received 'PING' #2; Sending 'PONG'
Received 'PONG'; Sending 'PING'
Received 'PING' #3; Sending 'PONG'
Received 'PONG'; Sending 'PING'
Received 'PING' #4; Sending 'PONG'
Received 'PONG'; Sending 'PING'
Received 'PING' #5; Sending 'STOP'
```

你已经见到一些简单的代理交互，现在是时候转向更贴近实际需求的内容了。

15.2.3   使用代理处理并发请求

下面回到一个提供汇率的服务场景。该服务应从 Yahoo API 检索汇率并将其缓存。在之前的实现中，交互是通过命令行来进行的，因此请求必须一个接一个地进行。

让我们来改变这一点。假设服务只是一个更大系统的一部分，而其他组件可通过一个消息代理来请求汇率，如图 15.3 所示。

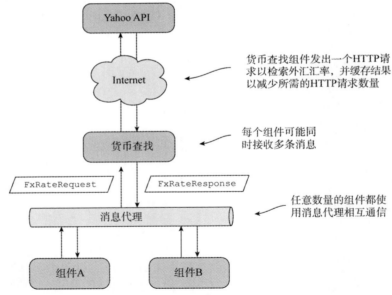

图 15.3   一个可同时接收多个请求的系统

组件通过消息代理发送消息以进行相互通信。为与货币查找服务进行通信，定义了以下消息：

```csharp
public sealed class FxRateRequest
{
    public string CcyPair { get; set; }
```

```
    public string Sender { get; set; }
}

public sealed class FxRateResponse
{
    public string CcyPair { get; set; }
    public decimal Rate { get; set; }
    public string Recipient { get; set; }
}
```

消息代理使用发件人(Sender)和收件人(Recipient)字段来正确路由消息

我们将假设消息代理是多线程；也就是说，服务可能在不同的线程上同时收到多个请求。

在本示例中，在线程之间共享状态是一个必要条件：如果每个线程都具有一个不同的缓存，将是次优的。因此，需要将写入访问同步到缓存，以确保在任何给定时间只有单个线程可将值写入缓存。

接下来，我们将了解如何使用代理来实现这一点。首先需要一些安装代码，以定义与消息代理的交互，见下面的代码清单。注意，该代码并非特定于任何特定的消息代理；我们只需要能够订阅它以接收请求，并使用它来发送响应(代码示例包括一个使用 Redis 作为底层传输的 MessageBroker 的实现)。

代码清单15.3　处理从消息代理接收到的请求

这个代理将处理请求并使用先前定义的代理发送响应

```
public static void SetUp(MessageBroker broker)
{
    Agent<FxRateResponse> sendResponse = Agent.Start(
        (FxRateResponse res) => broker.Send(res.Recipient, res));

    Agent<FxRateRequest> processRequest = StartReqProcessor(sendResponse);

    broker.Subscribe<FxRateRequest>("FxRates", processRequest.Tell);
}
```

一个将发送响应的代理

当收到一个请求时，便将其传递给处理代理

从代码的底部开始，我们订阅了接收请求，并提供一个处理请求的回调。此回调(将在多个线程上被调用)只是将请求传递给前一行代码定义的处理代理。因此，尽管请求是在多个线程上被接收到的，但这些请求会立即在处理代理的收件箱中排队等候并按顺序处理。

这是否意味着处理操作现在是单线程的，而我们失去了多线程的好处呢？未必！如果处理代理完成了所有处理，那么情况确实如此。相反，下面采取一个更细化的方法：我们可为每个货币对分配一个代理，来负责提取和存储特定货币对的汇率。请求-处理的代理只负责管理这些按货币对配置的代理，并将工作委托给它们，如图 15.4 所示。

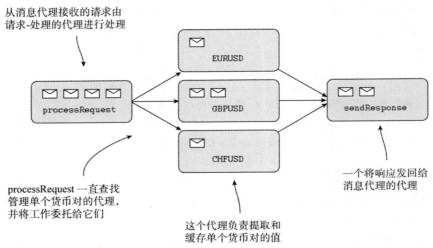

从消息代理接收的请求由
请求-处理的代理进行处理

processRequest 一直查找
管理单个货币对的代理，
并将工作委托给它们

这个代理负责提取和
缓存单个货币对的值

一个将响应发回给
消息代理的代理

图 15.4　分解可并发运行的代理之间的工作

下面来看代理的定义。我们将从更高级的请求-处理的代理开始，负责创建并将工作委托给每个货币对代理。

代码清单15.4　一个将请求路由到每个货币对代理的协调代理

```
using CcyAgents = ImmutableDictionary<string, Agent<string>>;

static Agent<FxRateRequest> StartReqProcessor
  (Agent<FxRateResponse> sendResponse)

  => Agent.Start(CcyAgents.Empty
    , (CcyAgents state, FxRateRequest request) =>
{
   string ccyPair = request.CcyPair;

Agent<string> agent = state
      .Lookup(ccyPair)
      .GetOrElse(() => StartAgentFor(ccyPair, sendResponse));

   agent.Tell(request.Sender);
   return state.Add(ccyPair, agent);
});
```

如有必要，为所请求的
货币对启动一个新代理

将请求传递给负责货
币对的代理

如你所见，请求-处理的代理并不包含值的缓存，而每个货币对代理都有一个缓存。请求-处理的代理会根据需要来启动这些代理并将请求转发给它们。

该解决方案的好处是，一个货币请求(比如 GBPUSD)不会影响另一个货币请求(比如 EURUSD)。另一方面，如果你同时收到多个 GBPUSD 请求，则只有一个远程请求会提取该汇率，而其他请求则进入队列。

最后，以下是管理单一货币对汇率的代理的定义。

代码清单15.5　一个管理货币对汇率的查询和存储的代理

```
static Agent<string> StartAgentFor
    (string ccyPair, Agent<FxRateResponse> sendResponse)
    => Agent.Start<Option<decimal>, string>(None
        , async (optRate, recipient) =>
{
    decimal rate = await optRate.Map(Async)           如有必要，从远程
        .GetOrElse(() => Yahoo.GetRate(ccyPair));   ◄── API 中提取汇率

    sendResponse.Tell(new FxRateResponse  ◄── 发送响应
    {
        CcyPair = ccyPair,
        Rate = rate,
        Recipient = recipient,
    });
    return Some(rate);
});
```

此代理的状态是包含在一个 Option 中的单个对的汇率，在第一次创建时汇率尚不可用。它决定了是否需要进行远程查找，因此，如果缓存的值过期，则你可以轻松地对其进行改进以提取汇率。

为保持示例的简单性，我已避免了过期问题以及错误处理。我还假设向消息代理发送请求是一个以最小延迟执行的即发即用操作，因此可以用单个代理来执行它。

该示例的要点是：使用代理(并对消息进行顺序处理)是非常高效的。然而，确实需要转变心态，无论是本书追求的函数式方法，还是传统的使用锁的方法。

15.2.4　代理与角色

代理(agent)和角色(actor)密切相关。这两种情况下，单个线程按顺序处理消息，并通过向其他角色/代理发送消息来通信。但还有一些重要的区别：

- 代理运行在单个进程中，而角色是为分布式系统设计的。到目前为止我们所见到的示例中，对代理的引用指的是当前进程中的特定实例。另一方面，对角色的引用是位置透明的(location-transparent)；也就是说，当你有一个对角色的引用时，该角色可能在同一个进程或另一个进程上运行，也可能是在一个远程机器上运行。因此，对代理的引用是一个指针，而对角色的引用是一个 ID，角色模型的实现将使用该 ID 来根据需要在各个进程之间路由消息。
- 角色模型的大多数实现都是通过监督者角色来满足错误处理的，即监控一个受监督的角色并在其发生错误时采取行动。这使我们能够很好地将正确逻辑从错误处理中分离出来，并可创建非常健壮的系统。这与代理是没有对应关系的。

- 一个代理的状态应该是不可变的，并且永远不会在代理的作用域之外被共享。然而，在我们的实现中，无法制止没有经验的开发人员创建一个状态可变的代理，也无法制止将可变状态传递给其他函数，从而会允许从代理的作用域之外更改该状态。对于角色，消息是可序列化的，因此这绝对不应该发生。

正如所见，尽管代理和角色背后的基本思想是一样的，但角色模型更丰富、更复杂。如果你需要协调跨不同应用程序或机器的并发操作，则应该只考虑使用角色模型；否则，操作和安装成本将是不合理的，此时你应该依赖的是代理。

虽然我能够仅用几行代码来实现一个角色，但实现角色模型要复杂得多。所以如果你想使用角色，则可能用到.NET 的角色模型的几个实现之一：

- Orleans(https://dotnetfoundation.org/orleans)是微软采用的角色模型。该模型具有明显的面向对象的一面，所秉持的基本理念是：缺乏经验的开发人员可与角色(称为 Grains)进行交互(就像这些角色是局部对象一样)，而不会接触到任何特定于该角色模型的额外复杂性。Orleans 负责管理 Grain 的生命周期，这意味着它们的状态会被保存在内存中或者被自动持久化存储。持久化适用于各种介质，包括 SQL Server 和 Azure 上的云存储。
- Akka.NET(http://getakka.net/)是受 Scala 开发人员欢迎的、从属于 Akka 框架的社区驱动端口。它早于 Orleans，更具有消息驱动的性质，因此门槛更高。有多种选项可用于消息传输及角色状态的持久化。
- echo(https://github.com/louthy/echo-process)是最接近 Erlang 的实现。在语法和配置方面是最轻量级的选择：你可使用函数来创建一个角色(称为"进程"，正如使用代理一样)，或使用基于接口的方法(如果你需要处理不同种类的消息，其读取会更自然)。只有使用 Redis 才能直接做到跨应用程序领域的消息传输和持久化，但你可实现适配器来定位不同的基础架构。

所有这些角色模型的实现在术语和重要技术细节上都有所不同，因此在不特定于某个实现的情况下，很难给出对角色模型的描述。这是我选择通过代理的一个简单实现来说明并发消息传递的基本思想的原因之一。你可将这些原理贯彻到基于角色的编程当中，但你还需要学习其他原理，例如使用监督者进行的错误处理，以及由特定实现提供的消息传递保证。

15.3　"函数式 API"与"基于代理的实现"

基于代理的编程是不是函数式呢？虽然代理和角色是在函数式语言背景下开发的(记住，在理想实现中，代理无副作用)，但基于代理的编程与你在本书中见到的函数式技术截然不同：

- 你将消息告知给代理,而这通常会被解释为命令,所以语义是相当必要的。
- 代理通常会产生副作用,或将一条消息告知另一个代理(这反过来将产生副作用)。
- 最重要的是,将消息告知给代理并不会返回任何数据,因此你不能用函数方式将告知的操作组合到管道中。
- FP 将逻辑与数据分开;而代理不仅包含数据,且在处理函数中至少包含一些逻辑。

因此,基于代理的编程体验与你迄今为止所见到的 FP 大不相同,因此基于代理的并发实际上是不是一种函数式技术是有待商榷的。如果你认为它不是(正如我所倾向的那样),那么你必须得出结论:FP 在某些类型的并发性方面并不是很好(即无法避免共享可变状态),并且需要补充一个不同的范例,如基于代理的编程或角色模型。

通过代理,对单向数据流进行编程会很容易:数据始终向前(转向下一个代理),并且不会返回任何数据。面对这一点,我们有两个选择:

- **拥抱单向数据流的思想,并采用此风格编写应用程序**。在这种方法中,如果客户端连接到服务器,则不会使用 HTTP 之类的请求-响应模型,而使用一个基于消息的协议,如 WebSockets 或消息代理。这是一种可行的方法,尤其是如果你的领域是事件驱动的,那么你已经在适当位置拥有了一个消息架构。
- **将特定于代理的细节隐藏于更常规的 API 之后**。这意味着代理应该能够向消息发送者返回响应。在这种方法中,代理用作实现细节的并发原语(就像锁一样),并且不应该规定程序的设计。接下来将探讨这种方法。

15.3.1　代理作为实现细节

我们要考虑的第一件事是从代理获得回复的方式,即一个排序的"返回值"。设想发件人创建了一个包含可等待"句柄"的消息。然后将消息告知给一个代理,该代理将在该句柄上发出结果信号,使其可用于发送者。这样,我们可有效地在"即发即弃"的 Tell 协议的基础上进行双向通信。

TaskCompletionSource 为此提供了一个合适的句柄:发件人可创建一个 TaskCompletionSource,将其添加到消息有效载荷中,等待其 Task。准备就绪后,代理将完成其工作并在 TaskCompletionSource 上设置结果。为每个需要响应的消息手动执行此操作将非常繁杂,因此我在 LaYumba.Functional 库中加入一个被强化的代理,负责处理所有这些线路。这里并不会包含实现细节,但接口定义如下:

```
public interface Agent<Msg, Reply>
{
```

```
    Task<Reply> Tell(Msg message);
}
```

注意，这是一个全新的接口，有两个泛型参数：代理接受的消息类型以及回复类型。将一个 Msg 类型的消息告知此代理后，将返回一个 Task<Reply>。

要启动一个这种类型的代理，我们将使用以下类型的处理函数：

```
State → Msg → (State, Reply)
```

或者

```
State → Msg → Task<(State, Reply)>
```

也就是说，一个给定了代理当前状态和所接收消息的函数不仅会计算代理的新状态，还会计算返回给发件人的回复。

下面来看一个非常简单的代理例子，它保持了计数器，可在得到通知后递增计数器，也会返回计数器的新值：

```
var counter = Agent.Start(0
    , (int state, int msg) =>
    {
        var newState = state + msg;           ← 返回要存储的新状
        return (newState, newState);             态以及对发送者的
});                                               回复
```

你现在可以像下面这样使用该代理：

```
var newCount = await counter.Tell(1);
newCount // => 1
newCount = await counter.Tell(1);
newCount // => 2
```

注意，Tell 返回了一个 Task<int>，所以调用者可等待回复，这与任何异步函数是一样的。从本质上讲，你可将此代理用作 Msg → Reply 类型函数的线程安全的、有状态的、异步的版本：

- **线程安全**，因为其内部使用了一次处理一条消息的 ActionBlock。
- **有状态的**，因为处理消息会导致代理所保持的状态发生更改。
- **异步的**，因为你的消息可能必须等待代理处理队列中的其他消息。

这意味着，与使用锁相比，你不仅可获得安全性(无死锁)，还可提高性能(锁阻塞当前线程，而 await 释放线程以执行其他工作)。

15.3.2　将代理隐藏于常规 API 的背后

我们拥有一个双向通信机制,现在可通过隐藏基于代理的编程细节来改进API。例如，在一个计数器的情况下，可采用如下方式定义 Counter 类。

代码清单15.6　在公共API之后隐藏基于代理的实现

```
public sealed class Counter
{
    readonly Agent<int, int> counter =                    代理只是一个实
        Agent.Start(0, (int state, int msg) =>            现的细节
        {
            var newState = state + msg;
            return (newState, newState);
        });

    public int IncrementBy(int by)                        Counter 的公
        => counter.Tell(by).Result;                       共接口
}
```

现在一个 Counter 的使用者可能不必了解基于代理的实现。一个典型交互如下所示:

```
var counter = new Counter();
var newCount = counter.IncrementBy(10);
newCount // => 10
```

注意，因为代理是异步的，所以通常应该公开"使用包装于 Task 中的代理"计算出的任何值。在上例中，通过使用对 Result 的阻塞调用并公开同步 API 来规范异常。递增计数器是一种快捷操作，即使在高争用情况下，等待时间也是最短的。

15.4　LOB 应用程序中的并发消息传递

在 LOB 应用程序中，需要同步对某个共享状态的访问，通常的原因是:应用程序中的实体代表真实世界的实体，我们需要确保并发访问不会使它们处于无效状态或以其他方式破坏业务规则。例如，购买一个特定商品的两个并发请求不应导致该商品被出售两次。同样，一个多人游戏中的同时移动不应该导致游戏进入无效状态。

下面来看看这将如何在银行业务场景中发挥作用。我们需要确保当不同的交易(借记、贷记、转账)同时发生时，不会使账户处于无效状态。这是否意味着我们需要同步账户数据的访问?不一定!下面来看看如果没有采取任何针对并发的特殊措施的话，将会发生什么。

假定有一个余额为 1000 的账户。发生了一次自动直接借记的付款，导致 800 被从账户中扣除。同时，一个 200 的转账被请求，所以 200 金额也被扣除。如果我们使用此前介绍的事件溯源方法，我们得到以下结果:

- 直接付款请求将导致一个事件被创建，捕获借方 800，并且调用者将收到

　　一个更新后的状态，余额为 200。

- 转账请求同样导致一个事件被创建，捕获借方 200，并且调用者将收到一个更新后的状态，余额为 800。
- 每当账户下次被加载时，其状态将从所有过去的事件中计算出来，以便其具有正确的余额 0。
- 当新事件被发布时，订阅更新的任何客户端都可以在状态中反映这些变化(例如，当发生直接借记时，可通知发出转账请求的客户端设备，以便向用户显示的账户余额始终保持最新)。

　　简而言之，如果你使用不可变对象和事件溯源，则不会因并发更新而导致任何不一致的数据，这是事件溯源的另一个重要优势。但现在让我们稍微改变一下需求。假设每个账户都有最大允许透支额度；也就是说，有一项业务需求是：任何账户都不能超过一定数额的透支。

　　想象一下，就像以前一样，具有以下几点：

- 一个余额为 1000、最高透支额为 500 的账户
- 一次 800 的直接借记付款
- 同时，一个也是 800 的转账请求

　　如果你没有同步账户数据的访问，那么这两项请求都会成功，导致账户透支600，违反了我们的业务要求(即透支不得超过 500)。为强制实施，我们需要同步执行修改账户余额的动作，以便此场景中的一个并发请求失败。

　　接下来，你会看到如何使用角色来实现这一点。

15.4.1　使用代理来同步对账户数据的访问

　　为确保账户数据不会同时受到不同请求的影响，可将代理与每个账户相关联。请注意，代理的量级足够轻，所以可拥有数千甚至数百万个代理。另外注意，假设有一个服务器进程，可通过它来影响账户。如果情况并非如此，则需要使用角色模型的实现；以下的实现要点仍然有效。

　　要将代理与账户相关联，我们将使用一个基于代理的实现来定义一个AccountProcess 类。这意味着我们现在使用三个类来表示账户：

- AccountState —— 一个不可变的类，表示某个特定时刻的账户状态。
- Account —— 一个静态类，仅包含用于计算状态转换的纯函数。
- AccountProcess —— 一个基于代理的实现，用于跟踪账户的当前状态并处理影响账户状态的任何命令。

　　你已在第 10 章中见到 Account 和 AccountState 的实现，而这些都不需要做改变。接下来分析 AccountProcess。

代码清单15.7　顺序处理影响一个账户的命令

```
using Result = Validation<(Event Event, AccountState NewState)>;

public class AccountProcess
{
    Agent<Command, Result> agent;

    public AccountProcess(AccountState initialState
        , Func<Event, Task<Unit>> saveAndPublish)
    {
        agent = Agent.Start(initialState
            , async (AccountState state, Command cmd) =>
            {
                Result result = new Pattern
                {
                    (MakeTransfer transfer) => state.Debit(transfer),
                    (FreezeAccount freeze) => state.Freeze(freeze),
                }
                .Match(cmd);

                await result.Traverse(tpl => saveAndPublish(tpl.Event));
                var newState = result.Map(tpl => tpl.NewState).GetOrElse(state);
                return (newState, result);
            });
    }

    public Task<Result> Handle(Command cmd)
        => agent.Tell(cmd);
}
```

在块中持久化事件,以免代理处理处于非持久化状态的新消息

使用纯函数来计算命令的结果

所有命令都按顺序排队等候和接受处理

AccountProcess 的每个实例都内置了一个代理,因此所有影响该账户的命令都可以按顺序被处理。下面来看看代理的主体:首先,我们计算命令的结果,然后给出命令和当前状态。这仅使用纯静态函数来完成。

记住,结果是一个具有内部值的 Validation,其中包括作为结果的 Event 和新的账户状态。如果结果是 Valid,我们继续保存并发布创建后的事件(检查是作为 Traverse 的一部分完成的)。

需要注意,持久化发生在处理函数内。也就是说,代理不应该更新其状态,且不应该在其成功持久化"表示当前状态转换"的事件之前开始处理新消息(否则,持久化事件可能失败,导致代理的状态与持久化事件捕获的状态不匹配)。

最后,我们返回账户更新后的状态(将在处理后续命令时使用)以及命令的结果。此结果包含新状态和所创建的事件,并被包装一个在 Validation 中。这样就可以很容易地将此请求的成功详情及结果发送回客户端。

注意代理(和角色)是如何使状态、行为和持久化交织的(因此认为它们"比对象更面向对象")。在该实现中,我注入一个用于持久化事件的函数,而角色模型的大多数实现都包含一些用于持久化一个角色的状态的可配置机制。

15.4.2　保管账户的注册表

我们现在有一个 AccountProcess，它以线程安全的方式处理一个可应用于特定账户的命令。但当我们通过全新控制器得到命令时，如何才能获得相关账户的 AccountProcess 实例？如何确保永远不会为同一个账户意外地创建两个 AccountProcess？

我们需要的是一个应用程序范围的注册表，该注册表将保存所有活动的 AccountProcess。该注册表需要管理它们的创建过程并通过 ID 为它们提供服务，这样，一个控制器可通过提供作为请求的一部分所接收的账户 ID 来简单地获得 AccountProcess。

角色模型的实现具有这样一个内置的注册表，使你能针对任意 ID 注册任意角色。在本例中，将建立我们自己的简单注册表。

代码清单15.8　一个用于存储和管理AccountProcess的创建的注册表

```
using AccountsCache = ImmutableDictionary<Guid, AccountProcess>;

public class AccountRegistry
{
    Agent<Guid, Option<AccountProcess>> agent;

    public AccountRegistry
      ( Func<Guid, Task<Option<AccountState>>> loadState
      , Func<Event, Task<Unit>> saveAndPublish)
    {
        this.agent = Agent.Start(AccountsCache.Empty
          , async (AccountsCache cache, Guid id) =>
        {
            AccountProcess account;
            if (cache.TryGetValue(id, out account))
                return (cache, Some(account));         // 如果 AccountProcess 不
                                                        // 在缓存中，则从数据库
            var optAccount = await loadState(id);       // 中加载当前状态

            return optAccount.Map(accState =>
            {
                                                        // 用检索到的状态创建一个
                                                        // AccountProcess
                var process = new AccountProcess(accState, saveAndPublish);
                return (cache.Add(id, process), Some(process));
            })
            .GetOrElse(() => (cache, (Option<AccountProcess>)None));
        });
    }

    public Task<Option<AccountProcess>> Lookup(Guid id)
        => agent.Tell(id);
}
```

在该实现中，我们有单个管理缓存的代理，这个缓存中保管了 AccountProcess 的

所有活动的实例。如果找不到给定 ID 的 AccountProcess，则从数据库中检索账户的当前状态并创建一个新的 AccountProcess，该 AccountProcess 将被添加到缓存中。注意，与往常一样，loadState 函数返回一个 Task<Option<AccountState>>以确认操作是异步的，并确认对于给定的 ID，未能找到任何数据。

在你继续阅读之前，请再次仔细检查该实现。对于这种方法你能看到任何问题吗？让我们来看看：从数据库加载账户状态是在代理的主体完成的；这是必要的吗？这意味着读取账户 x 的状态将阻塞另一个与账户 y 相关的线程。这肯定是次优的！

15.4.3　代理不是一个对象

当你习惯于使用代理或角色进行编程时，这就是常见的小学生错误了。虽然代理及角色与对象相似，但你不能认为它们就是对象。代码清单 15.8 中的错误是，在概念上赋予了代理"责任"，即向调用者提供所请求的 AgentProcess，这给了我们一个次优的解决方案。

相反，代理应该只负责管理某个状态。相关代理管理着一个字典，因此我们可调用它来查找项目或添加新项，而从数据库检索数据是一个较慢的操作，这与管理 AgentProcess 的缓存并没有直接关系。

考虑到这一点，下面思考一个可替代的解决方案。如果一个线程要为一个具有给定 ID 的账户获取 AgentProcess，则应执行以下操作：

(1) 要求代理查找该 ID。

(2) 如果未存储 AgentProcess，则检索当前的 AccountState。

(3) 要求代理创建并注册一个具有给定状态和 ID 的新 AgentProcess。

这意味着需要转到代理两次，所以我们需要两种不同的消息类型来指定希望代理执行的操作。

代码清单15.9　可要求不同类型的消息传达调用者的意图

```
public class AccountRegistry
{
    abstract class Msg { public Guid Id { get; set; } }
    class LookupMsg : Msg { }
    class RegisterMsg : Msg
    {
        public AccountState AccountState { get; set; }
    }
}
```

我将这些消息类型定义为内部类，因为它们仅在 AccountRegistry 类中用于与代理进行通信。

现在可定义构成 AccountRegistry 的公共 API 的 Lookup 方法，并因此在调用者的线程上执行，如下所示：

```
public class AccountRegistry
{
    Agent<Msg, Option<Account>> agent;
    Func<Guid, Task<Option<AccountState>>> loadState;

    public Task<Option<Account>> Lookup(Guid id)        告知代理去查
        => agent                                        找给定的ID
            .Tell(new LookupMsg { Id = id })
            .OrElse(() =>
                from state in loadState(id)
                from result in agent.Tell(new RegisterMsg     告知代理去注
                {                                             册一个具有给
                    Id = id,                                  定状态和ID的
                    AccountState = state                      新进程
                })
                select result);
    }
}
```

如果查找失败，则状态将在调用线程中被加载

首先要求代理查找 ID；如果查找失败，则从数据库中检索状态。注意，这是在正在调用的线程上完成的，使得代理可自由处理其他消息。最后，向代理发送第二条消息，以要求其创建并注册一个具有给定账户状态和 ID 的 AccountProcess。

注意，一切都发生在 Task<Option<>>堆栈中，因为这是由 loadState 和 Tell 返回的类型。即使 OrElse 在这里解决了在 Task<Option<T>>上定义的一个重载，但如果 Task 已经失败或内部 Option 为 None，将执行所给定的备选函数。

下面展示 AccountRegistry 构造函数中代理的定义。

代码清单15.10　用于存储AccountProcess注册表的代理的修正后的定义

```
using AccountsCache = ImmutableDictionary<Guid, Agents.Account>;

public class AccountRegistry
{
    Agent<Msg, Option<Account>> agent;
    Func<Guid, Task<Option<AccountState>>> loadState;

    public AccountRegistry(Func<Guid, Task<Option<AccountState>>> loadState
        , Func<Event, Task<Unit>> saveAndPublish)
    {
        this.loadState = loadState;

        this.agent = Agent.Start(AccountsCache.Empty          代理使用模式
            , (AccountsCache cache, Msg msg) =>               匹配，根据发
                                                              送的消息执行
        new Pattern<(AccountsCache, Option<Account>)>         不同的操作
        {
            (LookupMsg m) => (cache, cache.Lookup(m.Id)),
```

```
          (RegisterMsg m) => cache.Lookup(m.Id).Match(
            Some: acc => (cache, Some(acc)),
            None: () =>
            {
                var account = new Account(m.AccountState, saveAndPublish);
                return (cache.Add(m.Id, account), Some(account));
            })
      }
      .Match(msg));
  }
  public Task<Option<Account>> Lookup(Guid id) => // as above...
}
```

　　该实现稍微复杂了一些，但效率更高，让我们有机会在使用代理编程时看到一个常见的陷阱：在代理的主体中执行一个昂贵操作，但并不严格要求对代理的状态进行同步访问。

　　另一方面，在这两个所提议的实现中，一旦创建 AccountProcess，就永远不会将其终止；它会将事件持久化到数据库，以使所存储的版本与内存中的状态保持同步，但我们最多只从数据库中读取一次。这是好事还是坏事呢？当然，这取决于你最终将在内存中拥有多少数据以及拥有多少内存。这可能是一个巨大的优化，因为访问内存数据的速度比访问数据库要快上几个数量级。将所有数据保存在内存中的能力是角色模型的一大亮点：因为角色可跨机器分布，对于可使用的内存量并没有有效限制，而访问内存(即使通过网络)比访问本地数据库要快得多。

15.4.4　融会贯通

　　有了上述构建块后，API 控制器的实现与前面所做的依然十分相似：

```
public class MakeTransferController : Controller          注入一个函数以通过ID获得一
{                                                          个 AccountProcess
  Func<MakeTransfer, Validation<MakeTransfer>> Validate;
  Func<Guid, Task<Validation<AccountProcess>>> GetAccount;

  public MakeTransferController
    ( Func<Guid, Task<Option<AccountProcess>>> getAccount
  , Func<MakeTransfer, Validation<MakeTransfer>> validate)
  {
    Validate = validate;
    GetAccount = id => getAccount(id)
      .Map(opt => opt.ToValidation(() => Errors.UnknownAccountId(id)));
  }

  public Task<IActionResult> MakeTransfer([FromBody] MakeTransfer command)
  {
    Task<Validation<AccountState>> outcome =          将 Task<Option<>>改为
      from cmd in Async(Validate(command))            Task<Validation<>>
      from accountProcess in GetAccount(cmd.DebitedAccountId)
```

```
            from result in accountProcess.Handle(cmd)
            select result.NewState;

        return outcome.Map(
            Faulted: ex => StatusCode(500, Errors.UnexpectedError),
            Completed: val => val.Match<IActionResult>(
                Invalid: errs => BadRequest(new { Errors = errs }),
                Valid: newState => Ok(new { Balance = newState.Balance })));
    }
}
```

AccountProcess 将处理命令，以更新账户
状态并持久化/发布相应的事件

现在我们依赖于一个用于验证命令的函数，和一个用于检索 AccountProcess
的函数——这将是由 AccountRegistry 公开的 Lookup 方法。我们使用一个简单的
适配器将 Task<Option<>>转换为 Task<Validation<>>，以便我们拥有统一的单子堆
栈，如果命令的账户 ID 被错误填充，可向客户端呈现有意义的错误消息。

与第 10 章中的版本相比，主要变化是结果元组仅返回给备选函数，而当我们
将命令提交给 AccountProcess 的 Handle 方法时，会持久化并发布事件。这需要防
止对账户的状态进行同时修改，以免违反业务规则(例如限制账户的最大透支额)。

最后连接应用程序的不同部分，在 Web 应用程序中，这可在一个
IControllerActivator 中完成。要点如下。

代码清单15.11　在IControllerActivator中连接应用程序组件

```
public class ControllerActivator : IControllerActivator
{
    Func<Guid, Task<IEnumerable<Event>>> loadEvents;          这些函数应该根
    Func<Event, Task<Unit>> saveAndPublish;                    据所选的技术及
    Func<MakeTransfer, Validation<MakeTransfer>> validate;     业务需求来提供
                                                               适当的实现
    Lazy<AccountRegistry> accountRegistry;
                                                               一个 AccountRegistry
    public ControllerActivator()                               单例将被惰性初始化
    {
        accountRegistry = new Lazy<AccountRegistry>(() =>
            new AccountRegistry
                ( loadAccount: id => loadEvents(id).Map(Account.From)
                , saveAndPublish: saveAndPublish));
    }                                                          一个可从 AccountRegistry 中
                                                               获得所需 AccountProcess 的
    public object Create(ControllerContext context)            控制器
    {
        var type = context.ActionDescriptor.ControllerTypeInfo.AsType();
        if (type.Equals(typeof(MakeTransferController)))
            return new MakeTransferController
                ( getAccount: accountRegistry.Value.Lookup
                , validate: validate);
```

```
        throw new InvalidOperationException("Unexpected controller type");
    }
}
```

这里并未包括可读取事件以及将事件写入存储的函数实现，它们是特定于技术的，并且不需要任何特定逻辑。使用它们来构建单一的、应用程序范围的 AccountRegistry，将其 Lookup 函数提供给控制器，以获取所需的 AccountProcess。

现在你已经看到了用于处理汇款的一个端到端解决方案的所有主要组件，以及对账户状态进行同步访问的附加约束。

小结

- 可并发访问的"共享可变状态"可能导致难以解决的问题。
  - 由于该原因，最好完全避免共享可变状态，这通常可在并发处理中做到。
  - 在其他场景中，尤其是在需要对真实世界的实体进行建模的多线程应用程序中，共享可变状态通常是需要的。
  - 访问共享可变状态必须进行序列化，以免数据发生不一致的变化。这可使用锁来实现，但也可使用无锁技术。
- 并发消息传递是一种技术，通过将状态突变限制到进程(角色/代理)来避免锁定，这些进程具有某个状态的独占所有权，而作为回应，它们可对所发送的信息进行单线程访问。
- 角色/代理是一个轻量级进程，具有：
  - 一个收件箱，发送到其中的消息会排队等候。
  - 某种状态，拥有独占所有权。
  - 一个处理循环，在该循环中按顺序处理消息，并执行多种操作，如创建其他代理、与其他代理通信、更改状态以及执行副作用等。
- 代理和角色的功能基本相似，但有重要的区别：
  - 角色是分布的，而代理是本地的单个进程。
  - 与代理不同，角色模型包含一个使用监督者角色进行错误处理的模型，如果受监督的角色失败，可采取行动，从而生成非常健壮的系统。
- 并发消息传递与其他 FP 技术有很大的不同，主要是因为 FP 是通过组合函数来工作的，而角色/代理倾向于以"即发即弃"的方式来工作。
- 可使用基于代理或基于角色的实现来编写高级函数式 API。

结束语：接下来呢？

恭喜你接受了学习 FP 的挑战，并到达了本书的结尾！现在你已经熟悉了 FP 的所有基本概念，以及一些高级技术。我希望你喜欢这本书，并且我鼓励你通过评论、社交媒体或仅通过与同事交谈来分享你的感想。

作为告别的方式，且如果你想进一步探索 FP 话，我想提出一些关于接下来该何去何从的建议。你的下一步计划应该是学习一门或多门函数式语言。C#是一种多范式语言，因此你可以随意地混合搭配。另一方面，函数式语言将迫使你在整个过程中使用函数式方法——例如，根本不允许任何状态突变。你还会发现函数式语言对本书介绍的技术有更好的语法支持。

学习函数式语言的另一个好处是，可让你更好地利用其他学习资源：书籍、博客、演讲等。现在大多数适用于 FP 的学习资料都有 Haskell 或 Scala 的代码示例。

选择学习 Haskell 是再自然不过的事情了，Haskell 是可供参考的函数式语言，也是函数式编程者中的通用语言。为此，我建议你阅读由 Miran Lipovaca 撰写的 *Learn You a Haskell for Great Good*(No Starch Press，2011)。[1]学习 Haskell 的另一个好方法就是关注并学习 Erik Meijer 的基于 FP 的 MOOC。[2]

Scala 是一种多范式语言，强调在 Java 虚拟机上运行的 FP。到目前为止，Scala 是你从事 FP 以及获得报酬的最佳机会，而 Scala 社区积极倡导在行业中更广泛地运用 FP。如果想学习 Scala，我建议你关注 Martin Odersky 的 MOOC。[3]

我所喜欢的两种更新函数式语言是 Elm 和 Elixir，这两种语言都得到了用户社区的热情支持，并且越来越受欢迎(尤其是在初创公司中)。我预计在接下来的几年里，这两种语言会得到更广泛的接受和认可。

Elm(http://elm-lang.org/)是一种强类型、纯函数式的客户端语言，可编译为 JavaScript。且语法简洁，类似于 Haskell 或 F#，而语言和工具对用户更友好。它包括一个负责管理状态和执行副作用的框架。因此，程序员只需要编写纯函数即

1　可在 http://learnyouahaskell.com/ 上在线阅读免费的完整内容，但也可考虑购买一份，以奖励付出辛勤劳动的作者。

2　此外，Erik Meijer 是 LINQ 和 Rx 的主要贡献者之一。他的基于 FP 的 MOOC 可在 edX 上找到 (https://www.edx.org/)，学习时你可使用 Haskell 或其他几种语言中的一种。

3　Martin Odersky 是 Scala 的创始人，他的 MOOC 可在 Coursera 上找到(https://www.coursera.org/)。

可。简言之，Elm 会让任何现有的 JavaScript 框架感到羞愧。如果你是一个全栈的 Web 开发人员，请考虑在前端使用 Elm。

Elixir(http://elixir-lang.org/)是一种在 Erlang 虚拟机上运行的动态类型语言(基于角色模型，第 15 章讨论过)，因此如果你所感兴趣的是具有高度并发性的系统，并希望进一步探索消息传递的并发机制，Elixir 将特别适合。

还有更多的函数式和多范式语言，每种语言都有其独特魅力。但你在本书中学到的 FP 思想是独立于语言的，使你能在几天或几周内获得任何函数式语言的基本知识。另外，不要忘了浏览 Manning 图书馆，该图书馆拥有上面提到的所有语言的相关书籍。

再见。